煤层气低效井成因类型判识理论与应用

Identification Theory and Application of Genetic Type
of Inefficient Coalbed Methane Wells

王延斌　倪小明　刘　度　韩文龙　著

U0273724

中国石油大学出版社
CHINA UNIVERSITY OF PETROLEUM PRESS

山东·青岛

图书在版编目(CIP)数据

煤层气低效井成因类型判识理论与应用/王延斌等著. --青岛:中国石油大学出版社,2022.5
ISBN 978-7-5636-6892-2

Ⅰ. ①煤… Ⅱ. ①王… Ⅲ. ①煤层－地下气化煤气－油气成因 Ⅳ. ①P618.110.1

中国版本图书馆 CIP 数据核字(2022)第 079545 号

书　　名:煤层气低效井成因类型判识理论与应用
　　　　　MEICENGQI DIXIAO JING CHENGYIN LEIXING PANSHI LILUN YU YINGYONG
著　　者:王延斌　倪小明　刘　度　韩文龙
责任编辑:袁超红(电话　0532-86981532)
封面设计:赵志勇
出 版 者:中国石油大学出版社
　　　　　(地址:山东省青岛市黄岛区长江西路66号　邮编:266580)
网　　址:http://cbs.upc.edu.cn
电子邮箱:shiyoujiaoyu@126.com
排 版 者:我世界(北京)文化有限责任公司
印 刷 者:北京虎彩文化传播有限公司
发 行 者:中国石油大学出版社(电话　0532-86981532,86983437)
开　　本:787 mm×1 092 mm　1/16
印　　张:15
插　　页:4
字　　数:375 千字
版印次:2022 年 5 月第 1 版　2022 年 5 月第 1 次印刷
书　　号:ISBN 978-7-5636-6892-2
定　　价:96.00 元

前　　言

我国煤层气经过15年左右的高速开发,地面煤层气直井钻井数量已达20 000余口。地面煤层气直井开发需要经历"选区评价—钻完井工程—压裂工程—排采工程"等重要地质工程环节。随着煤层气开发的进行,直井产气量并未如预期保持稳定高产,甚至相邻井之间出现了产气量差异较大、产气量不稳定、产气高峰衰减快等特点。究竟是什么原因影响了煤层气的产能?其主控因素有哪些?针对沁水盆地南部高煤阶煤层气区块的储层地质条件,应该采取怎样的开发工艺?长期以来,这些关键技术问题一直困扰着业界科研人员和从事煤层气开发的企业。煤层气科研工作者从煤层气地质储层、成藏机理、钻井工程、压裂工程、排采工作制度等某个或几个方面进行了研究,得出了较多的认识,促进了煤层气行业的发展。然而,煤层气开发是一项系统工程,某一开发区块内煤层气井产气量的高低是地质储层属性与工程附加影响综合作用的结果。若仅从地质储层角度分析煤层气井产能的主控因素,会夸大煤储层资源潜力对产能的贡献;若仅从钻完井过程对储层伤害的角度考虑如何尽量降低钻完井过程对储层伤害的程度及分析其对产能的影响,又容易忽略不同煤体结构、不同钻井液及井身结构的问题,理论指导可能相对片面;若仅从压裂工艺角度对若干压裂液进行对比,分析其对产能的贡献,则缺乏相同或相似地质条件这一基本前提,得出的结果会有失偏颇;若过分强调排采工作制度,则会片面夸大排采控制理论的作用而忽略地质条件的差异性。这些问题融合在一起,容易引起理论研究的狭隘性、后期工程的盲目性,容易增加投入成本,更重要的是可能严重影响煤层气井的产气量,制约我国煤层气产业的高效快速发展。因此,如何从系统论角度查明煤层气直井能否高产的主控因素是亟待解决的难题。

基于此,笔者以沁水盆地中南部煤层气勘探开发资料为基础,针对煤层气低产井区界定、煤层气开发地质单元划分、煤层气低产主控类型判识等问题进行了系统研究。研究成果主要体现在以下6个方面:

(1)界定了煤层气低效井的概念,系统分析了煤层气低效井综合经济效益的关键影响因素,构建了低效井综合经济评价模型,提出了相应判识标准。

(2)系统分析了煤储层地质参数对煤层气井产能的影响,总结了煤储层地质关键参数获取的主要方法,建立了煤层气低效井地质参数主控判识的方法,并以沁水盆地柿庄南区块为例,分析了煤储层地质关键参数对煤层气井产能的影响。

(3)以煤储层渗透率为主线,系统分析了钻压、转速等对煤储层渗透率的影响,评价了钻井关键工艺参数对煤层气井产能的影响。

(4)系统分析了水力压裂效果的影响因素,得出了不同储层类型下压裂裂缝延伸规律,建立了煤层气低效井压裂工艺主控类型判识方法,提出了典型储层类型下的压裂对策。

（5）以排采过程中引起的渗透率变化为主线，系统分析了单相水流阶段、气水两相流阶段等的排采工作制度对煤储层渗透率的影响，分析了不连续排采、煤粉堵塞对煤层气井产能的影响。

（6）基于递进排除和层次分析法建立了低产主控评价体系，对各参数进行层次划分，通过关键参数一票否决递进分析低产主控类型，并进一步进行多参数组合，划分低产主控类型。

本书撰写分工为：第一章、第六章由倪小明、韩文龙编写；第二章、第三章由王延斌、韩文龙编写；第四章、第五章由倪小明、刘度编写；第七章由倪小明、韩文龙和刘度编写。全书由王延斌统一审核并定稿。

本书相关研究工作得到了中国矿业大学秦勇教授、姜波教授、韦重韬教授、杨永国教授、傅雪海教授、桑树勋教授、朱炎铭教授、吴财芳教授、申建教授、陈玉华老师、杨兆彪老师，中国地质大学（北京）汤达祯教授、刘大锰教授、唐书恒教授、黄文辉教授、姚艳斌教授、许浩教授、张松航教授、陶树教授，中国石油大学（北京）张遂安教授、康永尚教授，中国地质大学（武汉）王生维教授、李国庆副教授，中联煤层气有限责任公司吴建光教授级高工、叶建平教授级高工、傅小康教授级高工、张守仁教授级高工、孟尚志教授级高工、李忠城高工、李岳高工、张平高工、吴翔高工、王力高工，北京奥瑞安能源技术有限公司杨陆武教授级高工，奥瑞安能源国际有限公司饶孟余教授级高工，山西蓝焰煤层气集团有限责任公司田永东教授级高工、李国富教授级高工，华北水利水电大学张崇崇博士，东华理工大学高向东博士，辽宁石油化工大学陶传奇博士，河南理工大学苏现波教授、郭文兵教授、曹运兴教授、魏建平教授、张玉贵教授、张小东教授、李东印教授、刘少伟教授、潘结南教授、宋党育教授、金毅教授、郭红玉教授、韩颖副教授、刘晓副教授等的悉心指导和帮助，中国矿业大学（北京）邵龙义教授、刘钦甫教授、孟召平教授、李勇副教授对本书的编写提出了许多宝贵意见，在此致以诚挚谢意！

本书编写过程中，博士研究生赵石虎，硕士研究生赵政、熊幸、龚训、张雨健、李建红、缪欢、于兆林、陈东锐、赵永超、李阳、刘泽东、常宏、李传明和丁涛等给予了大力支持和帮助。如果没有研究生们的协同工作，本书将难以及时完成，在此一并致以衷心谢意！另外，本书还引用了大量国内外参考文献，在此向这些文献的作者表示感谢。

本书的出版得到了国家油气重大专项（2017ZX05064-003-001）、国家自然科学基金项目（41872174）和河南省高校创新团队（21IRTSTHN007）的共同资助。

由于作者水平有限，书中不妥之处在所难免，敬请广大读者不吝批评指正！

王延斌

2021 年 6 月

目　　录

第一章　绪　　论

第一节　研究意义

习近平总书记于 2020 年 9 月提出中国在 2030 年实现碳达峰、2060 年实现碳中和的目标,要求着力提高能源利用效率,控制化石能源消费量,加强可再生能源、新能源的利用率。"双碳"目标背景下,我国能源消费结构正在向低碳清洁能源转变,而煤层气作为一种绿色能源,加快煤层气产业发展,有利于优化能源结构,补充低碳清洁能源,有利于实现"双碳"目标的光荣使命[1-4]。我国煤层气资源十分丰富,埋深 2 000 m 以浅的煤层气地质资源量为 29.82×10^{12} m^3,与我国天然气资源量相当[5]。因此,高效开发利用我国丰富的煤层气资源,不仅有利于优化我国能源结构,在保证煤矿安全生产和保护生态环境方面也可起到积极的推动作用,并为"双碳"目标的实现贡献自己的力量[6-7]。

1989 年,我国召开了第一次煤层气会议,拉开了开发煤层气的序幕。20 世纪 90 年代,多家单位以煤田地质勘探资料为基础,对全国埋深 2 000 m 以浅的煤层气资源量进行了估算,对我国的煤层气资源量及资源条件有了一定的认识。同时,借鉴、消化吸收国外煤层气开发的先进理论和技术,相关单位在安徽两淮、山西阳泉、河南焦作及鹤壁、山西枣园等地区进行了煤层气开发试验,受当时煤层气地质理论和开发设备的局限,大部分地区未获得成功。1998—2001 年,中联煤层气有限责任公司在山西枣园进行了煤层气先导性试验,获得了工业性气流。2003 年山西蓝焰煤层气有限责任公司成立。2004—2005 年,中联煤层气有限责任公司和山西蓝焰煤层气有限责任公司在山西寺河矿附近各施工煤层气生产井 100 口,并获得了工业性气流,我国煤层气开发初露曙光。2006 年,山西华北煤层气公司成立,逐渐形成了潘河区块、樊庄区块、寺河区块等煤层气先导示范区等,我国煤层气开发蓬勃开展起来[8-11]。

为加快油气等资源的开发利用,2008 年国家启动并实施了"大型油气田及煤层气开发"国家科技重大专项,设立煤层气开发利用高新技术产业化示范工程,地面煤层气开发进入高速发展期。"十一五"期间,全国累计施工煤层气井 5 400 余口,2010 年地面煤层气年产气量达 15×10^8 m^3[12]。

为持续高速有序推进煤层气开发,国家编制了《煤层气(煤矿瓦斯)开发利用"十二五"规划》,指出到 2015 年,地面煤层气年产气量达到 160×10^8 m^3,煤矿瓦斯抽采量达到 140×10^8 m^3,地面煤层气开发进入全盛发展期。"十二五"末,全国新钻煤层气井 11 300 余口,全国煤层气年抽采量达 180×10^8 m^3,其中地面为 44×10^8 m^3,井下为 136×10^8 m^3,与"十二五"规划目标有一定的差距[13-14]。

为贯彻落实国民经济和社会发展第十三个五年规划纲要以及能源发展"十三五"规划，加快煤层气(煤矿瓦斯)开发利用，国家能源局印发了《煤层气(煤矿瓦斯)开发利用"十三五"规划》，明确到 2020 年，我国煤层气(煤矿瓦斯)年抽采量达到 $240×10^8$ m^3，其中地面为 $100×10^8$ m^3，井下为 $140×10^8$ m^3，我国煤层气开发速度放缓[15-16]。

综上可知，我国煤层气实际产气量与规划存在一定的差距。分析认为，造成我国煤层气井低产的原因主要是[17-22]：

(1) 区块范围内煤储层地质条件的差异性不明确是导致煤层气井低产的地质主因。我国煤层形成后大多经历了多期构造运动，断层、穿窿等构造的存在导致煤储层及围岩的地下水动力系统、压力系统、封盖性能等都发生了一定变化，使开发区块内煤层的含气性、渗透性、储层压力等存在一定的差异性。对影响煤层气井产气的煤储层地质条件的差异性不明确，选择的井型、井位部署等不合理是导致煤层气井低产的地质主因。

(2) 煤层气工程技术与煤储层匹配性较差是导致煤层气井低产的工程主因。煤层气直井、水平井、丛式井等是目前煤层气开发的主要井型。不同的井型具有不同的特点，对储层地质条件的要求也不同。我国煤储层非均质性强的特点决定了小范围内选择的井型存在差异。即使是同一井型，储层地质条件不同，对钻井工艺、储层改造工艺的要求也不同。对煤层气井型、工程技术与煤储层匹配性不明确，不能最大限度发挥每种工程技术的优势，是导致目前煤层气井低产的工程主因。

(3) 排采管理不够科学是导致煤层气井低产的管理主因。地面煤层气开发是一项系统工程，排采是整个开发环节历时最长的。大规模地面煤层气钻完井、储层改造工程的开展，需要的排采人员无形中就比较多。由于现场排采人员的技术水平良莠不齐，加之煤层气排采控制理论不成熟、排采制度不合理、修井作业不及时、停电停泵等事故发生，使煤层气井处于"带病"工作状态或对煤储层伤害较大。包括排采在内的科学化、智能化、精细化管理程度不够是造成煤层气井低产的管理主因。

查明煤层气井低产的成因类型并采取有针对性的增产提效工艺措施，是实现低产井区增产的关键，为此亟待解决以下重要问题：

(1) 查明煤层气井低产的地质主控类型能为增产提产技术对策选择奠定基础。对煤层气区块开展煤储层参数、地质构造等精细化描述，为查明区块尺度煤储层参数的差异性提供重要保障。煤层气资源、储层、地质条件的差异性可能使煤层气井低产的地质主控因素发生变化，进而影响煤层气井增产提产技术对策的选择。

(2) 查明煤层气井低产的工程及排采主控类型能为增产提产技术优化提供保障。除煤储层地质因素引起的低产外，还可能是钻井、储层改造工程的问题，也可能是排采管理问题。钻井中可能是钻井液污染造成的，也可能是井斜太大等原因引起后期工程开展不顺利造成的；储层改造可能是压裂液的问题，也可能是工艺参数不匹配等问题；排采可能是煤粉问题，也可能是排采速度过快等问题。

为对煤层气低效井区煤层气井低产成因有较深入的了解，提高煤层气低效井区增产提产技术对策实施的针对性、有效性和成功率，本书将在界定煤层气低效井的基础上，从煤储层地质、钻井工程、压裂工程、排采等方面剖析对煤层气井产能的影响，划分煤层气低产主控类型，并以山西沁水盆地柿庄南区块为例进行应用和分析，以为相似地质条件下煤层气低效井成因类型划分及增产提产技术对策的实施提供借鉴。

第二节 研究现状

一、中国煤层气勘探开发现状

我国煤层气勘探开发和利用主要经历了 4 个发展阶段，即矿井瓦斯抽放发展阶段、现代煤层气技术引进阶段、煤层气技术消化吸收及产业化初步发展阶段、煤层气产业化阶段[23-25]。

第一阶段：1952—1988 年，矿井瓦斯抽放发展阶段。

我国煤炭系统早在 20 世纪 50 年代就开始了以煤矿减灾为主导的井下瓦斯抽放工作，1952 年在辽宁抚顺矿务局龙凤矿建立起瓦斯抽放站，随后逐步推广到全国各高瓦斯矿区。"六五"期间，开展全国瓦斯地质编图，首次获得全国瓦斯资源量为 $31.92 \times 10^{12} \, \mathrm{m^3}$。"七五"期间，国家开展科技攻关，全国煤层气资源量为 $(31 \sim 35) \times 10^{12} \, \mathrm{m^3}$，主要对煤层气开发前景和富集条件进行研究，1986—1987 年首先在河北唐山开滦煤矿进行了地面煤层气开发试验，但产气效果不佳。此时，我国煤层气勘探开发主要处于矿井瓦斯抽放发展阶段，开展井下瓦斯抽采及利用、煤的吸附/解吸性能和煤层含气量测定等相关研究工作，在此期间的工作成果为后来全国煤层气资源预测评价和有利区块选择等积累了重要资料。

第二阶段：1989—1995 年，现代煤层气技术引进阶段。

1989—1995 年为我国现代煤层气技术引进阶段。1989 年 9 月，原能源部邀请美国煤层气行业专家介绍煤层气相关情况，并于 1989 年 11 月在沈阳市召开了全国第一次煤层气会议——"能源部开发煤层气研讨会"。国家"八五"攻关和地方企业、全球环境基金（GEF）资助设立了多个煤层气的研究项目，并在河北大城、山西柳林进行了煤层气的勘探试验，1991 年出版了我国第一部煤层气学术专著——《中国的煤层甲烷》。同时，许多外国公司也纷纷出资在我国进行煤层气勘探。在此期间，我国引进了煤层气专用测试设备和应用软件，设备的引进和人员交流使我国在煤层气资源评价、储层测试技术、开采技术等方面取得了较大的发展。国家科技攻关在柳林、大城、铁法、沈北、阜新等的排采试验取得突破，在煤层气开发重点区的开发条件、潜力、选区评价和储层工程等方面取得了丰富成果，提出了"生储盖组合"观点[26]，建立了比较完善的流固耦合理论，其代表有煤层瓦斯渗流和控制模型[27]、煤层气流动的固结数学模型[28]、煤层气流固耦合渗流模型[29]。

第三阶段：1996—2005 年，煤层气技术消化吸收及产业化初步发展阶段。

为加快我国煤层气开发，国务院于 1996 年初批准成立了中联煤层气有限责任公司。煤层气对外合作实行专营，开始了有序的煤层气勘探；新一轮全国资源评价为 $14.34 \times 10^{12} \, \mathrm{m^3}$，对全国控气因素和规律进行了系统研究，并开展了选区评价工作，形成了六大勘探技术。"九五"和"十五"国家科技攻关都设立了煤层气研究和试验项目，同期原国家计委设立了"中国煤层气资源评价"等国家地勘项目。"九五"期间，根据我国煤储层特点，对煤层气的生成、储集、产出机理进行了广泛探索，先后提出了煤的多阶段演化和多热源叠加生气作用[30]、中国煤层气聚气区划[31]、地应力与煤储层渗透性定向耦合[32]等新的理论认识。为推进煤层气的产业化进程,2002 年国家 973 计划设立了"中国煤层气成藏机制及经济开采基础研究"项目,从应用基础理论的层面对制约我国煤层气发展的关键科学问题进行系统研究,并将成果应用于煤层气勘探开发中。"十五"期间是煤层气勘探开发从低谷到转型的 5 年。2003 年,山西蓝焰煤层气有限责任公司成立,并在山西寺河矿附近获得工业性气流;2004 年,煤层气产业化初露曙光。2005 年,4 个项目(沁南潘河、沁南枣园、沁南潘庄和阜新)进入煤层气开发试验阶段,5 个项目(陕西韩城、沁水端氏、大宁煤矿、沁南樊庄、大宁吉县)即将进入开发试验,建立了煤层气先导性试验项目 12 个,煤层气产业热火朝天地展开。"十五"期间,煤层气钻井 373 口,同比增加 3 倍,尤其是 2004 年投入工程量显著增长,占 1990—2005 年钻井总数的 64%。据不完全统计,截至 2005 年 12 月,全国共施工煤层气参数井、生产试验井 577 口,先导性试验井组 8 个,多分支水平井 4 口。全国累计投入煤层气勘探开发的资金约 28 亿元人民币,其中国内自营投资约 16 亿元,国外投资近 12 亿元。

第四阶段:2006 年至今,煤层气产业化阶段。

该阶段以中石油、晋城无烟煤矿业集团、中联煤层气有限责任公司等开始在沁水煤层气田投入开发为标志。在此期间,我国煤层气产业高度发展,各大煤炭企业纷纷进入煤层气开发领域。我国基本掌握了煤层气勘探开发系列技术,包括地质评价选区技术[33]、地球物理勘探关键技术[34]、储层工程研究及模拟技术[35]、钻井取芯和完井技术[36]、羽状水平井钻进技术[37]、实验测试技术[38]、测井技术[39]、试井技术[40]、水力压裂强化技术[41]、排采技术[42]。

2006 年油气资源评价结果表明:煤层埋深 2 000 m 以浅的煤层气地质资源量为 $36.81 \times 10^{12} \text{m}^3$[43]。从 2008 年起,国家实施油气重大专项,计划用 12 年的时间实现煤层气从资源评价到后期勘探开发的历史性突破。我国煤层气资源勘探开发共投入勘探经费 16 亿元,科研经费 9 000 万元,分别比"九五"增加 3 倍和 4 倍。至 2010 年底,我国煤层气钻井总数超过 4 000 口,主要勘探地区遍布全国,涉及鹤岗、鸡西、依兰、铁法、沈北、阜新、珲春、寿阳、和顺、潞安、晋城、霍东、霍西、宁武、乡宁、大宁—吉县、石楼、三交、临兴、保德—神府—准格尔、韩城、黄陵、吐哈、淮南、淮北、丰城、盘江、恩洪、老厂等地区。主要有 12 个生产试验项目,分别为潘河、端氏、潘庄、韩城、枣园、樊庄、阜新、淮南、临兴、碛口、柳林、午城等。通过对这些区块的研究,逐步形成了欠平衡钻井和完井技术[44]、水力加砂压裂技术[45]、N_2 泡沫压裂技术[46]、清洁压裂液压裂技术[47]、注 CO_2 提高煤层气采收率技术[48]、煤矿井下定向多分支长钻孔抽采技术[49]等。其中,清水加砂压裂作为主流技术在沁水盆地无烟煤储层开发中成为成熟的技术,被广泛应用;潘河示范项目中,在两口井开展了氮气泡沫压裂试验,取得了良好效果;潘庄项目中,进行了氮气增能压裂试验并获得成功,产气效果显著;在韩城井组,进行了清洁压裂液技术试验并获得成功[50];在沈北矿区,对褐煤进行小型洞穴完井技术改造并获得成功;在大宁—吉县,实施了多分支水平井并获得成功[51]。由此,煤层气开发根据不同地区煤储层的特点逐步形成了不同的钻井工艺技术和储层改造技术。

截至 2015 年底,我国煤层气钻井总数达 15 000 余口。在区域上,煤层气勘探从华北扩展到西北、西南;在煤变质程度上,从对高变质程度煤的开发扩展到低变质程度煤的开发。其中,沁水盆地和鄂尔多斯盆地东缘形成了两个千亿方大气田[52];新疆准噶尔盆地南缘低变质程度煤进行了先导性开发试验,获得了较高产气量[53];贵州黔西土城向斜煤层气勘探获得突破[54]。同时,随着煤层气开发向深部延伸,开发目标逐渐由单一的煤层气向煤系地层中的煤层气、致密砂岩气及页岩气进行综合勘探开发,并在临兴—神木地区建成了先导性试验区,实现了小规模商业化生产[55]。煤层气勘探开发技术手段进一步深化,电成像测井、核磁共振测井等新的测井技术在煤储层评价和工程应用方面发挥了更重要的作用[56]。储层改造技术中除常规活性水压裂技术进一步优化外,重复压裂技术[57]、深煤层压裂技术[58]、煤层/围岩复合压裂技术等在煤层气直井改造中进一步应用与推广;水平井分段压裂技术一定程度上也得到了应用和推广[59]。排采管控阶段更加重视煤粉防治和精细化排采,实施了具有一定可操作性的"五段三压四点式"排采工作制度,排采管理制度更加精细化[60]。

"十三五"期间,由于能源市场及行业发展变化,煤层气钻井速度开始放缓,截至 2020 年底,全国煤层气钻井 20 000 余口[15]。对煤储层选区评价更加精细化,选取储层评价参数的同时考虑煤层气开发工艺技术对产能的影响,选区评价更加科学、合理。储层改造工艺更加多样,在煤层气勘探开发程度相对较高地区,水平井分段压裂技术得到应用和推广。在煤层气低效区也应用了各种改造技术,如井网加密调整、氮气解堵、酸化解污、重复压裂技术、顶/底板压裂技术、碎软煤层水平井分段压裂技术、水平井完井技术等得到了进一步应用与推广。煤层气排采进一步向自动化、信息化和智慧化转变。进一步深入认识到煤层气开发是一项系统工程,在选区评价、钻完井工艺、储层改造及排采管控等方面更注重各环节的匹配度、衔接性,且需兼顾煤层气开发的系统性、高效性,以加速煤层气开发管理向精细化、系统化、高效化、科学化、智慧化方向发展[61-63]。

二、煤储层精细描述研究现状

煤储层精细描述主要基于钻井和测井资料对煤储层含气量、孔裂隙结构、渗透率、煤体结构、储层压力等参数进行预测,进而对其实现平面展布。

(一)煤层含气量预测方面

煤层含气量的获取方法主要有钻孔岩芯实测法、地质统计法、煤层含气量-埋深梯度法、测井＋实测预测法、等温吸附曲线预测法等方法(表 1.1)。

表 1.1　煤层含气量主要获取方法及其特征

煤层含气量预测方法	方法特征
钻孔岩芯实测法[64]	用绳索取芯、密闭取芯等方法将煤岩样品从井下取到地面后,采用自然解吸法对煤样解吸出的气体进行测试,一般采用改进的 Smith 方法对逸散气量进行估算,得出煤层含气量。钻井取芯时间的长短、测试煤样中气体扩散速率等的差异导致逸散气量估算与实际存在一定差异。同时,钻井取芯测试结果仅是"点"上的数据,煤层平面上含气量的分布需要通过其他方法获得
地质统计法[65]	通过地勘期间煤层气井的实测含气量或采用其他方法获得煤层含气量资料,基于地质条件相似的前提,采用数学的方法建立煤层参数、地质属性与煤层含气量的关系,进而对相似地质条件下的煤层含气量进行预测。地质条件是否相似以及相似程度等决定了预测结果的准确性
煤层含气量-埋深梯度法[65]	根据已有的煤层含气量、煤层埋深数据,采用数学方法建立煤层含气量与埋深之间的关系,通过埋深来预测煤层含气量。即使是同一埋深,煤层生成条件、保存条件等的差异也会导致其含气量存在差异。在地质条件相对复杂的地区,该方法的预测结果与实际偏差较大

煤层含气量预测方法	方法特征
测井＋实测预测法[66]	根据已知钻井取芯的煤层含气量数据和对应的测井数据,采用数学方法建立测井多参数与实测含气量之间的关系,采用该关系式对其他未进行钻井取芯的煤层气井含气量进行预测。多参数拟合结果准确性对预测结果有重要影响,同时当煤层气井数量较少时应用该方法具有一定局限性
等温吸附曲线预测法[67]	在实验室进行等温吸附实验,结合实测或预测的储层压力,应用等温吸附理论建立含气量预测模型。储层压力、兰氏体积和兰氏压力数据的准确性对预测结果具有重要影响

(二)煤储层孔裂隙结构研究方面

1. 煤储层孔隙结构特征的研究

煤储层既是煤层气的生气层,也是煤层气的储集层,具备双重特性。查明煤层气赋存煤储层的特征是进行煤层气产出研究的基础。煤层气是煤炭形成过程中的一种清洁能源,煤是由植物经泥炭化作用和煤化作用后形成的,在植物形成煤的过程中及形成后,伴随气体的生成,围绕煤生成过程及后期的地质构造控制作用,在煤层中形成了大大小小、形态不一的孔隙。国内外研究者对煤中孔隙类型从成因角度进行了划分[68-72]:把气体逸出时在煤内形成的孔称为气孔;部分的植物细胞组织被保留后形成的孔称为残留植物组织孔;孔隙被矿物质充填后形成次生孔隙或晶间孔;有些孔形成后又被溶蚀,称为溶蚀孔,等等。

从孔的成因角度对孔隙类型的划分,为孔隙结构特征的进一步研究奠定了基础,为更清晰地认识煤层气的生成具有较好的推动作用,但对煤层气在其中的赋存状态、运移的研究作用不大。为更好地研究煤层气在煤层中的赋存、运移,国内外研究者借助各种测试仪器对煤中的孔隙大小进行了量化表征。不过,研究视角、测试仪器精度等的差异导致不同研究者对煤的孔径大小分类存在一定的差异,其中代表性的煤孔隙分类见表1.2。

表1.2　煤孔隙分类　　　　　　　　单位:nm

研究者	级别			
	微　孔	小孔(或过渡孔)	中　孔	大　孔
ХодоT(1961)[73]	<10	10～100	100～1 000	>1 000
Dubinin(1966)[74]	<2	2～20		>20
Gan 等(1972)[68]	<1.2	1.2～30		>30(粗孔)
国际理论和应用化学联合会(1972)[75-76]	<0.8(亚微孔)	0.8～2(微孔)	2～50	>50
抚顺煤炭研究所(1985)[77]	<8	8～100		>100
杨思敏等(1991)[78]	<10	10～50	50～750	>750
刘常洪(1993)[79]	<10	10～100	100～7 500	>7 500
肖宝清(1994)[80]	0.54～10	10～40	40～60	
秦勇等(1995)[81](主要对高煤阶)	<15	15～50	50～400	>400

仅用煤层中孔隙的大小远不能反映煤孔隙结构特征,为更好地表征煤储层孔隙的大小、形态、孔隙度、孔容、比表面积等孔隙特征参数,国内外研究者采用压汞法、低温氮吸附法、光学显微镜、扫描电镜等对煤的孔隙参数进行研究与表征,得出不同地区的孔隙结构特征[82-88],为煤层气的运移产出研究奠定了基础。

基于不同的孔径分类,国内外研究者根据孔隙形态、不同孔径得出煤层气在孔隙中的扩散类型。其中代表性的有:基于十进制的孔径分类,认为大孔和中孔以管状、板状孔隙为主,易于气体的储集和运移,气体以容积型扩散为主;小孔和微孔以不平行板状毛细管孔和墨水瓶状孔为主,易于气体的储集,不利于气体的运移,气体以分子型扩散为主。从吸附运移特征角度对孔径进行分类,认为孔径以 65 nm 为界限,分为吸附扩散和渗流两种状态,即孔径<65 nm 时,孔隙中的气体以扩散为主;孔径>65nm 时,孔隙中的气体以渗流为主。孔径<8 nm 为表面扩散,8~20 nm 为混合扩散,20~65 nm 为 Kundsen 扩散;65~325 nm 为稳定层流;325~1 000 nm 为剧烈层流;>1 000 nm 时为紊流[89-94]。

为研究不同变质程度煤的孔隙结构特征,主要采用压汞法、低温氮吸附法、光学显微镜、扫描电镜等对不同变质程度煤的孔容、比表面积、孔隙度进行观察和测试,发现高变质程度煤的微孔发育、孔隙连通性差、吸附能力强,低变质程度煤的大孔、中孔、过渡孔较多,孔隙连通性好、吸附能力差,为不同变质程度煤的煤层气运移产出研究奠定了基础[95-96]。

20 世纪 80 年代末,分形几何学的思想被引入对煤孔隙结构的研究中[97],利用 Menger 海绵的构造思想模拟煤岩体的孔隙特性,结合孔径测试资料,得出不同孔径段的分形维数,对不同孔径段的离散性进行描述[98-102],为孔隙复杂程度的表征提供了一种方法。

近年来,CT 扫描技术、核磁共振(NMR)技术也开始应用于煤孔裂隙的研究。利用 CT 扫描技术可实现对孔裂隙和矿物的发育形态、大小、方位、空间分布关系等进行定量精细描述[103-105];利用核磁共振 T_2(岩石的横向弛豫时间)谱的分布能反映孔隙大小的分布,并能计算出残存水孔隙度和有效孔隙度[56],为煤层气运移产出机理的研究提供更加可靠的依据。

2. 煤储层裂隙结构特征的研究

煤储层裂隙是煤层气运移产出的主要通道。国外对裂隙的研究始于 20 世纪 60 年代。20 世纪 70 年代美国进行了煤层气的勘探开发活动,把煤储层裂隙的研究推向高潮。我国对煤层裂隙的研究开始于 20 世纪 80 年代。国外把煤层中的裂隙称为割理,其中在煤层中延伸较远的称为面割理,仅发育在两条面割理之间的裂隙称为端割理[106-107]。国内研究者在借鉴国外裂隙研究的基础上,根据煤层中裂隙发育情况提出了主裂隙、次裂隙的概念[108]。苏现波等根据煤中裂隙的成因和形态,分成了内生裂隙、外生裂隙和继承性裂隙[109]。张慧等将内生裂隙进一步划分为失水裂隙、缩聚裂隙、静压裂隙,将外生裂隙进一步划分为张性裂隙、压性裂隙、剪性裂隙、松弛裂隙[110]。傅雪海等将煤中的裂隙分为宏观裂隙、微观裂隙和显微裂隙等组成的三元结构[111]。这些研究成果均为不同裂隙对储层渗透率贡献问题的研究奠定了基础。

为对裂隙的长度、宽度、高度、充填特征、密度、裂隙度、产状、张开度、连通性等进行较精细的描述,国内研究者通过手标本、扫描电镜观测、核磁共振成像等[112-114],对煤储层裂隙特征进行表征,认为由于煤中裂隙发育程度的差异,导致有些裂隙能相互沟通形成网状,有些裂隙部分沟通形成孤立网状,而有些裂隙不能相互沟通,呈现孤立状,并据此对其渗透能力强弱进行划分,为煤层气渗流机理的研究奠定了基础。

(三)煤储层渗透率与煤体结构预测方面

煤储层渗透率与煤体结构的获取方法主要有实验室渗透率测试法、试井测试法、构造曲率预测法、测井预测法、GSI 与测井结合预测法等(表 1.3)。

表 1.3　煤储层渗透率与煤体结构主要获取方法及其特点

煤储层渗透率与煤体结构的实测与预测方法	方法特征	优缺点
实验室渗透率测试法[115]	采用流量计、压力计等测试钻取的煤岩柱样或型煤样品两端的压差、流量等参数,基于达西定律计算得出所测样品的渗透率	实验测试样品在一定程度上不能较真实地模拟现场条件,同时由于在室内进行,测试仅是"点"数据,采用该方法研究煤层渗透率横向分布特征具有一定局限性
试井测试法[116]	试井测试法目前常用的是注入/压降试井。该方法是对煤层气井的目标煤层以一定的流量注入液体,注入时的压力低于煤层的破裂压力,当注入一定量液体后关井一段时间,通过压力计记录井底压力随时间的变化,根据达西定律计算煤层渗透率	测试时注入的液体量有限,因此测试的仅是近井筒地带煤层的渗透率。煤层段煤体结构、煤层非均质性等的差异导致液体所流经煤层位置、距离等的差异,所测试的渗透率不能反映整个煤层段的渗透率
构造曲率预测法[117]	煤层变形与构造曲率之间存在一定关系,基于煤层底板等高线图,对每个计算点相邻的 8 个位置点的构造曲率进行计算,以最大曲率作为该点的曲率。结合实测渗透率,建立构造曲率与渗透率之间的关系,对煤层渗透率进行预测	当构造曲率变形较大时,煤层渗透率反而降低,构造曲率临界值的选取对预测结果具有重要影响
测井预测法[118]	基于钻井取芯和测井资料得出煤体结构与测井参数之间的关系,同时在实验室对不同煤体结构的煤的渗透率进行测试,进而建立测井参数与渗透率之间的关系	对煤体结构判识影响渗透率预测
GSI 与测井结合预测法[119]	对不同煤体结构用 GSI 值进行量化表征,结合实验室渗透率测试,建立 GSI、渗透率、测井多参数之间的相互关系,进而利用测井曲线的多参数对渗透率进行预测	该方法能对不同煤体结构的煤进行定量表征,但 GSI 与煤体结构建立关系时无法较客观地表示,这是该方法的缺陷

(四)煤储层压力预测方面

煤储层压力的获取方法主要有排采动液面计算法、吸附势理论预测法、埋深-压力梯度法、孔隙度预测法、构造演化模拟法、试井法等(表 1.4)。

表 1.4　煤储层压力主要获取方法及其特征

煤储层压力的实测与预测方法	方法特征
排采动液面计算法[19]	主要是根据煤层气排采井的初始动液面,采用连通器原理,对煤储层压力进行计算。该方法需要排采井的数据资料,没有进行排采的地区无法使用该方法

煤储层压力的实测与预测方法	方法特征
吸附势理论预测法[120]	通过对煤层形成后的埋藏史分析,得出其含气量的变化,结合吸附势理论构建相应的数理模型,然后对储层压力进行预测。含气量、煤层孔隙度等参数预测的准确程度对储层压力预测结果有重要影响
埋深-压力梯度法[19]	在已实测储层压力的基础上,建立埋深与储层压力梯度之间的关系,用该关系对相似地质条件下的储层压力进行预测。储层压力的影响因素众多,即使同一埋深条件下,其储层压力也有所差异。采用该方法所预测的结果仅具有参考性
孔隙度预测法[121]	建立煤层孔隙度与储层压力之间的关系模型,结合测井预测的孔隙度对煤储层压力进行预测。即使孔隙度相同,煤储层压力也可能存在较大差异。采用该方法预测以吸附气为主的煤储层压力具有一定的局限性
构造演化模拟法[122]	基于质量守恒定律,采用数值模拟软件并结合实验室必要的测试,模拟煤层下降、抬升等地质演化过程引起的含气量、储层压力的变化,构建储层压力变化模型,进行储层压力预测。该方法在预测以游离气为主的砂岩气时精度较高,但预测以吸附气为主的煤储层压力时具有一定局限性

（五）地质参数主要获取方法

煤储层精细描述的目的是获取各项煤层气地质参数,其中包括点参数和面上参数。

1. 点（钻井）参数的获取

点参数是指利用各类钻井的地质资料,精细解释、计算钻井揭露的主要煤层的各项地质参数。按照现行的煤层气勘探规范,某煤层气勘探区块内都有一定数量的参数井、探井和生产试验井。参数井中包含煤层段取芯,现场观察描述,样品煤岩组分、工业分析、含气量、渗透率、等温吸附等分析测试数据;探井和生产试验井中有测井、录井、试井、压裂和部分排采资料等。进入开发阶段的地区,大量开发井都有测井、压裂和排采资料,这为求取和计算各项煤层气地质参数奠定了基础。

鉴于参数井和实测数据少,探井和生产试验井较多,以及所有钻井普遍具有测井资料的特点,以测井资料解释为主,结合钻井、录井、试井、压裂和样品实测等资料和数据,建立相关模型,求取各种参数。

结合相关文献,可对煤储层各参数获取方法及优缺点总结为表1.5。

表 1.5　煤储层参数主要获取方法对比

煤储层参数	获取方法	关键求解方法	优　点	缺　点	推荐方法
含气量	等温吸附模型[67]	基于等温吸附实验＋储层压力进行求解	参数获取可靠,可精细化研究	对游离气和溶解气难以预测,仅预测吸附气	实测＋等温吸附为首选;开发程度较高时,实测＋测井备选
	测井参数模型[66]	根据测井响应参数与实测值拟合预测	充分利用测井的多参数综合分析	实测数据代表性对预测模型及结果影响大	
	实测法	逸散气＋解吸气＋残余气组成	方法可靠	样品点一般较少,逸散气量估算有时误差较大	

煤储层参数	获取方法	关键求解方法	优 点	缺 点	推荐方法
煤体结构	测井判识法[123]	根据测井响应关键参数与取芯观测进行拟合	充分利用测井资料进行综合分析	钻井分布不均应会制约精细化研究	测井＋实际观测＋地质分析相结合
	观测法	钻井取芯观测	方法可靠	样品点少	
渗透率	F-S法	实测值与深、浅侧向电阻率建立关系	充分利用测井资料进行综合分析	各地区比例因子、钻井滤液电导率等值选取准确性对结果影响较大	测井＋GSI实测相结合
	测井＋GSI法	以地质强度因子(GSI)为纽带，建立煤体结构-GSI-渗透率关系	能定量表征煤体结构与渗透率关系	GSI与渗透率关系的准确性对结果影响较大	
	实测法	基于达西定律钻煤柱实测或现场试井实测	方法较可靠	测试样品离散性大，样品点少	
	构造曲率法	根据受力变形对弯曲程度进行求解	地质条件简单地区相对较适用	构造曲率值与渗透率关系对结果影响较大	
储层压力	试井实测法	根据达西定律，获取注水后压力变化、流量等数据进行反算	方法可靠	花费较多，数据点少	开发程度高时用生产数据，开发程度低时埋藏史正演与实测结合
	排采实测法	基于连通器原理	方法可靠	需要有煤层气生产数据	
	埋藏史正演法	气体状态方程结合埋藏史	能对"点"储层压力进行预测	地质历史时期埋藏史模拟准确与否对结果影响较大	
	实测与埋深拟合法	根据实测压力与埋深进行拟合	地质条件简单地区较适用	地质构造复杂时预测结果往往不准确	
地下水头高度	储层压力与底板标高结合法	液柱压力原理	方法可靠	储层压力数值的准确性对结果影响大	
地应力	数值模拟法	应用数值模拟软件设置边界条件进行模拟	能对空间展布特征进行模拟研究	地质构造复杂时模拟结果仅具有参考意义	有压裂资料时采用水力压裂法，数据点少时多种方法结合
	水力压裂计算法[124]	根据水力压裂过程的停泵压力、破裂压力等参数求解	能充分利用压裂资料进行预测	压裂曲线异常时影响计算结果	
	测井模型法	根据泊松比、构造应力系数等参数求取	能充分利用测井资料进行预测	构造应力系数取值对计算结果影响较大	
	实测法	应用测试仪进行测试	方法可靠	数据点少	

煤储层参数	获取方法	关键求解方法	优　点	缺　点	推荐方法
煤的力学参数	测井模型法	基于岩体力学理论,应用纵波时差、横波时差等参数求解	能充分利用测井曲线进行综合分析	注意静、动态参数的校正	实测与测井求解相结合
	实测法	实验室测试	方法可靠	数据点少	

2. 面上参数的获取

在一定区域内获取煤层气各项地质参数的空间分布和变化并绘制各参数量化的等值线图,是实现区域内开发地质单元划分的必要条件。获取参数数据点的数量以及选取的插值方法对等值线图的精度具有重要影响。常见插值方法主要有最邻近插值法、三角网插值法、距离反比插值法、克里金插值法、样条函数插值法等[125]。各插值方法的特点对比见表 1.6。

为实现煤层气高效开发,在获取一定区域内钻井(点)数据基础上,主要采用克里金插值法,同时结合研究人员的工作经验,合理绘制煤层气相关地质参数量化等值线图。

表 1.6　常见插值方法特点对比

插值方法	基本原理	优　点	缺　点	推荐方法
最邻近插值法	根据周围 3 个点数据推算插值点数据	算法简单、数据分布均匀时插值效果好	数据点少或不均匀时插值效果不太好	克里金插值法与人为经验相结合
三角网插值法	通过三角形构建网格,节点定义为已知点进行插值	插值效果相对稳定	前期数据处理工作量较大	
距离反比插值法	以待插值点与已知点距离为权重进行插值	距离较近处插值效果较好	缺值地区插值效果较差	
克里金插值法	根据数据点分布确定合适范围后,确定函数进行插值	点与点运用相对合理,能较好地消除数据分布不均带来的误差	人为经验很重要,缺值地区插值效果不太好	
样条函数插值法	分段函数求导得出最小值进行插值	生成的数据较稳定	对已知点数据可能有所改变	

三、煤层气低产成因研究现状

煤层气低产井增产改造是我国煤层气行业面临的重大理论和技术难题。除在山西沁水盆地南部晋城矿区和一些低煤阶盆地获得理想开发产量外,大部分煤层气开发区块产量未达到预期效果,主要表现为单井产量低、稳产时间短、总体开发效益差,煤层气开发可持续发展面临严峻挑战[17-18]。在煤层气赋存条件相对较好的区块,如沁水盆地丹朱岭以北的潞安、阳泉、西山、霍州以及汾西等矿区,近 10 年的煤层气开发表明,单井产量普遍较低,多数区域单井气量在 300 m³/d 左右,一些区块单井产气量只有 100 m³/d 左右,低产井增产改造是当前和今后煤层气产业高效发展面临的共性技术难题和生产瓶颈。查明煤层气低效井区低产井成因机理及激活低产井区对我国煤层气产业高质量发展、洁净低碳能源高效开发和煤矿安全生产具有重大理论和现实意义[53]。

(一)地质因素对煤层气井产气量的影响研究

影响煤层气井产气量的地质因素主要包括煤储层特征、含气性特征、构造条件及水文地质条件特征等方面。Scott 和 Chalmers 等认为煤层气井产气量高低受含气量、渗透率、煤厚、临界解吸压力、储层压力等因素影响,其中渗透率表征煤层气在渗流通道中扩散能力的强弱,直接决定煤层气井的产气量,是最关键的地质因素[126-127]。万玉金等通过划分煤层气开采区的方式(单相水渗流区、有效解吸区、两相渗流区),对各区域影响产气量的主控因素进行了分析[128]。马飞英基于现场生产数据,通过统计分析产能影响因素,提出 JL 煤田煤层气井产气主要受含气性、孔渗特性、煤厚及临界解吸压力等多因素综合作用,其中含气量和渗透率为直接影响因素[129]。王向浩等基于沁南盆地樊庄区块地质资料和生产数据,认为临储压力比是控制樊庄区块煤层气井产气量的直接因素[130]。

煤层气藏的形成与烃源岩特征、储层储集能力等条件有关。前者主要包括煤层厚度、面积、变质程度等,是控制生气的主要因素;后者主要为储层的孔渗特征及吸附能力,基于煤层气藏自生自储的特征,煤层的储集能力直接决定了煤层气藏丰度。煤层气成藏除与上述两个条件有关外,更重要的是后期的保存条件。构造演化控制煤层气生成、储集和产出全过程,影响后期保存,水动力条件影响煤层气井的压力传播。近年来,随着我国煤层气勘探开发技术的日渐成熟,从构造作用和水动力地质条件方面对煤层气富集成藏的影响开展了重要研究。邢力仁等引入断层泥比率和泥岩涂抹潜势两个参数,基于沁水盆地柿庄南区块大量井的生产资料对断层封闭性进行评价,得出煤层气井产气量在断层上、下盘不同距离的变化规律[131]。张国辉认为不同的地质构造或同一构造的不同部位对应不同的封闭情况,开放性构造不利于煤层气的富集[132]。叶建平分析了水文地质条件单个因素对煤层气的运移逸散、封闭和封堵控制作用[133]。刘大锰等基于前人的研究,归纳出构造抬升作用、正断层、背斜核轴部、陷落柱和水力运移作用对保存煤层气藏具有破坏作用,而构造沉降作用、逆断层、向斜核部、水力封堵、封闭作用对煤层气藏保存有利[134]。

(二)开采工艺技术对煤层气井产气量的影响研究

开采工艺技术分工程技术和排采管理两大方面。工程技术主要包括井型的选择、井网布置、钻井、完井和压裂,而排采管理主要是制定合理的排采制度。这两大方面通过影响煤层气解吸及产出过程来影响煤层气井产气量。

杨秀春等基于开发井网部署的原则,对比矩形井网、菱形井网的优缺点,通过压裂裂缝方位和主导天然裂隙方位确定井网方位,结合单井合理控制储量法、经济极限井距法、规定单井产能法、经济极限—合理井网密度法和数值模拟法得出合理井网密度,确定了沁南煤层气田潘河区块的井网优化设计方案[135]。陈江等通过对比 3 种钻井技术得出多分支水平井和超短半径水利喷射钻井技术具有大幅提高煤层气单井产量的功效,并采用压裂、注入 CO_2 和洞穴完井等储层激励技术实现增产的效果[136]。梁冰等根据煤层气井产气量、最大产气量和稳产时间与储层裂缝的关系,得出裂缝条数越多,缝宽和缝长越长,产气量越高的认识[137]。吕玉民等探讨了沁水盆地樊庄区块煤层气井早期产气特征影响因素,得出气井早期产气高峰往往受控于水力压裂裂缝的规模和储层含气量[138]。计勇等在韩城区块大量施工数据的基础上,针对影响煤层气井压后产量的因素(射开厚度、裂缝形态、加砂量及压裂液量等)进行分析,表明压裂液量、砂量和砂比等参数均与压裂效果正相关[139]。孟庆春等基于沁水盆地煤样及生产数据,认识到压裂过程中的控制压降速率是煤层气生产的关键,且每口井具有不同的压降速率,对同一口井,在不同生产阶段,压降速率也需进行相应的调整以实现较高的产气量[140]。李金海等提出基于目标区域地质条件,在煤层气排采过程中,合理的排采速率和降压制度能够延长裂缝张开时间,使解吸半径得到充分扩展,延长产气高峰,达到提高煤层气井产量的目的[141]。邵先杰等基于韩城地区煤层气井生产动态资料,将产气曲线划分为 4 个阶段,并归纳出 4 种产气模式[142]。

(三) 低产井成因判识

目前煤层气低产井主要分为 3 种类型:第 1 类低产井是产量衰竭井,由于长期排采和大量产气,煤层气含量和压力降低到一定程度后,产气潜能大幅度降低,进入煤层气井的第 3 个生产阶段,即产量衰竭下降阶段。第 2 类低产井是由于钻完井过程中储层污染,排采控制不当导致近井地带煤粉堵塞或其他原因所造成的低产水、低产气井,类此井通过二次解堵可以恢复产量,重新实现煤层气井高产,改造和恢复产能比较容易实现。第 3 类低产井是由煤储层本身地质条件差所造成的,此类储层在我国高瓦斯突出矿区广泛存在,定义为低产储层。在目前技术条件下,该类低产储层区块一般不适宜于煤层气商业化开发,但从煤矿安全及瓦斯治理角度,此类低产储层区域必须进行瓦斯预抽。这是因为通过强化抽采才能从根本上治理瓦斯,实现煤矿区安全生产。研究表明,对于煤矿瓦斯治理和安全生产,地面抽采井的产气量即便只是 300 m³/d 左右,在经济和安全上也是可行的。相对于高渗高产储层,这类低产储层更敏感,在钻井、压裂和排采阶段,发生任何工程问题都可能造成煤层气井的低产或停产。由于煤层储层地质条件差,同时叠加工程问题,低效储层低产井的二次增产改造技术难度更大,改造效果难以达到预期目标。

目前关于国内煤层气低产成因的研究主要集中在地质因素、工程因素及排采管控方面。引起煤层气井低产成因的地质因素主要包括断层、储层含气量、渗透率、陷落柱、构造部位等;工程因素主要为钻井液密度、井型选取、完井质量及储层改造方式等。冯青等通过对沁水盆地 3# 煤层低产井统计,发现研究区低产井受地质因素、工程因素、排采因素影响的权重不同,受排采因素(降液速度慢、工作制度变动频繁)影响的低产井占比较高,占总数的89.5%,而受钻完井伤害、压裂工程等因素影响较低。此外,还发现不同因素对煤储层产能伤害程度不同,地质因素中煤层含气量、断层、陷落柱影响程度较大;工程因素中压裂液浸泡时间、排采时间间隔、压裂施工异常对储层产气量影响较大;排采因素中生产时效、降液速度、泵效对储层产能有一定的影响[143]。

基于统计学原理,低产的成因及其所占比例虽能做出相应评估,但无法系统科学地评判。张亚飞等通过对沁水盆地南部某区块 672 口低产井进行分析后得出:在煤层气开发过程中,地质资源条件、储层可采条件、钻完井工艺、储层改造技术和排采管控等因素均会对单井产气量产生重大影响,因此采用层次分析法对低产井主控因素进行分析,结合关键参数一票否决原理,进一步进行多参数组合,最终确定低产主控因素[144]。

李瑞等对西山地区煤层气井进行统计和分析发现,煤层气井口套压与产气量相互影响,两者变化趋势十分相似,表明煤层气排采更倾向于无液柱生产[145]。如果煤层气井排采前期表现为无液柱生产,说明井筒液位下降速度过快。虽然无液柱后通过调控套压可控制井底流压的变化,但是这种调控范围却极为有限,一方面套压通常较小(<0.5 MPa),另一方面无液柱情况下套压的变化对地层煤层气产量的变化依赖程度过高。总之,煤层气排采应避免过早进入无液柱生产阶段。

根据对煤层气低产成因的分析可知,影响煤层气产能的三大因素(地质因素、工程因素、排采因素)中,排采因素起重要作用,如套压控制不合理、排采速率过快等直接影响煤层气的生产。同时,地质因素与工程因素同样重要。无论是直井还是羽状水平井,在初始选区评价过程中,若钻遇断层、陷落柱或构造低部位,产水量会明显增大,从而影响煤层气井的产出。工程方面,钻井、固井及完井液中的固相颗粒会对煤储层形成严重伤害,储层渗透率大大降低,导致煤层气井产气量降低。同样,在压裂过程中,冻胶与清洁压裂液对煤储层也会造成一定损害。因此,为促进煤层气高效开发,需对影响煤层气井低产的主控因素进行合理、全面、有针对性的分析和研究。

第三节　主要研究内容与方法

煤层气低效井既可能是由于煤储层地质产气潜力差造成的,也可能是由于钻井、储层改造工程与煤储层地质不匹配造成的,还可能是包括排采在内的管理工作等因素造成的。为更准确地判识出煤层气低效井的成因类型,有针对性地对煤层气低效井进行治理,基于煤储层地质属性,以沁水盆地柿庄南区块为研究对象,利用煤层气地质学、煤层气开发地质学、构造地质学、采气理论、渗流理论等理论对煤层气低效井进行界定。同时,从煤储层地质关键参数、钻井工艺参数、储层改造工艺参数、排采不同阶段等方面分析其对煤层气井产能的影响,提出煤层气低效井的地质、压裂、排采等方面的主控成因判识方法,并以柿庄南区块实际煤层气的生产资料来验证理论分析的准确性。基于以上研究,可为煤层气低效井的成因判识提供方法和借鉴。

一、主要研究内容

1. 煤层气低效井的概念及判识标准

根据煤层气井产气所处阶段,界定煤层气的老井和新井,在此基础上分别给出煤层气老井和新井的低效井。从煤层气井的整个开发过程考虑,系统分析煤层气井综合经济效益的影响因素,构建煤层气井综合经济效益评价模型;基于煤层气老井和新井的特点,分别建立各自低效井的判识标准。

2. 煤层气低效井的地质主控类型判识方法与应用

以煤层气地质学、煤层气开发地质学理论为指导,系统分析煤层含气量、渗透率、储层压力梯度、临储压力比、含气饱和度等煤储层关键参数对煤层气井产能的影响;结合前人研究成果,提出获取煤储层关键参数的方法。应用灰色关联分析方法,确定关键参数对产能影响的权重,进而得出煤层气低效井地质主控类型的判识方法。基于柿庄南区块煤储层地质特征研究,应用该方法对柿庄南区块地质主控类型的煤层气低效井进行判识。

3. 煤层气低效井的钻井及压裂工程和排采工作的主控类型判识方法与应用

系统分析钻井工艺关键参数、储层改造关键参数、排采工作制度等对煤层渗透率的影响，在此基础上，采用实验室测试、构建数学模型、数值模拟等方法，分别对压裂工艺参数优化、煤层气井不同排采阶段的合理性进行评价，进而形成煤层气低效井的钻井、压裂、排采的主控类型判识方法。基于柿庄南区块钻井对煤储层的伤害、储层改造工艺和排采的合理性评价，对该区煤层气井低效井的钻井、压裂或排采主控类型进行判别。

4. 煤层气低效井成因评价体系及综合治理技术对策

在对煤层气低效井参数进行优选的基础上，构建煤层气低效井成因评价指标体系。根据煤层气低效井压裂主控型、排采主控型和综合主控型的特点，提出相应的综合治理对策。以柿庄南区块不同成因的煤层气低效井为例，对治理对策的效果进行评价。

二、研究方法与技术路线

我国煤储层地质条件的复杂性、煤层气开发工艺技术的多样性、排采管理等工作的主观能动性等导致目前煤层气的开发潜力没有较好地发挥出来，形成了大量煤层气低产低效井。为更好地挖掘煤层气的开发潜力，本书从系统论角度出发，以沁水盆地柿庄南区块煤层气低效井区为研究对象，深入分析煤储层地质关键参数、钻井工艺参数、压裂工艺参数和排采工作制度等对煤层气井产能的影响，通过构建煤层气井产能和经济综合评价模型，对煤层气低效井的成因主控类型进行判识，在此基础上提出不同成因的综合治理对策，以为我国煤层气低效井的成因类型判识提供方法和借鉴。

研究的技术路线如图 1.1 所示。

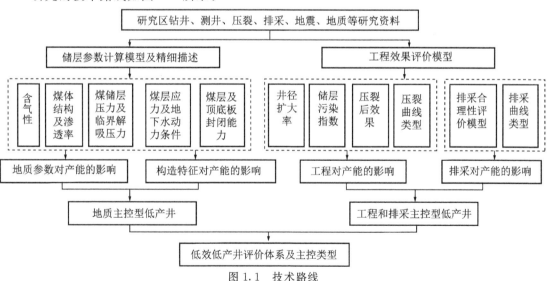

图 1.1 技术路线

第二章 煤层气低效井的概念与判识标准

准确界定煤层气低效井是有的放矢地开展低效井综合治理对策制定的基础。由于煤层气井所处产气阶段的差异,其产气极限经济效益的评价方法也不同,导致低效井的判别标准同样不同,即存在煤层气老井和新井的区别。本章首先根据煤层气井的产气特点,明确煤层气老井和新井的特点,在此基础上分别给出煤层气老井和新井低效井的定义。根据煤层气井的一般开发工艺流程,系统分析煤层井综合经济效益的关键影响因素,分别构建煤层气老井和新井的综合经济效益评价模型,进而建立煤层气老井和新井低效井的判识标准,为相似地质条件下煤层气低效井界定提供理论借鉴。

第一节 煤层气低效井的概念

一、煤层气老井和新井

(一) 煤层气产出特征

煤层气产出时主要经历解吸、扩散、渗流等过程,只有对煤层气产出机理进行深入研究,并结合现场实际产气特征,分析各个过程潜在的问题,才能确保煤层气高效产出。煤层气井排采可分为 3 个阶段:Ⅰ阶段为排水降压阶段,煤储层压力高于煤层气临界解吸压力,该阶段主要是产水阶段,并有少量的游离气和溶解气产出;Ⅱ阶段为稳定生产阶段,煤储层压力降至煤层气临界解吸压力之下,产气量相对稳定,并逐渐达到产气高峰,产水量下降到较低水平;Ⅲ阶段为产气量下降阶段,产少量水或不产水,该阶段的开采时间最长。一般情况下,煤储层的渗透率越高,储层物性越好,压降范围扩展越大,在排水降压过程中形成一个比较平缓的压降漏斗,煤层气的产量也会越高[146]。

1. 煤层气解吸

煤层气主要以吸附态赋存于煤储层中,其解吸过程是一个等温吸附过程,符合朗格缪尔等温吸附方程。朗格缪尔等温吸附方程的表达式为:

$$V = \frac{V_L p}{p_L + p} \tag{2.1}$$

式中,V 为理论含气量,m³/t;V_L 为朗格缪尔体积,m³/t;p_L 为朗格缪尔压力,MPa;p 为储层压力,MPa。

在煤层气井排采过程中,随着气体解吸的进行,煤储层历经不同的阶段变化,可通过煤储层等温吸附曲线对煤层气井潜在排采效果进行初步判识(图 2.1)。当煤储层处于原始状态时,一般情况下,煤储层的吸附气体量及所对应的压力点处于等温吸附线以下。随着排采进行,储层压力不断降低,煤层气仍处于吸附状态,当储层压力降低至解吸速率大于吸附速率时,赋存在煤储层中的煤层气由吸附态转化为游离态,所对应的储层压力为临界解吸压力。煤层气排采过程中见气时间与临界解吸压力、储层压力息息相关,通常用临储压力比(临界解吸压力和储层压力的比值)来表示煤层气开采的难易程度。其他条件相同时,临储压力比越大,表示煤层气见气时间越短,越容易从煤储层中解吸出来。

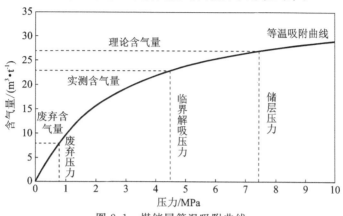

图 2.1　煤储层等温吸附曲线

2. 煤层气扩散

煤储层具有特殊的双重结构系统,储层中包含复杂的微孔隙和裂隙,煤层气主要以吸附态赋存在煤基质的表面。煤基质中所包含的微孔直径比较小,大约为 10^{-10} m 级别,而甲烷分子的直径约为 0.414 nm,根据孔隙直径与气体分子自由程的关系可以得出,煤层气在微孔中主要发生扩散作用。

在研究气体扩散类型时,扩散类型主要由气体分子的平均自由程与孔隙平均直径的比值决定,通常可分为表面扩散、克努森(Knudsen)扩散和体积扩散 3 种类型(图 2.2)[147-149]。当煤储层中孔裂隙的平均直径远大于气体分子的平均自由程时,甲烷分子与煤储层之间作用力较小,气体分子运移主要受气体分子之间作用力影响,以体积扩散为主。当储层的孔隙平均直径远小于甲烷分子的平均自由程时,分子之间的作用力可以忽略,甲烷分子与孔隙之间的作用力占主导作用,以克努森扩散为主。克努森扩散效应更容易产生在低压致密气藏以及气藏开发中后期,且对致密气藏中气体的非达西渗流贡献较大,该效应对低压低渗区影响显著。压力增大可降低扩散效应对渗流的贡献,且基质渗透率越低,使克努森扩散效应影响降低所需的压力越大。表面扩散主要为像液膜一样吸附的甲烷沿微孔壁运移,在整个扩散作用中表面扩散作用最小。

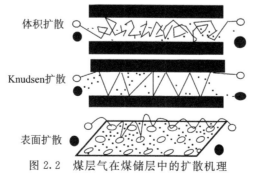

图 2.2　煤层气在煤储层中的扩散机理

煤层气在煤储层中的扩散遵循气体扩散的基本原理，本质上是在浓度差的作用下，煤层气分子由高浓度区向低浓度区运移。该过程遵循 Fick 第一定律：

$$q_m = D\sigma V_m (C_t - C_p) \tag{2.2}$$

式中，q_m 为煤基质中甲烷的扩散速率，m^3/d；D 为扩散系数，m^2/d；σ 为形状系数；V_m 为煤的体积，m^3；C_t 为煤基质中甲烷的平均浓度，m^3/m^3；C_p 为基质裂隙边界上甲烷的浓度，m^3/m^3。

3. 煤层气渗流

煤层气在储层中的运移主要是在生产压差的作用下由高压区运移至低压区。一般情况下，常用达西定律表达流体的流动：

$$v = -\frac{K}{\mu} \frac{\mathrm{d}p}{\mathrm{d}l} \tag{2.3}$$

式中，v 为流体的渗流速度，m/s；K 为介质的渗透率，μm^2；μ 为黏度，$mPa \cdot s$；$\frac{\mathrm{d}p}{\mathrm{d}l}$ 为压力梯度，$10\ MPa/m$。

（二）排采阶段划分

随着我国煤层气开发技术的不断成熟，对不同煤层气井排采制度的要求也越来越严格。煤层气的排采主要经历"排水—降压—解吸—扩散—产气"过程，根据排采过程中煤储层流体相态的变化，将排采过程划分为单相水流阶段和气水两相流阶段，如图 2.3 所示。

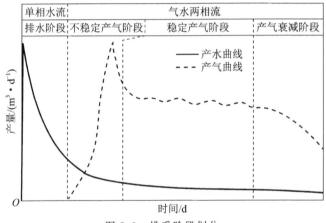

图 2.3　排采阶段划分

1. 单相水流阶段

该阶段位于煤层气排采过程的初始阶段，主要将煤储层中残留的压裂液及煤储层中孔隙水的混合液排出，降低煤储层压力，偶尔会有少量煤粉排出。煤层气井排采初期，由于压裂改造的作用，煤储层的渗透率增大，泵效比较高。压裂液在排出过程中易携带少量煤粉进入井筒，排出的水质出现变黑现象。为防止煤粉的堆积导致卡泵等情况，需保持连续排水状态，同时随着煤粉的排出，促进煤储层渗透率提高。

2. 气水两相流阶段

1）不稳定产气阶段

随着压裂液及煤储层中水的不断排出，井底压力降至煤层气临界解吸压力，煤储层中吸附的气体开始不断解吸。该阶段可分为初始产气阶段和产气上升阶段。

在初始产气阶段，井口初见套压时，井下套压变化较大，煤层气排采不稳定，产气量波动明显。该阶段开始进入气水两相流阶段，随着气体的排出，动液面波动比较大，井底流压降低。由于解吸区域范围不大，近井地带压力先达到临界解吸压力，该区域煤层气优先解吸，且由于井底压差急剧变化，往往有可能会引起压裂砂返吐现象。

在产气上升阶段，井底流压波动不是很大，套压基本处于稳定状态，煤储层解吸范围不断向外传播，解吸区域逐步增大并通过煤割理运移至井筒，产气量随之升高。同时，由于气相渗透率增大，水相渗透率随之减小，致使产水量降低。数据分析表明，该阶段煤层气井产水量随时间增加而不断减少，且递减速率不断变小，产气量呈不断增长趋势，之后逐渐趋于稳定。

2）稳定产气阶段

随着煤层气井排采时间的延长，煤基质收缩效应占主导，由于煤层中大部分游离态的水被排出，煤层中的孔裂隙程度变大，煤体的微裂缝网络不断扩张，使煤基质的暴露面积增大，加快了煤层气的解吸速率，煤层气井产量会处于相对稳定阶段。该阶段煤储层中流体流动状态为气、液两相，以气相为主，液相相对较微弱，因为在前两个阶段排采过程中大部分地层水均已排出，此时煤储层的煤层气不断产出，产气量明显增加。

3）产气衰减阶段

当煤层气井中储层压力降至废弃压力时，煤储层中的大部分煤层气基本以游离态排出，同时煤层水大量排出，煤层气井产水量也逐渐下降。但由于煤岩吸附解吸迟缓的特点，局部区域仍有少量煤岩处于解吸状态，但解吸速率缓慢，此时煤层气生产井将持续保持长期低产状态。

（三）煤层气老井和新井的界定

根据煤层气井的产出特点，煤层气的产气量可分为低产期、稳产期、衰减期等阶段。在整个排采及产气过程连续的情况下，一般在排采初始的 0.5～2 年内，煤层气井处于低产期；排采 2～7 年内，煤层气井处于稳产期；排采 7 年以上时，煤层气井处于衰减期。对于不同的煤储层地质、工程及排采管理制度，煤层气井达到稳定产气的时间有所差别。

新老井的界定方法分为两种：一种是根据产气阶段进行划分，即把已经经历较长时间稳定产气阶段，煤层气井的产气量开始衰减的井称为老井，而把处于低产气阶段或稳定产气阶段的井称为新井；另外一种是以"经济效益"为评价参数，即把开发投入成本已经回收的煤层气井称为老井，而把尚处于回收成本阶段的煤层气井称为新井。

二、低效井的定义

煤层气低效井即无法产生经济效益的井。低产低效井是根据成本计算的效益界限与低产低效井界限共同确定的。效益界限采用盈亏平衡原理，对煤层气井进行经济分析，依据此原理对煤层气井的成本、费用等财务数据及煤层气价格变化的影响，从投入与产出两方面进行分析，从而对采气井经济日产气量进行定义。

低产低效井的主要生产特征是产气量较低，一直处于波动状态，且幅度较大，峰值产量不明显，生产不连续，产水量高，排水时间较长。低产低效井从成因上分为地质因素、工程因素和排采因素。地质因素包括储层物性差、渗流能力弱、产液量减小等;工程因素包括储层污染引起的地层堵塞、注水量达不到配注、套管损坏、电泵损坏、注采井网不完善、区域能量补充不及时等;排采因素包括排采制度不合理、卡泵等。

第二节　煤层气低效井的判识标准

是否有经济效益是评判煤层气井是否为低效井的标准。对煤层气低效井的判识需要构建煤层气综合经济效益模型。本节根据煤层气井的开发特点,系统分析煤层气综合经济效益的关键影响因素,分老井和新井分别构建其综合经济效益评价模型,在此基础上建立煤层气低效井的判识标准。

一、煤层气综合经济效益的关键影响因素

煤层气井能否获得经济效益,是由其投资和产出共同决定的。煤层气井的投资费用包括钻前准备、钻井、压裂、排采、地面集输建设及管理等。

(一) 煤层气井的产能

影响煤层气井产能的因素主要有 7 种。

1) 煤层厚度对产气量的影响

煤层厚度是煤层气富集与提供产量的关键。一般情况下,当煤层含气量相同时,煤层越厚,气源越丰富,供气能力越强,煤层气产量越高。

2) 含气量对产气量的影响

一般情况下,煤储层含气量越高,产气量越高;反之,产气量低。如统计沁水盆地某区块低含气区($<8\ \mathrm{m^3/t}$)的排采井共 18 口,排采 2～3 年后,平均液柱高 12 m,平均产气量仅为 215 $\mathrm{m^3/d}$。

3) 煤储层物性对产气量的影响

煤储层物性对煤层气井产气量影响较大,尤其是渗透率对煤层气井产量起着至关重要的作用。根据研究,煤层气高产井的储层渗透率一般介于$(5～10)\times10^{-3}\ \mu\mathrm{m^2}$之间,储层渗透率过低将不利于煤层气的产出。

4) 水文地质条件对产气量的影响

水文地质条件不仅是煤层气保存及形成超压储层的主要因素,而且对煤层气井产量影响较大,在很大程度上决定了煤层气井能否实现排水降压、合理的排水强度及排水周期。不同的水文地质条件对应不同的水动力场和化学场,对煤层气开发具有重要影响[150]。

5) 断层对产气量的影响

在储层改造时,断层易沟通煤储层顶底板或含水层,导致断层附近水动力条件活跃,甲烷气体容易逸散,造成断层附近煤层气井产水量大、产气量低甚至不产气。某区块有 20 口直井位于断层附近,排采 1.5～2 年后,平均液柱高 9 m,受断层影响,平均产气量仅为 155 $\mathrm{m^3/d}$;4 口水平井钻遇断层,产水量大,液面下降困难,平均液柱高 164 m,平均产气量为 50

m^3/d。对于断层附近相邻煤层气井产气量差异大的现象,选取某断层附近的 3 口同期生产的煤层气井,对断层两盘岩性及其封闭性进行对比和分析,发现断层断距大于煤层盖层厚度时,封闭性盖层完全被断裂错开,与对盘砂岩含水层对接,从而造成液面下降缓慢,产水量大,影响产气量[151]。

6)压裂工艺对产气量的影响

在其他地质条件一致或相似的情况下,统计某区块 12 口排采井,压裂时施工压力普遍较高,加砂困难,未形成有效支撑裂缝,排水降压范围小,排采 1～3 年后,平均累计产水量为 693 m^3,均未产气。另外,压裂液浸泡时间过长、水锁效应、煤体软化生成沉淀物等,造成储层伤害,导致煤层气低产[151]。

7)排采制度对产气量的影响

煤层气井排采初期,储层压力降低,有效应力增大,渗透率降低,但合理的排水降压会使后期煤储层渗透率逐步得到改善,是煤层气井高产的保证。若煤层气井排采控制不合理,当井底流压下降过快时,容易增大生产压差,有效应力明显增大,同时产生速敏效应,煤粉或支撑剂堵塞裂缝,储层渗透率严重降低,压降漏斗得不到充分扩展,气源补给范围受限,造成煤层气井低产;若煤层气井发生停抽,地层供水使得井底流压回升,储层中的流体流速减缓,排出的液体携带的煤粉或支撑剂易发生沉淀,堵塞地层通道或造成卡泵。

(二)煤层气井的开发成本

煤层气井的开发成本主要可以分为 5 个方面。

1)钻前准备费用

钻前准备费用是指因钻井与压裂设备进入井场而需修建道路与场地整平、夯实所投入的费用。一般而言,一口煤层气井需准备的钻井、压裂井场地面积为 30 m×50 m,后期的排采井场保留一半即可,因此该笔费用不是很大。

目前我国煤层气开发有利区块大部分处于欠发达及山地地区,道路条件相对差,采用的煤层气井钻井、压裂设备相对较大。因此,煤层气钻前准备工作中需投入一笔相对大的资金修建道路。

2)钻井工程费用

从技术角度考虑,煤层气井钻井工艺应尽量降低对目的层的污染,目前广泛采用的是低密度钻井液钻井工艺。

为达到减少污染煤层的目的,要求钻遇目的层后尽快完井,这对钻井设备的能力提出了一定的要求。煤层气井钻井中应用较多的是石油钻机,相对而言,石油钻机价格昂贵,设备也较庞大,因此其搬迁费、设备折旧费及运输费用都较高,而且为其服务的钻前费用也要很高。一般来说,一口煤层气井的钻井费用占其前期总投资的一半以上。

3)压裂工程费用

对煤层气井的改造,我国目前普遍采用水力压裂技术。在发展初期,压裂设备依靠进口,后来由于其价格昂贵,各大油田抽调精英人才组建了压裂队伍,压裂技术取得了较好发展。我国压裂水平与国外石油公司的差距已较小。

国内煤层复杂的地质结构及工程条件对压裂工艺、压裂材料带来了巨大挑战,加大了压裂工艺的成本。因此,需要对现有压裂工艺及配套工艺等进行技术优化升级与攻关,以为不同地质条件的煤层气井提供匹配适宜的压裂工艺,降低压裂工艺成本[152]。

4)排采工程费用

煤层气井排采是将地层水持续不断从井筒中排出,使井底压力低于煤层气临界解吸压力,使吸附的煤层气解吸并从井筒中高效产出。要完成该过程,需在井筒及井口安装排采设备。

煤层气井排采的日常费用主要包括人员工资、管理费、电费、零配件费、修理维护费、化验费、排污费、道路维修费等。虽然各项费用金额占比小,但是煤层气井的排采周期长,需长年累月一直开展。因此,为降低排采成本,需合理优化排采工艺。

5)地面集输及管理费用

煤层气运输包含管道运输和槽车运输两种方法。管道运输是指在煤层气气源地和目标市场间建设管道,将煤层气通过管网运输到目标市场。该运输方式经济安全,是煤层气最重要且最可靠的运输方式,需投入大量资金进行管道建设和城区管网建设。当建设管道成本过高且客户分散时,可以利用槽车运输来输送煤层气。槽车运输指将煤层气压缩,用专门运输车将压缩后的煤层气运输到终端用户。主要方式是将煤层气液化后,以液态形式进行运输,运输至目标市场汽化后分输给终端用户。运输方式的成本相对较低,灵活方便且操作简便,适合短途运输和小规模消费量的地区。

煤层气储存方式主要包括地下储存、储气罐储存和管道储存 3 种。

煤层气的地下储气费用包括操作费用、设备折旧、维护支出等其他支出;储气罐费用包括储气罐维护、折旧费用、操作费用、租金等;管道费用包括折旧费、操作与维护费用、配气费用、计量费用等;槽车运输费用包括过路费、人工费、折旧费、油气费等。

二、煤层气低效井的判识标准

(一)煤层气井综合经济模型的构建

1)煤层气老井经济模型的构建

煤层气老井的经济效益为目前排采管理运行成本和目前产气销售收入的差值。

$$E = S - I_1 - I_2 - I_3 - I_4 \tag{2.4}$$

式中,E 为老井经济效益,万元;S 为产气销售收入,万元;I_1 为人员费用,万元;I_2 为管理维修费用(包括零配件的更换、道路的维修等),万元;I_3 为天然气运输费用(视天然气运输方式而定),万元;I_4 为天然气储存费用(视天然气储存方式而定),万元。

2)煤层气新井经济模型的构建

煤层气新井的经济效益为总销售总收入与总投资及税金的差值。

$$E_t = S_t - I_t - T_t \tag{2.5}$$

式中,E_t 为新井综合经济效益,万元;S_t 为总销售收入,万元;I_t 为总投资,万元;T_t 为税金,万元。

总投资主要包括前期勘探费用、中期钻完井压裂费用、后期投产维护费用及其他费用。

$$I_t = I_k + I_{zw} + I_{tw} + I_o \tag{2.6}$$

式中,I_k 为前期勘探费用,万元;I_{zw} 为中期钻完井压裂费用,万元;I_{tw} 为后期投产维护费用,万元;I_o 为其他费用,万元。

前期勘探费用主要包括资料收集费、地震勘探费、征地费、道路建设费和勘探管理费。

$$I_k = I_{zs} + I_{dk} + I_{zd} + I_{dj} + I_{kg} \tag{2.7}$$

式中，I_{zs} 为资料收集费，万元；I_{dk} 为地震勘探费，万元；I_{zd} 为征地费，万元；I_{dj} 为道路建设费，万元；I_{kg} 为勘探管理费，万元。

中期钻完井压裂费用主要包括钻井费、固井费、测井费、测试费、分析化验费、压裂费和完井管理费等。

$$I_{zw} = I_{zj} + I_{gj} + I_{cj} + I_{cs} + I_{fx} + I_{yl} + I_{wg} \tag{2.8}$$

式中，I_{zj} 为钻井费，万元；I_{gj} 为固井费，万元；I_{cj} 为测井费，万元；I_{cs} 为测试费，万元；I_{fx} 为分析化验费，万元；I_{yl} 为压裂费，万元；I_{wg} 为完井管理费，万元。

后期投产维护费用主要包括排采设备购置安装费、地面设施建设费、运转维护费、耗材费、投产维护管理费等，可表示为：

$$I_{tw} = I_{pg} + I_{dj} + I_{yw} + I_{hc} + I_{tg} \tag{2.9}$$

式中，I_{pg} 为排采设备购置安装费，万元；I_{dj} 为地面设施建设费，万元；I_{yw} 为运转维护费，万元；I_{hc} 为耗材费，万元；I_{tg} 为投产维护管理费，万元。

其他费用主要包括建设期贷款、流动资金、销售费和管理费等，可表示为：

$$I_o = I_{jd} + I_{lz} + I_{xs} + I_{og} \tag{2.10}$$

式中，I_{jd} 为建设期贷款，万元；I_{lz} 为流动资金，万元；I_{xs} 为销售费，万元；I_{og} 为管理费，万元。

销售总收入为开采年限、年产气量、当年销售价格及煤层气商品率的乘积。

$$S_t = S_k S_c S_j S_s \tag{2.11}$$

式中，S_k 为开采年限，a；S_c 为年产气量，$10^4 \ m^3/a$；S_j 为当年销售价格，元/m^3；S_s 为煤层气商品率。

根据石油天然气企业经验，部分产品留给企业自用，煤层气商品率取值范围一般为 94%～98%，常取 96%。

税金可表示为：

$$T_t = T_{zz} + T_{cj} + T_{jf} + T_{sd} \tag{2.12}$$

式中，T_{zz} 为增值税，万元；T_{cj} 为城市建设税，万元；T_{jf} 为教育附加费，万元；T_{sd} 为所得税，万元。

（二）煤层气低效井的判识模型

1）煤层气老井低效井的判识模型

煤层气老井是已经回本前期投资的煤层气井。判别其是否为低效的煤层气井，可借鉴石油系统中判别低效井的方法，采用盈亏平衡原理分析其日产气量与经济日产气量来进行判别：高于经济日产气量为非低效井，低于经济日产气量为低效井[153]。

$$Q_0 = \frac{I_1 + I_3}{I_2} \tag{2.13}$$

式中，Q_0 为经济日产气量，m^3/d；I_1 为单井固定费用，元；I_2 为煤层气单位售价，元；I_3 为单井可变费用，元。

从煤层气井盈亏平衡分析图（图 2.4）可以看出，单井费用线与单井收入线相交于点 O，交点 O 将两条直线所夹的范围分为两个区，左边为亏损区，右边为盈利区，所以单井日产量处于亏损区的煤层气井即低效井。

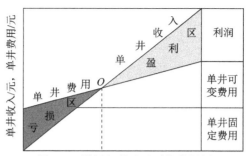

图 2.4　煤层气井盈亏平衡分析图

2）煤层气新井低效井的判识模型

煤层气新井主要是煤层气井尚处于低产或未达稳定产气阶段的井。同样,采用盈亏平衡原理对单井日产气量及经济日产气量进行综合分析,得出煤层气新井低效井判识模型为:

$$Q_0 = \frac{I_t + T_t}{S_k S_c S_j S_s n} \tag{2.14}$$

式中,n 为井数;其他符号意义同前。

第三章 煤层气低效井地质
主控判识方法与应用

确定出煤层气低效井的地质主控类型能为盘活和治理低效井区指明方向。煤层含气量、渗透率、储层压力、临界解吸压力、临储压力比、含气饱和度等地质因素的差异可能导致煤层气井产气量截然不同。为查明煤层气低效井的地质主控类型，本章将分析煤储层关键参数对煤层气井产能的影响；结合他人研究成果，归纳总结煤层含气量、煤储层原始渗透率、压裂改造后的渗透率、储层压力和临界解吸压力的获取方法；应用灰色关联法得出煤储层关键参数对煤层气井产能影响的权重，基于此形成煤层气低效井的地质主控类型识别方法；基于沁水盆地柿庄南区块 3# 煤储层特征，对该区块煤层气低效井地质主控类型进行判识。

第一节 煤储层关键参数对煤层气井产能的影响

煤储层的关键参数主要包含煤层含气量、渗透率、储层压力、临界解吸压力、临储压力比和含气饱和度。为查明低效井地质主控因素，本节主要分析关键参数对煤层气井产能的影响。

一、含气量对煤层气井产能的影响

高产稳产的煤层气井大多都具有较高的含气量。因此，明确研究区内含气量分布特征是进行煤储层富集评价的重要前提。在一定范围内，煤层厚度越大，煤层气资源量就越高，利于煤层气富集，从而为煤层气井高产提供一定的物质基础。当其他地质条件相同时，一定范围内的含气量越高，该地区的气源供给就越充分，有利于煤层气井的高产。依据常会珍等在寺河井田的研究，煤层气井产能高低与煤层含气量表现总体一致，平均产气量大于 4 000 m³/d 的煤层气井大多集中在含气量大于 20 m³/t 的区域内；平均产气量在 2 000 m³/d ～ 4 000 m³/d 的煤层气井多处于含气量为 16～20 m³/t 区域内；平均产气量小于 2 000 m³/d 的煤层气井多位于含气量小于 16 m³/t 的区域范围内[154]。含气量的大小直接影响煤层气井产气量的大小和见气时间。

利用 CMG 软件，设置煤层埋深为 800 m，煤层厚度为 6 m，孔隙度为 8%，渗透率为 0.5×10⁻³ μm²，地层温度为 25 ℃，储层压力为 4 MPa，兰氏压力为 3.5 MPa，兰氏体积为

29.2 m³/t后,分别选取煤层含气量为 8 m³/t,12 m³/t,16 m³/t,20 m³/t,24 m³/t,28 m³/t,模拟煤层气直井的产能。

模拟结果如图 3.1(彩图 3.1)所示。由图可知,煤层气井含气量越高,产气速率越高,累计产气量越高。当含气量高于 20 m³/t 时,产气速率呈现明显的抛物线状,同时累计产气量增幅明显;当含气量介于 8～16 m³/t 时,产气速率表现较平缓,累计产气量增幅较小。

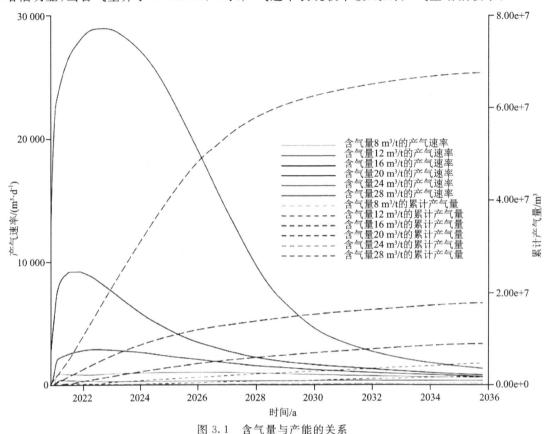

图 3.1　含气量与产能的关系

二、渗透率对煤层气井产能的影响

煤层渗透率的大小反映了气、水在煤层中运移的难易程度。当煤层渗透率较低时,煤储层难以形成有效、连续的气水流动,影响着煤层气的开发效果。生产实践表明:当煤储层具有较高的含气量而煤储层原始渗透率较低时,煤储层改造效果显得尤其重要。煤储层改造成功与否直接关系到煤层气的产气量。当其他地质条件相同时,煤储层渗透率高,不仅产气高峰时产气量高,而且累计产气量高;反之,煤层气井累计产气量低。

基于现有的资料和前人的研究成果可知,渗透率对产能的影响主要分为两类:一类是渗透率大于 2×10^{-3} μm^2 时,产能与渗透率相关性显著;另一类是渗透率小于 2×10^{-3} μm^2 时,二者相关性较差。此时,煤层气井产量除受渗透率影响外,还可能受资源丰度、构造、排采制度等因素的影响。因此,为全面分析渗透率对煤层气井产能的影响,同样利用 CMG 软件,设置煤层埋深为 800 m,煤层厚度为 6 m,孔隙度为 8%,含气量为 15 m³/t,地层温度为

25 ℃,储层压力为 4 MPa,兰氏压力为 3.5 MPa,兰氏体积为 29.2 m³/t,分别选取渗透率为 $0.01×10^{-3}$ μm^2, $0.05×10^{-3}$ μm^2, $0.1×10^{-3}$ μm^2, $0.5×10^{-3}$ μm^2, $1×10^{-3}$ μm^2, $5×10^{-3}$ μm^2,对其进行模拟。

模拟结果如图 3.2(彩图 3.2)所示。由图可知,当其他地质条件相同时,累计产气量与产气速率随渗透率的增大而增大。当渗透率低于 $0.1×10^{-3}$ μm^2 时,产气速率虽有一定程度增大,但变化不明显,累计产气量逐渐增大;当渗透率逐渐增大时,产气速率呈现抛物线式变化。

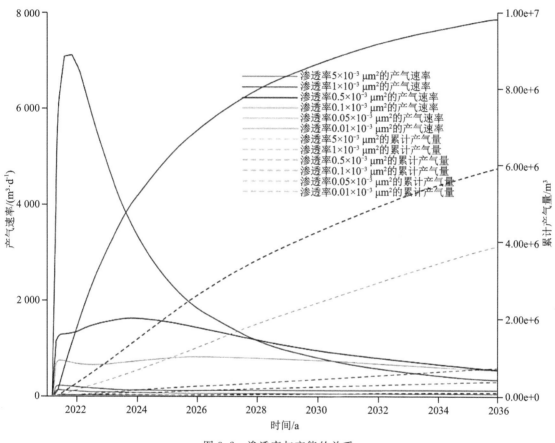

图 3.2　渗透率与产能的关系

三、临储压力比对煤层气井产能的影响

煤层的储层压力和临界解吸压力控制着气体解吸难易程度,常用临储压力比的大小表征煤层气的解吸能力的大小。临储压力比越低,需降低的储层压力越大,因此临储压力比较低的煤储层不利于煤层气的高效产出。同时,煤储层压力大,煤层气井需长时间排水降压,使近井地带的压力降到临界解吸压力,导致煤层气井单相水流阶段时间较长,产气高峰出现较晚。

临储压力比是临界解吸压力和原始储层压力之比。一般情况下,煤储层临界解吸压力与储层压力越接近,解吸时间越早,煤层能释放出气量的潜力越大。当煤层临界解吸压力比煤层压力低得多时,需较长时间大量排水降压才能产气。根据吴静等对焦坪矿区的研究,随临储压力比增大,产气量增大,产气时间越早,产气高峰出现越早,产气量下降也越快。同时,当临储压力比的增大后,煤层气井产气量出现双峰现象,可有效延长煤层气井高产稳产的时间[155]。

为全面分析临储压力比对煤层气井产能的影响,同样利用 CMG 软件,设置煤层埋深为 800 m,煤层厚度为 6 m,孔隙度为 8%,含气量为 15 m³/t,地层温度为 25 ℃,储层压力为 4 MPa,兰氏压力为 3.5 MPa,兰氏体积为 29.2 m³/t,煤层渗透率为 $0.5 \times 10^{-3} \ \mu m^2$,将煤储层临储压力比分别设置为 0.4,0.6,0.8 和 0.9 进行模拟。

模拟结果如图 3.3(彩图 3.3)所示。由图可知,当其他地质条件相同时,煤层气井累计产气量和产气速率随临储压力比增大而增大,呈正相关,增长曲线形态相似,累计产气量呈直线增长。

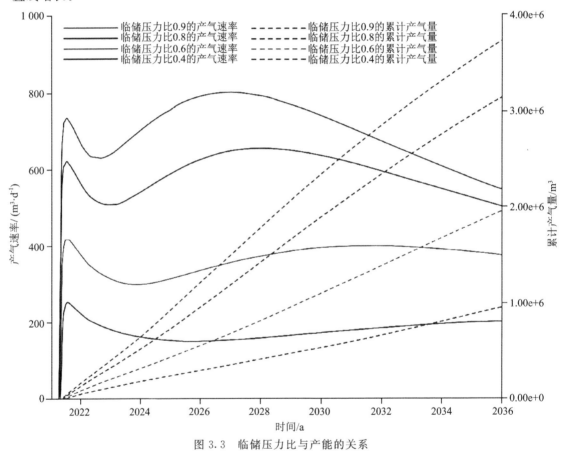

图 3.3　临储压力比与产能的关系

四、含气饱和度对煤层气井产能的影响

含气饱和度是指煤层在原始状态下储层内的气体体积占连通孔隙体积的百分数。含气饱和度越大,煤层气的解吸能力越强,煤层气井越早产气,产气高峰越早。含气饱和度能在一定程度上反映煤层的吸附与解吸性能。

为分析含气饱和度对煤层气井产能的影响,同样利用 CMG 软件,设置煤层埋深为 800 m,煤层厚度为 6 m,孔隙度为 8%,含气量为 15 m³/t,地层温度为 25 ℃,储层压力为 4 MPa,兰氏压力为 3.5 MPa,兰氏体积为 29.2 m³/t,煤层渗透率为 0.5×10^{-3} μm^2,分别模拟含气饱和度为 40%,60%,80%,90%时煤层气井的产气量。

模拟结果如图 3.4(彩图 3.4)所示。由图可知,累计产气量与产气速率随含气饱和度的增大而增大,产气速率增长曲线相似,累计产气量均呈直线增长,含气饱和度高于80%,增长明显。

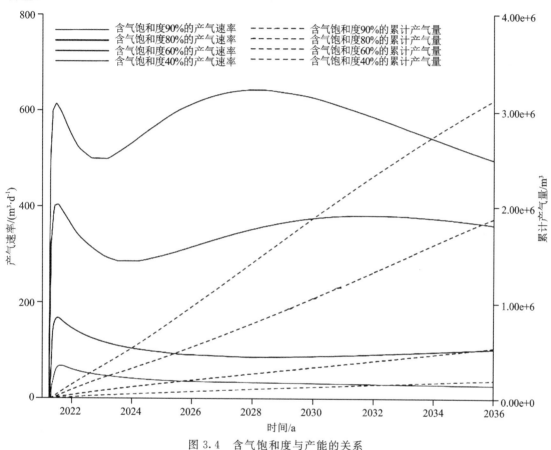

图 3.4　含气饱和度与产能的关系

五、煤体结构对煤层气井产能的影响

煤体结构依据破碎及变形程度可分为原生结构煤、碎裂煤、碎粒煤和糜棱煤。原生结构煤和碎裂煤裂隙相对发育,利于储层改造,促进煤层气井产能释放。同时,一般情况下,原生结构煤和碎裂煤厚度越大,煤层气井产能越高。碎粒煤和糜棱煤渗透性低,在钻井过程中容易引起钻孔扩径、塌孔等现象,给后期的固井、完井工艺增加一定的难度,不利于水泥浆返排,形成大小不等的水泥环,导致射孔难度增大,压裂液在经过射孔段时摩阻显著升高,影响储层改造效果及煤层气井产能。另外,煤层气井压裂后需进行压裂液返排。由于煤储层存在滤失现象,一部分压裂液会残留在煤层中,堵塞煤层孔裂隙,增加解吸甲烷运移的难度。因此,煤体结构对煤层井产能有重要影响,查明煤体结构分布能为优化煤储层改造工艺和制定合理的排采制度提供参考,为煤层井高效开发奠定基础。

第二节　煤层气低效井评价关键储层参数的获取方法

本节基于前人研究成果,归纳和总结煤层含气量、煤层原始渗透率、煤层压裂后渗透率、储层压力和临界解吸压力等关键储层参数的获取方法,为煤层气低效井评价奠定基础。

一、煤层含气量的获取方法

煤层含气量的获取方法主要有实测法、测井曲线预测法、吸附法、敏感参数法等。

(一) 实测法

测定煤层气含量的方法较多,主要可分为直接法和间接法。

直接法是将煤样(煤芯煤样、钻屑煤样及煤矿井下煤样)装入密封罐中,采用解吸仪直接测量煤样的气体,确定气体成分和气体含量。最常用的是钻孔煤芯煤样解吸法。目前我国煤层气含量测试采用的是《煤层气含量测定方法》(GB/T 19559—2021),在瓦斯含量测定方面常采用《地勘时期煤层瓦斯含量测定方法》(AQ 1046—2007),两者在取样时间、装样要求及解吸过程等方面略有差异。

间接法测定煤层含气量是在实验室进行煤的等温吸附常数、煤的孔隙率和工业分析,在现场实测煤层气体压力,或根据已知规律推算气体压力,然后利用有关公式计算煤层含气量。

(二) 测井曲线预测法

1. 煤层气测井响应机理

煤层生成甲烷气体的能力、保存气体的能力及盖层特性可通过煤的物质组成、煤体结构、煤岩特征等表征,而测井技术在煤田中的应用主要通过反映这些特征属性来判断煤层的生气、储集气体以及盖层特性。下面首先介绍测井主要曲线对煤层含气量的响应。

1) 密度测井对煤层含气性的响应

密度测井对煤层含气性的响应主要包括直接响应和间接响应。

A. 密度测井对煤层含气量的直接响应

当煤质组成、煤体变质程度等因素相同时,随含气量增加,煤体整体质量增加,煤体体积容易发生膨胀,从而影响煤层密度。

依据理想气体状态方程:

$$pV = \frac{M}{\mu}RT \tag{3.1}$$

式中,p 为气体压力,MPa;V 为气体体积,L;M 为气体质量,g;μ 为气体摩尔质量,g/mol;R 为普适气体常量,0.008 2 MPa·L/(g·K);T 为温度,K。

在标准情况下,单位体积甲烷气体的质量为:

$$M = \frac{pV\mu}{RT} \approx 0.714 \text{ g} \tag{3.2}$$

随含气量变化,煤体密度变化量为:

$$\Delta\rho = 10^{-3}MG\rho_c \approx 10^{-3}G \tag{3.3}$$

式中，$\Delta\rho$ 为煤体密度变化量，g/cm^3；G 为煤体含气量，m^3/t；ρ_c 为煤体密度，kg/m^3。

基于上述分析，当其他条件相近时，煤层中甲烷气体每增加 1 m^3，煤体密度变化约 0.001 g/cm^3。密度测井对煤层气含气量的响应不明显，这是因为密度测井易受复杂地质因素及工程因素影响。

B. 密度测井对煤层含气性的间接响应

研究结果表明：煤中灰分变化与煤基质中固定碳含量的相关性较好，煤的密度与灰分关系密切，因此灰分含量发生变化时含气量发生相应变化，而灰分含量变化可以通过密度测井参数间接反映[156]。

2）中子测井对煤层含气性的响应

中子测井通过煤体中氢元素含量的变化反映其变化情况。中子测井对煤层含气性的响应特征反映的是煤体含气后氢元素指数的变化特征[157]。当其他因素一致时，煤层吸附甲烷气体含量越多，中子伽马射线的强度越高。在一定情况下，根据中子测井曲线值能表征煤层含气量的变化。

单位体积水中的含氢为：

$$\frac{2H}{2H+O}\rho_w = \frac{1}{9} \; g/cm^3 \tag{3.4}$$

式中，H 为氢的相对原子质量；O 为氧的相对原子质量；ρ_w 为水的密度，g/cm^3。

单位体积甲烷气体中的含氢为：

$$\frac{4H}{4H+C}\Delta\rho = \frac{1}{4}\Delta\rho \tag{3.5}$$

式中，C 为碳的相对原子质量；$\Delta\rho$ 为甲烷密度，g/cm^3。

假设水含氢指数是 1，则含气量变化对应的含氢指数变化为 $2.25\Delta\rho$，即其他因素一致时，单位质量的煤含气量变化 1 m^3，中子参数值变化 0.225 pu。

3）伽马测井对煤层含气性的响应

伽马测井参数主要反映岩层中所含放射性元素含量的变化。对于纯煤及没有明显放射性的煤层气，伽马测井对煤层含气量响应不明显。

4）电阻率测井对煤层含气性的响应

随着煤层中甲烷气体含量的变化，电阻率测井参数响应发生变化。煤层气和煤基质自身电阻率存在差异，煤级不同，电阻率不同。褐煤的电阻率在 40～4 000 Ω·m 之间，烟煤的电阻率在 100～5 000 Ω·m 之间，无烟煤的电阻率在 0.001～100 Ω·m 之间，煤层气的电阻率在 10^4～10^9 Ω·m 之间。一般情况下，同一地区、同一煤层，不考虑其他地质因素影响，如果含气量发生变化，则电阻率也会发生改变。

此外，煤体结构可以通过电阻率反映出来，两者存在一定的相关性，而含气量与煤体结构关系密切，即其他因素一致或相近时，煤体越破碎，比表面积越大，甲烷气体的吸附空间越大，吸附甲烷能力越强，含气量越高。因此，电阻率值能反映煤层含气量的变化。

5）声波时差测井对煤层含气性的响应

与其他岩层相比，煤层相对松散，声波的传播速度较低。声波时差测井是孔隙度测井方法之一，随着煤基质中孔隙度增加，声波传播速度降低，声波时差值增加。声波传播速度在气层段会有明显减小,当煤储层含气量较高时,声波时差将显著增大。此外,声波在气层中的能量衰减显著,有可能出现周波跳跃现象。因此,声波时差可较明显地识别出含气储层,甲烷气体含量增加,声波速度降低,声波时差值增大[158]。

6)自然电位测井对煤层含气性的响应

煤为非极性体,井壁不易形成泥饼,含气量的变化对电动势影响不大,因此通常情况下,煤层甲烷气体含量发生变化时对应的自然电位曲线变化不大[158]。

2. 含气量与测井参数的相关性分析

煤层含气量受各种地质因素的综合影响,与测井曲线的关系有一定随机性及模糊性。为更好地定量描述含气量的变化,对煤层含气量及各相关测井参数进行相关性分析,得出含气量随测井参数产生变化的特征。煤层含气量与各测井参数的相关系数可用以下公式计算或表示:

$$\rho_{xy} = \frac{\mathrm{cov}(x,y)}{\sigma_x \sigma_y} \tag{3.6}$$

$$\mathrm{cov}(x,y) = \frac{\sum_{i=1}^{n}(x_i - E(x))(y_i - E(y))}{n} \tag{3.7}$$

$$\sigma_x = \sqrt{\frac{\sum_{i=1}^{n}(x_i - \bar{x})^2}{n-1}} \qquad \sigma_y = \sqrt{\frac{\sum_{i=1}^{n}(y_i - \bar{y})^2}{n-1}} \tag{3.8}$$

式中,ρ_{xy} 为相关系数;$\mathrm{cov}(x,y)$ 为协方差;σ_x,σ_y 分别为 x 和 y 的标准差;n 为变量的数量;$\bar{x}$,$\bar{y}$ 分别表示 x,y 的平均值;$E(x)$,$E(y)$ 分别表示 x,y 的期望值。

3. 含气量多元回归预测模型

自变量和因变量包含两大类关系:一类是确定的关系,即当自变量固定时,因变量也固定;另一类是不确定的关系,但含有统计规律,即给定自变量,因变量并不是唯一的,且自变量和因变量仍然存在一定的联系,将自变量和因变量之间的这种联系称为相关关系。变量包含可控制的变量和不可控制的变量。变量可控制即变量是在一定区间指定的值,变量不可控制指的是变量是随机的,符合一定的概率分布。

多元回归分析指具有多个自变量且能进行控制时,自变量和因变量之间相关关系的分析。设 $x_1, x_2, x_3, \cdots, x_{p-1}, x_p$ 是确定型变量,y 是随机变量,它们之间的关系为:

$$y = \beta_0 + \beta_1 x_1 + \cdots + \beta_p x_p + \varepsilon \tag{3.9}$$

式中,$\beta_0, \beta_1, \beta_2, \cdots, \beta_p$ 为回归系数;ε 为服从正态分布 $N(0, \sigma^2)$ 的随机变量。

对以上 $x_1, x_2, x_3, \cdots, x_{p-1}, x_p$ 进行多次观测,有:

$$\begin{bmatrix} y_1 \\ y_2 \\ \vdots \\ y_n \end{bmatrix} = \begin{bmatrix} 1 & x_{11} & \cdots & x_{1p} \\ 1 & x_{21} & \cdots & x_{2p} \\ \vdots & \vdots & & \vdots \\ 1 & x_{n1} & \cdots & x_{np} \end{bmatrix} \begin{bmatrix} \beta_0 \\ \beta_1 \\ \vdots \\ \beta_n \end{bmatrix} + \begin{bmatrix} \varepsilon_0 \\ \varepsilon_1 \\ \vdots \\ \varepsilon_n \end{bmatrix} \tag{3.10}$$

可表征为:

$$\boldsymbol{Y} = \boldsymbol{X\beta} + \boldsymbol{\varepsilon} \tag{3.11}$$

在多元线性回归中,对未知参数 $\beta_0,\beta_1,\beta_2,\cdots,\beta_p,\sigma^2$ 进行点估计及假设检验,用最小二乘法求 $\beta_0,\beta_1,\beta_2,\cdots,\beta_p$ 的估计量 Q。

$$Q = \sum_{i=1}^{n}(y_i - \beta_0 - \beta_1 x_{i1}\cdots - \beta_p x_{ip}) \tag{3.12}$$

选取 $\beta_0,\beta_1,\beta_2,\cdots,\beta_p$,使 Q 的值达到最小,即 $Q=Q_{\min}$。根据求最小值的方法,需先求解方程组。

由最小二乘法求参数:

$$\frac{\partial Q}{\partial \beta} = 0 \tag{3.13}$$

$$Q = \sum_{i=1}^{n}(y_i - \hat{y}_i)^2 \tag{3.14}$$

$$\hat{y}_i = \hat{\beta}_0 + \hat{\beta}_1 x_{i1} + \cdots + \hat{\beta}_p x_{ip} \tag{3.15}$$

通过上述计算可得:

$$\hat{\boldsymbol{\beta}} = (\boldsymbol{X}'\boldsymbol{X})^{-1}\boldsymbol{X}'\boldsymbol{Y} \tag{3.16}$$

因此,某区块主力煤层含气量的多元回归方程可表示为:

$$Gas = aA + bB + cC + dD + eE + \cdots + f \tag{3.17}$$

式中:Gas 为含气量;A,B,C,D,E 为测井参数;a,b,c,d,e 为拟合系数;f 为常数。

根据多元回归分析原理,建立煤层气含气量预测模型。测井曲线的选择及所选曲线应用不同的表征形式,直接影响最终的参数矩阵。因此,需分析各测井曲线与实测含气量间的相关性。

(三) 吸附法

由于吸附体和吸附质种类较多,因此形成了不同的吸附理论模型。根据吸附质在吸附体表面吸附层存在的状态,吸附模型可分为 3 类:定位吸附,假设吸附在固体表面的吸附分子不可移动,包括单分子层吸附(Langmuir 方程)和多分子层吸附(BET 方程);可移动吸附,假设吸附在固体表面的分子可在吸附体二维表面自由移动,仅失去垂向上运动的自由度;吸附势理论,假设吸附在固体表面的分子落入吸附体的表面势能场,形成吸附层。

1. Langmuir 方程及其修正模型

Langmuir 在 1918 年提出了单分子层吸附理论。该模型假设固体表面是均匀的,在某时刻,θ 表示吸附体表面被吸附气体覆盖的分数,$1-\theta$ 则表示吸附体没有被覆盖的分数。依据气体分子动力学,随着气体吸附压力的增大,吸附速率增大,两者呈正相关,同时与吸附体没有被覆盖的分数正相关:

$$r_a = k_a p(1-\theta) \tag{3.18}$$

式中,r_a 为吸附速率;k_a 为吸附速率常数;p 为压力;θ 为覆盖度。

此外,被吸附气体分子的解吸速率与 θ 成正比,则有:

$$r_d = k_d \theta \tag{3.19}$$

式中,r_d 为解吸速率;k_d 为解吸速率常数。

一定温度下,当吸附作用相对平衡时,吸附速率和解吸速率相等,则有:

$$k_a p(1-\theta) = k_d \theta \tag{3.20}$$

由式(3.20)可得 $\theta = \dfrac{k_a p}{k_d + k_a p}$,令 $\dfrac{k_a}{k_d}=b$,则有:

$$\theta = \frac{bp}{1+bp} \tag{3.21}$$

式中，b 为吸附平衡常数，表征吸附体对气体吸附时的能力强弱，其大小与吸附体和被吸附气体的性质、温度有关。

用 V 表示吸附体吸附物质的量，V_L 表示吸附体表面以单分子层方式吸附的最大吸附量，则有 $\theta = \dfrac{V}{V_L}$，由此可得 Langmuir 等温式为：

$$V = V_L \frac{bp}{1+bp} \tag{3.22}$$

令 $p_L = \dfrac{1}{b}$，可得：

$$V = V_L \frac{p}{p_L + p} \tag{3.23}$$

式中，V_L 为兰氏体积，表征吸附体最大吸附量，m^3/t；p_L 为兰氏压力，指当最大吸附量达到一半时所对应的吸附压力，MPa。

式（3.23）为经典的 Langmuir 单分子层吸附模型。

Hawkins 在 Langmuir 方程的基础上，引入煤质参数，将煤的工业组分和煤层的含气量建立关系，得出兰氏煤阶方程：

$$V_g = (1 - A_{ad} - M_{ad}) \frac{V_L p}{p + p_L} S_g \tag{3.24}$$

式中，V_g 为煤层吸附气量，m^3/t；A_{ad} 为煤中灰分含量，%；M_{ad} 为煤中水分含量，%；S_g 为吸附气饱和度，%。

兰氏参数 V_L 和 p_L 与煤质组分存在一定相关性，可通过拟合公式得到：

$$\lg V_L = K_1 \lg(F_C/V_M) + K_2 \tag{3.25}$$

$$\lg p_L = K_3 \lg(F_C/V_M) + K_4 \tag{3.26}$$

对于 K_1 至 K_4，有：

$$K_1 = m_1 \sqrt{T} + b_1 \tag{3.27}$$

$$K_i = m_i \sqrt{T} + b_i \qquad i = 2,3,4 \tag{3.28}$$

式中，F_C，V_M 分别为煤工业分析中的固定碳含量和挥发分含量，%；T 为温度，℃；m_i，b_i 为系数。

兰氏煤阶方程对煤中的水分、灰分和煤层温度进行了校正，能相对准确地计算煤层的含气量，但对地质参数及煤岩信息的要求较高。此外，基于 Langmuir 方程还衍生出其他含气量的预测模型，如应用温度、压力、煤级及煤岩煤质等参数对兰氏参数进行数学拟合，可应用于含气量的计算。

2. Dubinin-Radushkevich 模型适用性

根据吸附势理论，Dubinin 和 Radushkevich 在 1947 年提出了基于等温吸附线的低、中压段测试微孔体积的解吸方程，即经典的 D-R 方程：

$$V = V_0 \exp\left[-D\left(\ln \frac{p_0}{p}\right)^2\right] \tag{3.29}$$

$$D = \left(\frac{RT}{E}\right)^2$$

式中，V_0 为煤的微孔体积，cm^3/g；D 为 D-R 和 D-A 方程中与净吸附热有关的常数；E 为特征吸附能，kJ/mol。

Dubinin 和 Radushkevich 认为吸附是微孔充填的过程，而不是单层或多层吸附在孔壁。$\dfrac{V}{V_0}$ 表示气体吸附的覆盖度，因此微孔体积可认为是煤体吸附气体的最大吸附能量，表征煤的最大吸附能力。

D-R 方程的一般形式为：

$$V = V_0 \exp\left[-\left(\frac{RT\ln p_0/p}{E}\right)^2\right] \tag{3.30}$$

式中，$RT\ln p_0/p$ 为吸附势，J/mol。

特征吸附能 E 和微孔体积 V_0 可通过吸附势及吸附空间的曲线拟合求取。

D-R 方程用于孔径较小、孔径分布集中性较强的吸附行为时具有优势。

3. KIM 方程及其修正方程

KIM 等在 1977 年提出了基于等温吸附理论和煤工业分析测试相结合的计算方法，即 KIM 方程：

$$V_g = (1 - A_{ad} - M_{ad})\frac{(k_0 p^{n_0} - BT)V_w}{V_d} \tag{3.31}$$

式中，V_g 为煤层吸附气量，m^3/t；A_{ad} 为灰分含量，%；M_{ad} 为水分含量，%；k_0，n_0 为校正系数；B 为常数，约 0.14 $cm^3 \cdot {}^\circ C/g$；V_w 为湿煤含气量，m^3/t；V_d 为干煤含气量，m^3/t；p 为煤层压力，1.013×10^5 Pa；T 为煤层温度，${}^\circ C$。

k_0 和 n_0 可根据煤芯样测试数据和工业分析组分的相关性分析得到：

$$k_0 = 0.8 \times \frac{F_C}{V_M} + 5.6 \tag{3.32}$$

$$n_0 = 0.39 - 0.01 \times \frac{F_C}{V_M} \tag{3.33}$$

假定煤层的储层压力和温度均与埋深为线性函数关系，可得到 KIM 方程的修正模型：

$$V_g = (1 - A_{ad} - M_{ad}) \times 0.75 \times \left[k_0(0.096h + p_0)^{n_0} - 0.14 \times \left(\frac{1.8h}{100} + 11\right)\right] \tag{3.34}$$

式中，h 为煤层埋深，m；p_0 为地表大气压，1.013×10^5 Pa；k_0 和 n_0 为 KIM 方程中的校正系数。

KIM 方程考虑了煤岩组分和储层温度、压力对煤岩吸附能力的影响，但未能体现煤变质程度及煤的孔隙发育特征对吸附能力的影响。

（四）基于吸附势理论预测含气量

吸附势理论仅仅表征吸附机理，其核心是建立吸附特性曲线，主要是获取吸附势和吸附空间数据。根据吸附势理论，建立吸附势与压力的关系：

$$\varepsilon = \int_{p_i}^{p_0} \frac{RT}{p}\mathrm{d}p = RT\ln\frac{p_0}{p_i} \tag{3.35}$$

式中，ε 为吸附势，J/mol；p_0 为甲烷虚拟饱和蒸气压力，MPa；p_i 为理想气体在恒温下的平衡压力，MPa；p 为平衡压力，MPa；R 为普适气体常数，取 $8.314\ 4$ $J/(mol \cdot K)$；T 为绝对温

度,K。

由于甲烷在煤中的吸附处于临界温度之上,临界条件下的饱和蒸气压力失去了物理意义。本节采用 Dubinin 建立的超临界条件下虚拟饱和蒸气压力的经验计算公式:

$$p_0 = p_c \left(\frac{T}{T_c}\right)^2 \tag{3.36}$$

式中,p_c 为甲烷的临界压力,取 4.62 MPa;T_c 为甲烷的临界温度,取 190.6 K。

吸附空间是一定温度、压力下煤中可供甲烷吸附的场所,可由下式计算:

$$w = V_{ad} \frac{M}{\rho_{ad}} \tag{3.37}$$

式中,w 为吸附空间,cm^3/g;V_{ad} 为绝对吸附量,mol/g;M 为甲烷摩尔质量,g/mol;ρ_{ad} 为吸附相密度,g/cm^3。

吸附相密度可由如下经验公式计算:

$$\rho_{ad} = \rho_b \exp\left[-0.0025(T - T_b)\right] \tag{3.38}$$

式中,ρ_b 为沸点下甲烷密度,g/cm^3;T_b 为甲烷沸点温度,K。

在采用上述公式计算不同温度、不同压力下的吸附空间时,需先将 Gibbs 吸附量换算为绝对吸附量。同时,需将实测的标准状态下的吸附量进行换算。

$$V_{ad} = \frac{V_{ap}}{1 - \dfrac{\rho_g}{\rho_{ad}}} \tag{3.39}$$

式中,V_{ap} 为视吸附量,mol/g;ρ_g 为测试温度、压力条件下的气相密度,g/cm^3。

已知标准状态下($p_1 = 0.1$ MPa,$T_1 = 273$ K)甲烷的密度为 0.000 717 g/cm^3,将甲烷视为理想气体,则其他压力和温度下 1 cm^3 的甲烷体积 V_2 为:

$$V_2 = \frac{p_1 V_1 T_2}{p_2 T_1} \tag{3.40}$$

如果测试温度 $T_2 = 303$ K,则有:

$$V_2 = \frac{0.1 \times 1 \times 303}{p_2 \times 273} = \frac{0.111}{p_2} \tag{3.41}$$

(五) 敏感参数法

甲烷气体主要以吸附态附着在煤有机质的孔隙表面,煤层含气量与煤岩中的无机及有机成分的相对含量关系密切。因此,测井参数在一定程度上可以反映煤储层中无机成分的变化,评价煤层中的含气量。彭苏萍等分析地震属性参数与煤层含气量间的关系,预测了煤层的含气量[159]。朱正平等基于地震属性参数,融合测井参数,建立了地震属性和地质参数相结合的含气量计算模型[160]。

利用敏感参数计算含气量时,需原始数据较多,适用于地质资料相对丰富的煤层气区块。由于参数的多样性及不同地区煤层、含气性存在较大的差异性,仅用单一敏感参数或单一方法不能很好地对含气量进行预测,需用不同的数学方法和原理来预测含气量。

1. 灰色关联分析法

灰色关联分析法的基本原理是依据不同敏感参数与煤层含气量间分布相似程度存在差异,通过关联度表征影响含气量的主要参数。该方法的关键是计算关联度[161-162]。计算方法如下：

$$r(x_0, x_i) = \frac{\min\limits_{i}\min\limits_{k}\left|x_0(k)-x_i(k)\right| + \rho \max\limits_{i}\max\limits_{k}\left|x_0(k)-x_i(k)\right|}{\left|x_0(k)-x_i(k)\right| + \rho \max\limits_{i}\max\limits_{k}\left|x_0(k)-x_i(k)\right|} \tag{3.42}$$

式中，r 为关联度；x_0，x_i 分别为参考序列和对比序列；ρ 为分辨系数，取 $0\sim1$。

绝对关联度：

$$r(x_0, x_i) = \frac{1}{n-1}\sum_{k=1}^{n-1}\frac{1}{1+\left|a^{(1)}(x_0(k+1))-a^{(1)}(x_i(k+1))\right|} \tag{3.43}$$

$$a^{(1)}(x_0(k+1)) = x_0(k+1)-x_0(k)$$

$$a^{(1)}(x_i(k+1)) = x_i(k+1)-x_i(k)$$

斜率关联度：

$$r(x_0, x_i) = \frac{1}{n-1}\sum_{k=1}^{n-1}\frac{1}{1+\left|\dfrac{a^{(1)}(x_0(k+1))}{x_0(k+1)}\dfrac{a^{(1)}(x_i(k+1))}{x_i(k+1)}\right|} \tag{3.44}$$

改进关联度：

$$r(x_0, x_i) = \frac{1}{n-1}\sum_{k=1}^{n-1}\delta_{(k)}\frac{1}{1+\left|\dfrac{\Delta_0(k)}{\Delta_0^*}-\dfrac{\Delta_i(k)}{\Delta_i^*}\right|} \tag{3.45}$$

$$\Delta_0(k) = \left|x_{(0)}(k)-x_{(0)}(k-1)\right|$$

$$\Delta_i(k) = \left|x_{(i)}(k)-x_{(i)}(k-1)\right|$$

$$\Delta_0^* = \frac{1}{n-1}\sum_{k=2}^{n}\Delta_0(k)$$

$$\Delta_i^* = \frac{1}{n-1}\sum_{k=2}^{n}\Delta_i(k)$$

$$\delta_{(k)} = \begin{cases} 1 & (x_{(0)}(k)-x_{(0)}(k-1))(x_{(i)}(k)-x_{(i)}(k-1))\geqslant 0 \\ -1 & (x_{(0)}(k)-x_{(0)}(k-1))(x_{(i)}(k)-x_{(i)}(k-1))< 0 \end{cases}$$

基于灰色关联分析，一般会引入概率论理论，即相关分析计算：

$$r(x_0, x_i) = \frac{\sum\limits_{i=1}^{n}(x_i-\bar{x})(y_i-\bar{y})}{\sqrt{\sum\limits_{i=1}^{n}(x_i-\bar{x})^2}\sqrt{\sum\limits_{i=1}^{n}(y_i-\bar{y})^2}} \tag{3.46}$$

式中，关联度越接近 1，两要素关系越密切；关联度越接近于 0，两要素关系越疏远。

2. 多元回归分析法

多元回归分析法主要依据含气量与敏感参数间不同相关程度的关系，基于最小二乘法对实际含气量与各敏感参数进行回归分析，确定不同敏感参数与含气量的回归方程计算系数，计算煤层含气量。该方法已在前文已有介绍，此处不再赘述。

3. 主成分多元回归分析法

主成分多元回归分析法所示为在回归分析的基础上引入主成分的概念，该方法的核心是对与含气量有响应的敏感参数进行降维处理,提取各参数中相互关联的部分,将参数中对含气量有响应的部分进行统一、独立,在保留足够信息的前提下简化数据结构。利用主成分多元回归分析法预测含气量,首先需获取由原始敏感参数组成的样本数据的相关系数矩阵,然后依据雅克比法求解相关系数矩阵的特征值与特征向量,得出成分矩阵,最后通过多元回归方法预测煤层含气量[163]。

求取相关系数矩阵 R 的公式为:

$$R = \frac{Z^T Z}{n-1} \tag{3.47}$$

式中,Z 为样本矩阵。

雅克比法求解相关系数矩阵的特征值与特征向量的公式为:

$$|R - \lambda I| = 0 \tag{3.48}$$

$$e_i = \frac{\lambda_i}{\sum\limits_{i=1}^{p} \lambda_i} \times 100\% \tag{3.49}$$

式中,e 为累计贡献率,$\%$;λ 为特征值;I 为单位向量,p 为特征值数量。

二、煤层原始渗透率的获取方法

煤层渗透率的大小一定程度上反映了煤中孔隙流体通过其连通部分能力的强弱。获取渗透率的方法较多,有实验室测试、数值模拟、试井数据、测井解释等方法。

(一) 试井测试法

1. 试井原理

煤层气试井测试是一种不稳定试井,当储层中流体的流动处于平衡状态时,改变井的工作制度则井底将形成压力扰动。该扰动随时间推移不断向井壁四周径向扩展,直至达到新的平衡状态。这种压力扰动的不稳定过程与地层、流体的性质有关,因此记录井底压力随时间的变化规律,能够判断和确定储层的性质。

2. 试井方法

煤层具有天然裂隙发育、渗透率较低、吸附能力强等特征。煤层中割理的发育程度、割理的宽度、面割理的走向是控制煤层渗透率的主要因素。煤层的基质孔隙虽有一定的渗透性,但其孔径较小,渗透率近似为 0。因此,煤层的渗透性取决于煤层中裂缝系统的发育程度。

基于煤储层低压、低渗的特点,经过长期的实践,注入/压降试井已成为煤层气开发中一种常用的试井方法。注入/压降测试过程中,地层压力高于气体解吸压力,煤储层割理系统充满水,呈现饱和水态,属于单相流状态。由于煤层基质渗透性远远小于煤层割理渗透性,流体仅在割理系统中流动,测试的渗透率反映的是以割理系统为主的综合渗透率。

注入/压降试井方法是一种单井压力瞬变测试,适用于高、低压储层。其主要以较稳定的排量,以低于煤层破裂压力的注入压力,向煤层气井中注水一段时间后在井筒附近形成高于原始储层压力的压力,之后瞬时关井,促使井底压力与原始储层压力逐渐趋于平衡。注入阶段和关井阶段均采用压力计记录井底压力随时间的变化。根据测试数据,求取煤储层的相关参数。在注入水阶段,保持稳定排量比较困难,易引起井底压力波动。因此,利用压降过程记录的数据，能够对煤储层参数进行有效分析。

3. 注入/压降资料分析

对资料进行分析时，需给定部分基本参数，包括煤的孔隙度(ϕ)、流体压缩系数(C_w)、流体黏度(μ)、流体体积系数(B)及综合压缩系数(C_t)等高压物性参数。目前条件下无法准确获得这些参数，仅能通过产量历史匹配及实验室测定得到。下面以柿庄南区块某井为例进行说明，$3^{\#}$煤层注入/压降资料选用的基本参数见表 3.1。

表 3.1　柿庄南区块某井 $3^{\#}$ 煤层试井选用的基本参数

参　数	数　值	单　位
煤层有效厚度(h)	6.75	m
测试层段中部深度(D)	585.91	m
孔隙度(ϕ)	0.01	
流体密度(ρ)	1.00	10^3 kg/m^3
流体黏度(μ)	0.98	mPa · s
流体体积系数(B)	1.00	
流体压缩系数(C_w)	4.00×10^{-4}	MPa^{-1}
综合压缩系数(C_t)	4.44×10^{-2}	MPa^{-1}
井筒半径(r_w)	0.108	m
注入时间(t_{inj})	12.00	h
关井时间(t_{fall})	24.00	h
关井瞬时压力(p)	1.30	MPa
注入排量(q_{inj})	0.280	m^3/d

图 3.5 所示为 $3^{\#}$ 煤层注入/压降试井流动阶段划分曲线。由图可知，注入阶段前期为排量调整阶段，中、后期为稳定注入阶段，排量基本保持稳定；关井阶段压力恢复正常，压降曲线光滑。一般情况下，关井阶段压力变化平稳，受注入阶段排量变化的干扰较小，因此选择关井压降阶段的压力数据进行分析具有一定的说服力。

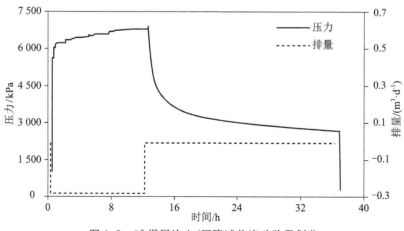

图 3.5　$3^{\#}$ 煤层注入/压降试井流动阶段划分

图 3.6 所示为压降阶段双对数拟合分析。由图可知,实测压力及压力导数曲线早期表现为单位斜率直线段,为早期井筒储集段,之后为过渡阶段,井储结束后约 2.2 个对数周期出现径向流响应特征,随后导数曲线上翘,表明外区物性变差,渗透率降低。根据双对数曲线反映的特征,采用具有井筒储集效应及表皮系数的径向复合储层模型,求取表皮系数、渗透率、储层压力等地层参数。由图 3.7 可以看出,井筒储集段、过渡段、径向流段及后期段的特征明显,表明所选模型合理。从图 3.6 和图 3.7 的分析情况看,两者结果一致,说明分析解释结果可靠。图 3.8 所示为历史拟合检验曲线,进一步检验了模型选择的正确性和分析结果的可靠性。

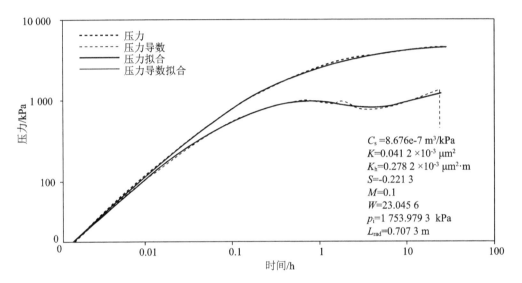

图 3.6　3#煤层注入/压降试井双对数拟合分析图

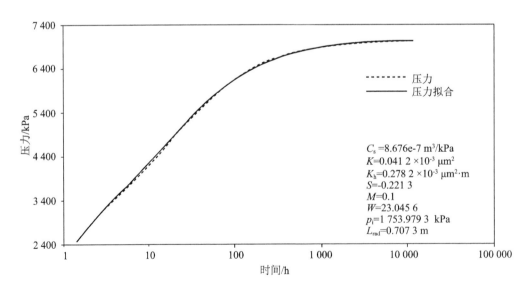

图 3.7　3#煤层注入/压降试井 Horner 拟合分析

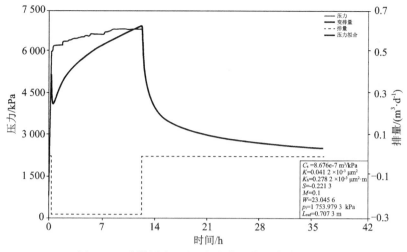

图 3.8　3#煤层注入/压降试井历史拟合检验曲线

（二）测井曲线预测法

煤储层具有较强的非均质性,测试煤储层单点的渗透率并不能满足实际生产需求。当研究区测井资料充足时,可探究测井参数和煤储层渗透率的关系,建立渗透率测井预测模型。经过科研人员长期研究和探索,逐渐形成了一系列适合我国煤储层物性特点的测井技术,如声波、电测井等常规测井手段已广泛应用。另外,新的测井方法及相关设备经过改善后,也逐渐应用到煤层气测井解释中,如核磁测井和成像测井等技术。测井技术的应用为解释煤储层渗透率提供了技术支撑。

1. 煤储层渗透率的测井解释原理和方法

Sibbit 和 Faivre 根据有限元方法原理,将其应用到测井技术中,用于研究天然裂缝,并得出了垂直裂缝宽度和水平裂缝宽度的计算公式[164]:

（1）垂直裂缝(倾角大于 75°的裂缝)的双侧向电导率差值与裂缝宽度及钻井液电导率存在如下关系:

$$\Delta C = 4 \times 10^{-4} w C_m = C_{LLS} - C_{LLD} = 1\,000/R_{LLS} - 1\,000/R_{LLD} \tag{3.50}$$

式中,ΔC 为探测的深、浅电导率差值,S/m;w 为裂缝宽度,μm;C_m 为钻井液电导率,S/m;C_{LLD} 为深侧向电导率,S/m;C_{LLS} 为浅侧向电导率,S/m;R_{LLS} 为浅侧向电阻率,$\Omega \cdot$ m;R_{LLD} 为深侧向电阻率,$\Omega \cdot$ m。

对应的裂缝宽度计算公式为:

$$w = \frac{C_{LLD} - C_{LLS}}{4 \times 10^{-4} C_m} \tag{3.51}$$

（2）水平裂缝的深侧向电导率与基质电导率的差值与裂缝宽度及钻井液电导率存在如下关系:

$$C_{LLD} - C_b = 1.2 \times 10^{-3} w C_m \tag{3.52}$$

式中,C_b 为基质电导率,S/m。

变形可得到相应的裂缝宽度计算公式[165]:

$$w = \frac{C_{LLD} - C_b}{1.2 \times 10^{-3} C_m} \tag{3.53}$$

在获取裂缝宽度 w 和裂缝孔隙度 ϕ_f 的基础上,根据裂缝类型,进一步分为 3 种计算渗透率 K_f 的模型。

单组系裂缝模型(板状模型):

$$K_f = 8.50 \times 10^{-4} w^2 \phi_f \tag{3.54}$$

多组系裂缝模型(火柴杆状模型):

$$K_f = 4.24 \times 10^{-4} w^2 \phi_f \tag{3.55}$$

网状裂缝模型(立方体模型):

$$K_f = 5.66 \times 10^{-4} w^2 \phi_f \tag{3.56}$$

2. 煤储层渗透率测井解释模型的建立方法

综合考虑资料的完整性和计算方法的可行性,主要利用阵列感应电阻率获取储层渗透率。与双侧向电阻率测井相比,其探测范围更广,精度更高。通常情况下,裂隙尺度不同,渗透率的计算模型也会随之发生改变,但研究中不对其进行细分,这是因为储层的渗透率与各种孔隙和裂隙的发育及连通相关。研究区收集到的阵列感应测井有 3 种分辨率和 6 种探测深度,同时满足纵向、横向上的需求。3 种分辨率由低到高依次为 1 ft(1 ft=0.304 8 m),2 ft 和 3 ft,6 种探测深度由小到大依次为 10 in(1 in=25.4 mm),20 in,30 in,60 in,90 in 和 120 in。

1)阵列感应电阻率测井解释渗透率原理

在钻井过程中,地层压力一般低于钻井液柱的静压力,形成压力差,使得井内的钻井液向渗透层侵入。根据地层和钻井液电阻率的高低,将侵入方式分为高阻侵入和低阻侵入两类。其中,高阻侵入是指相对于地层,钻井液的电阻率更高的侵入方式;反之,为低阻侵入[58]。由于研究区使用水基钻井液,依据上述分类标准,为低阻侵入。此外,钻井液滤液对储层侵入程度的高低在一定程度上反映了储层渗透能力的强弱。侵入程度与煤储层的渗透能力正相关,故不同探测深度的电阻率差值对煤储层的渗透率具有一定的指示作用。

2)阵列感应电阻率测井计算渗透率方法

煤储层具有较强的非均质性,为降低对其带来的不利影响且使不同井间煤层的电阻率具有可比性,选取探测深度各异的 3 个阵列感应电阻率(由浅到深分别记作 $R_{浅}$,$R_{中}$ 和 $R_{深}$),分别用深部和中部的电阻率与浅部电阻率作差值,用它们的差值的相对大小来反映储层的渗流能力。也就是说,中部的电阻率与浅部的电阻率越接近,煤储层渗流能力越强;反之,煤储层渗流能力越弱。因此,煤储层相对渗透率 $K_{相}$ 可表示为:

$$K_{相} = \frac{R_{中} - R_{浅}}{R_{深} - R_{浅}} \tag{3.57}$$

由上式可以看出,对 $K_{相}$ 而言,其值越大,说明煤储层的渗流能力越弱;反之,渗透能力越强。

3)阵列感应电阻率测井曲线选取

收集到的阵列感应电阻率有多个不同的探测深度,而井径在一定程度上影响阵列感应电阻率,且探测深度越深,阵列感应电阻率受井径的影响越小。基于以上原因,主要利用 M2R3,M2R6,M2R9 和 M2R6,M2R9,M2RX 两组探测深度较大的阵列感应电阻率来求取相对渗透率,并将它们的均值作为最终的相对渗透率。

3. 煤体结构预测法

基于煤体结构与煤储层渗透率间良好的对应关系,根据煤体结构测井解释,进一步建立渗透率的测井解释模型。现场采集不同煤体结构的煤样,对煤样进行渗透率测试,同时测试其应力、应变,建立煤体结构与渗透率之间的关系。

4. 构造曲率预测法

曲率是表征曲线上任意一点弯曲程度的参数。从地质角度而言,构造曲率能够定量描述某一构造形态弯曲程度。曲率法是基于裂隙成因而形成的一种用于刻画裂隙分布情况的数学方法。一般情况下,在构造变形相对弱的地区,地层弯曲幅度越大,曲率值越高,裂隙越发育,愈能保持张开的状态。反之,在构造变形相对强的地区,构造曲率越大,煤体越破碎,渗透率反而有所降低。因此,构造面曲率在一定程度上反映了裂隙发育的密度、方向、宽度和深度,可用来预测煤储层的渗透率。

1)构造曲率的定义

根据勾股定理可知:

$$R^2 = W_g^2 + (R - \Delta h)^2 \tag{3.58}$$

式中,R 为曲率半径;Δh 为相间两点中点到煤层底板的垂直高差;W_g 为划分网格的尺度大小。

定义:

$$\Delta h' = \frac{Z_{i+1} - Z_{i-1}}{2} - Z_i \tag{3.59}$$

式中,Z_{i+1},Z_i,Z_{i-1} 分别为相邻网格节点的标高。

由于煤层的曲率一般都很小,即 $R \gg \Delta h$,可近似用 $\Delta h'$ 代替 Δh;同时,由图 3.9 中几何关系可以得出:

$$r = \frac{2\Delta h'}{\Delta h'^2 + \dfrac{(Z_{i+1} - Z_{i-1})^2}{4} + W_g^2} \tag{3.60}$$

式中,r 为曲率。

2)构造曲率的计算

将目标煤层底板等高线数字化,根据井位部署情况及研究需要,将目标区以合适大小的网格进行网格化处理;求取每个单元格中心点在东西、南北、北东、北西 4 个方向上的构造曲率,如图 3.9 所示,同时以最大曲率作为单元格中心点的最终曲率,以最大曲率所在的方向作为最终的曲率方向。

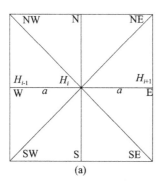
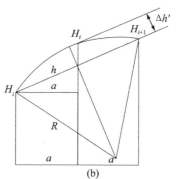

图 3.9　曲率计算网格

3）构造曲率预测渗透率

采用构造曲率研究裂隙发育程度和分布规律基于两个前提:一是研究的地层必须是受构造应力作用而变形弯曲的岩层,如表现为横弯褶皱、纵弯褶皱等;二是假设岩层为完全的弹性体,未考虑塑性变形,构造裂隙产生在岩层曲率较大处,在岩石力学性质相似的条件下,曲率越大,裂隙越发育。因此,曲率值反映弯曲岩层中由于派生拉张应力而形成的张性裂缝的相对发育程度。

张建博等将沁水盆地网格化为 12 450 个结点,取奥陶系顶面高程与太原组—山西组地层厚度之和的一半作为太原组—山西组地层中和面高程,采用极值主曲率法计算每个结点的曲率值,模拟结果表明沁水盆地构造曲率整体表现为低值[166]。以构造曲率绝对值 0.1×10^{-4} m 为标准,高于此曲率值的构造裂隙相对发育。煤储层渗透率大于 0.5×10^{-3} μm^2 对应的构造曲率分布在 $(0.05 \sim 0.2) \times 10^{-4}$ m 之间,构造曲率低于 0.05×10^{-4} m 或高于 0.2×10^{-4} m 时,渗透率反而降低(图 3.10)。由此可见,过高的构造曲率可能导致煤体结构强烈破碎,煤体呈碎粒煤或糜棱煤,渗透率降低。

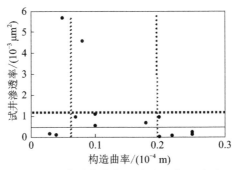

图 3.10　构造曲率与试井渗透率的关系

根据构造曲率 r 的计算结果,把目标区划分为:特高曲率区,$|r| > 20 \times 10^{-6}$ m;高曲率区,5×10^{-6} m $< |r| < 20 \times 10^{-6}$ m;中等曲率区,2×10^{-6} m $< |r| < 5 \times 10^{-6}$ m;低曲率区,$|r| < 2 \times 10^{-6}$ m(表 3.2)。

表 3.2　曲率分类表

曲率分级	$\|r\|$	渗透性特征
特高曲率区	$\|r\| > 20 \times 10^{-6}$ m	低渗透区
高曲率区	5×10^{-6} m $< \|r\| < 20 \times 10^{-6}$ m	高渗透区
中等曲率区	2×10^{-6} m $< \|r\| < 5 \times 10^{-6}$ m	中等渗透
低曲率区	$\|r\| < 2 \times 10^{-6}$ m	低渗透区

三、煤层压裂后渗透率的获取方法

煤层压裂后渗透率的预测方法主要包含试井实测法和压降曲线预测法。前者与原始渗透率试井测试法相同,下面主要介绍压降曲线预测法。

(一)模型建立的思路

煤层气井水力压裂一般会经过"小型压裂—前置液造缝—携砂液撑缝—顶替液顶替—停泵测压降"等几个关键过程。水力压裂停泵后,通过压力传感器可实时记录停泵后的压力,停泵后压力降低的快慢一定程度上反映了煤层内裂隙的发育程度,由此构建水力压裂后渗透率预测模型。

模型基于以下假设:压裂停泵后压裂液在煤层中的流动服从达西定律;压裂时压裂液未突破煤层顶底板;在煤层中的压裂裂缝可以用 KGD 模型表示。

建模思路可表述为:根据 KGD 模型和压裂施工曲线,结合渗流理论,对压裂过程的滤失量进行计算;根据水力压裂停泵后的压降曲线,结合 Horner 曲线,得出停泵后压降压力与时间的关系;根据水力压裂的总压裂液量、压裂过程中的滤失量、压降压力等,耦合得出水力压裂后的渗透率数学模型。

(二)水力压裂后渗透率预测模型

1. 水力压裂过程滤失量的确定

水力压裂过程滤失量的计算基于以下假设:水力压裂时,压裂液进入煤层后,由煤层的顶板向底板滤失;滤失过程服从平板条带模型中的平面平行流动;压裂施工过程中施工压力取其平均值;压裂改造范围内的渗透率均相等,渗流公式为:

$$\frac{\mathrm{d}^2 p}{\mathrm{d}x^2} = 0 \tag{3.61}$$

由达西定律知:

$$v = \frac{Q_1}{At_1} = -\frac{K\mathrm{d}p}{\mu\mathrm{d}x} \tag{3.62}$$

式中,p 为 x 处对应的流体压力,MPa;x 为压裂液滤失流动距离,m;v 为流动速度,m/s;Q_1 为水力压裂过程中的滤失量,m³;A 为压裂裂缝面积,m²;t_1 为水力压裂施工时间,s;K 为压裂改造后的平均渗透率,m²;μ 为水的黏度,Pa·s。

由 KGD 模型可知,压裂过程中 x 处缝宽为 $w(x)$[13]:

$$w(x) = \frac{4\sigma}{E}(1-\nu^2)\sqrt{L^2-x^2} \tag{3.63}$$

式中,σ 为净压力,MPa;E 为煤岩弹性模量,MPa;ν 为煤岩泊松比;L 为裂缝半长,m。

根据压裂时的体积守恒,可得:

$$Q_t = 2\int_0^L hw(x)\mathrm{d}x + Q_1 \tag{3.64}$$

式中,Q_t 为水力压裂的压裂液量,m³;h 为煤层厚度,m。

联立式(3.62)和式(3.63),可得裂缝半长 L 为:

$$L = \sqrt{\frac{E(Q_t-Q_1)}{2h\sigma\pi(1-\nu^2)}} \tag{3.65}$$

联立式(3.61)和式(3.64),可得压裂过程中的滤失量 Q_1 为:

$$Q_1 = \frac{2K(\sigma-p_e)t_1}{2K(\sigma-p_e)t_1+\mu h^2}Q_t \tag{3.66}$$

式中,p_e 为储层压力,MPa。

2. 压降压力与时间的关系

假设煤储层为连续均质储层,由水力压裂的施工曲线可获得瞬时停泵压力。若水力压裂停泵后压裂不沟通断层等异常构造,停泵后压力开始下降,根据注入/压降试井测试渗透率原理及 Horner 曲线,绘出压降与时间的半对数曲线,进行拟合,即可得出停泵后压降与时间的关系:

$$p(t) = -\frac{2.12 \times 10^{-3} Q_2 \mu B}{\Delta t K h} \lg t +$$

$$\left[p_i - \frac{2.12 \times 10^{-3} Q_2 \mu B}{\Delta t K h} \times \left(\lg \frac{K}{\phi \mu C_t r_w^2} + 0.907\,7 + 0.868\,6 S \right) \right] \tag{3.67}$$

令

$$a = -\frac{2.12 \times 10^{-3} Q_2 \mu B}{\Delta t K h}$$

$$b = p_i - \frac{2.12 \times 10^{-3} Q_2 \mu B}{\Delta t K h} \times \left(\lg \frac{K}{\phi \mu C_t r_w^2} + 0.907\,7 + 0.868\,6 S \right)$$

有:

$$p(t) = a \lg t + b \tag{3.68}$$

式中,$p(t)$ 为井底压力,MPa;p_i 为储层压力,MPa;Q_2 为停泵后开始滤失的压裂液量,m³;Δt 为从停泵开始时压力降到储层压力的时间间隔,s;t 为压裂停泵后测试时间,s;ϕ 为孔隙度,%;C_t 为体积综合压缩系数,MPa^{-1};r_w 为井筒半径,m;B 为水的地层体积系数;S 为表皮系数;a,b 为由压降曲线中拟合得出的参数,其中 a 为停泵后压力关于时间对数的斜率。

根据压裂施工曲线,可得出压裂过程中瞬时停泵压力 p_t 及停泵时所对应的时间 t_2。当压力降低到储层压力时,代入式(3.68),得停止滤失的时间 t_3,$\Delta t = t_3 - t_2$,即

$$\Delta t = \left(10^{-\frac{p_t - p_e}{a}} - 1 \right) t_2 \tag{3.69}$$

3. 水力压裂后渗透率预测模型

由 Horner 曲线可得:

$$hK = \frac{-2.12 \times 10^{-3} Q_2 B \mu}{a \Delta t} \tag{3.70}$$

根据体积守恒可得:

$$Q_1 + Q_2 = Q_t \tag{3.71}$$

联立式(3.66)和式(3.71),可得:

$$Q_2 = \frac{\mu h^2}{2K(\sigma - p_e) t_1 + \mu h^2} Q_t \tag{3.72}$$

联立式(3.69)、式(3.70)和式(3.72),可得水力压裂后渗透率预测模型为:

$$K = \frac{-\mu \{ a \Delta t h^2 + [h^4 a^2 \Delta t^2 - 16.96 \times 10^{-3} a B h t_1 \Delta t Q_t (\sigma - p_e)]^{\frac{1}{2}} \}}{4 a t_1 \Delta t (\sigma - p_e)} \tag{3.73}$$

四、储层压力获取方法

煤储层压力不仅反映煤储层能量的大小,而且与煤层气开发动力息息相关。一方面,控制煤层气赋存状态和煤储层吸附能力大小,影响煤层含气量和富集成藏;另一方面,临储压

力比的大小直接决定煤层气开发过程中排水降压、运移产出的难易程度。储层压力影响煤层气的吸附保存、运移产出，且深部煤储层具有较高的储层压力，因此准确获取储层压力对煤层气勘探开发至关重要。

在常规油气领域中，储层压力的预测方法主要有压实趋势线法和地震/测井预测法两大类。在煤层气领域中，获取煤储层压力的方法主要有试井法、视储层压力法和测井解释法等。

（一）储层压力成因机制

1. 储层压力类型

在常规油气领域中，为对比研究不同储层压力特征，国内外普遍采用压力系数对储层压力状态进行划分，结果见表 3.3。

表 3.3　常规油气储层压力类型划分

苏联分类方案		Exxon 分类方案		杜栩分类方案[167]		郝芳分类方案	
压力系数	压力分类	压力系数	压力分类	压力系数	压力分类	压力系数	压力分类
<0.8	异常低压	—	—	—	—	<0.8	异常低压
0.8~1.0	低压	<1.0	低压	—	—	0.8~0.96	低压
1.0~1.05	常压	1.0~1.27	常压	<0.96	低压异常	0.96~1.06	常压
1.05~1.3	稍高压	1.27~1.5	过渡带	0.96~1.06	常压	1.06~1.27	稍高压
1.3~2.0	高压	1.5~1.73	超压	1.06~1.38	高压异常	1.27~1.73	高压
>2.0	超高压	1.73~1.9	强超压	>1.38	异常高压	>1.73	超高压

煤层气属于非常规天然气，其成藏模式、开发方式等均与常规油气有所不同，不能完全依照常规油气储层压力划分方案。目前煤层气领域将静水压力梯度作为参照标准，根据储层压力梯度与静水压力梯度关系将煤储层压力划分为 4 种类型（表 3.4）[168]。基于前人研究成果及研究区部分试井资料，柿庄区块总体上以常压和低压（微欠压）为主，高压较少见。

表 3.4　煤储层压力类型划分

压力梯度	储层压力类型
<9.3 kPa/m	欠压
9.3~10.3 kPa/m	常压
10.3~14.7 kPa/m	高压
>14.7 kPa/m	超压/超高压

2. 储层压力成因机制

储层压力是油气勘探开发和产能评价的重要参数，在常规油气领域，储层压力成因机制的研究已日趋完善。根据前人研究成果，异常低压成因机制主要包括上覆地层的抬升和剥蚀、不同热效应、地下水不平衡流动、封闭层渗漏、岩石扩容作用、浓度差作用、地下流体采出、等势面的不规则性、低水位面等。异常压力成因机制较多，但就某一异常压力现象而言，可能以其中一种成因为主，其他多种成因机制相互叠加作用而成。

我国煤储层压力总体上以低压为主,但关于异常低压成因机制的研究却较少。近年来,随着煤层气勘探开发步伐的加快,特别是深部煤层气开发的推进,对煤储层的研究不断深入。煤储层异常压力成因机制以常规油气储层成压机制研究为基础,吴永平等根据埋藏史、热史、生烃史,从生烃、封盖保存、水动力三方面对沁水盆地煤储层异常低压成因机制进行了分析,认为生烃结束及构造抬升导致的煤层气散失是主要原因[169]。苏现波等通过理论分析将异常低压成因机制分为构造抬升引起的煤储层温度降低、体积收缩、储层压力降低及煤储层流体散失所致两类[170]。基于对前人异常压力成因机制研究成果的总结,煤储层压力的差异主要体现在煤体孔裂隙、储层内流体体积的变化及煤层气富集保存过程中封盖条件的变化,如生烃导致的浓度差扩散作用、裂隙引起的盖层封闭条件变化等产生气体散逸。

(二)试井法

煤层气注入/压降试井测试是一种单井压力瞬变测试,主要以稳定排量将水注入储层一段时间,注入压力小于煤层破裂压力,然后关井进行压力恢复测试。注入和关井阶段通过记录压力变化,获取压力与时间的曲线;受注入设备及稳定排量控制等因素限制,关井压降阶段的压力数据更加可靠,通过分析压力曲线及压力数据,能够获取煤层气储层参数。该方法通过油管串将压力计、封隔器、关井工具等置入井内,将封隔器坐封在煤储层直接顶,连接好地面注入设备,设置注入泵率,以稳定排量向储层注水,井筒周围形成高压力区,达到设计要求后关井进行压力恢复,获取压降数据(图3.11)。注入/压降试井测试范围广、适用性强,是目前煤层气领域广泛使用的储层参数获取方法。

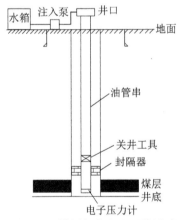

图 3.11　煤层气井注入压降测试

(三)视储层压力法

煤储层压力通常由试井测试获得,当研究区试井资料缺乏时,可根据水文资料中的压力水头高度求取。根据压力水头高度求取的煤储层压力为视储层压力,对应的压力系数为视储层压力系数。

$$p_{\mathrm{w}} = h_{\mathrm{w}} g_{\mathrm{w}} \tag{3.74}$$

$$C_{\mathrm{w}} = \frac{h_{\mathrm{w}}}{H} \tag{3.75}$$

式中,p_{w} 为视储层压力,MPa;h_{w},H 分别为水头高度和煤层埋深,m;g_{w} 为静水压力梯度,取

0.0098 MPa/m;C_w 为视储层压力系数。

对于已经进行煤层气勘探开发的区块,可根据煤层气井排采曲线计算储层压力,主要通过排采曲线读取动液面高度,由动液面高度获取视储层压力。

(四) 测井解释法

测井资料获取直接来自储层内部,能够详细地反映储层信息,同时测井资料具有纵向连续性好、分辨率高和数据可靠等特点,更能直接反映储层状况。煤储层压力与储层孔隙体积、孔隙流体性质有关,而声波、密度、电阻率等测井参数与孔隙体积、流体性质存在一定关系,煤储层测井曲线呈现明显的"三高三低"特征,可以利用相关测井参数预测煤储层压力。

研究区试井资料缺乏,不能通过试井法直接获取煤储层压力;而水文资料中缺少压力水头高度数据,也不能进行视储层压力换算。研究区测井资料丰富,可采用测井解释法,预测研究区煤储层压力,得到研究区煤储层压力平面展布特征。

(五) 基于 Eaton 法的煤储层压力预测

1. 基本原理

Eaton 法计算储层压力是基于有效应力原理、地层压实理论及平衡压实方程等理论,推导出相关的计算公式,同时结合建立的正常压实趋势线对储层压力进行计算。Eaton 在等效深度法的基础上,通过大量实际数据的分析,认为用声波时差预测储层压力存在差异,故引入地区指数进行地区差异校正,其准确度较高,是地层压力预测普遍采用的方法[171]。

压实平衡方程即地层在尚未受到外界破坏时,其骨架应力等于上覆岩层压力与储层压力之差:

$$\sigma = p_0 - p_p \tag{3.76}$$

式中,σ,p_0,p_p 分别为骨架应力、上覆岩层压力和储层压力,MPa。

对于正常沉积的泥页岩,孔隙度随深度增加而减小,岩石骨架有效应力逐渐增大,该过程为平衡压实过程。而孔隙度、岩石骨架有效应力的变化可通过声波测井数据等反映出来。在地层正常沉积情况下,泥页岩在上覆岩层压力作用下不断压实,若泥页岩储层中的流体不能及时排出,沉积压实会受到影响,产生异常压力。若两套地层层速度相等,即使所处深度不同,两套地层的压实程度也应是相同的,岩石骨架应力是相等的。根据该点深度的上覆岩层压力及正常压实趋势线上对应的声波时差,可以求得该点的储层压力,用下式表示为:

$$p_p = p_0 - (p_0 - p_n)\left(\frac{\Delta t_n}{\Delta t}\right)^C \tag{3.77}$$

式中,p_n 为静水压力,MPa;Δt,Δt_n 分别为实际声波时差和该深度点在正常趋势线上对应的声波时差,$\mu s/m$;C 为 Eaton 常数,与地区和地质年代有关,通过地层压力实测数据反算求得。

2. 正常压实趋势线的建立

对于沉积地层而言,基于地层孔隙度与埋深及声波时差的相互关系,通过提取测井资料能建立地层的正常压实趋势线。基于测井资料和完井地质综合图,选取泥岩厚度大于 2 m 的层段,提取该层段的声波、密度等测井数据,剔除异常点,分别求取每一层段的平均值,获得正常压实趋势线及趋势线方程。

在正常压实趋势线基础上,将井深对应的声波时差、预测值、实测压力等数据代入式(3.77),反算出 Eaton 常数。对于研究区其他井位,采用同样的方法统计获得正常压实趋势线,并对所有统计声波数据进行汇总分析。另外,利用趋势线方程对其他实测井储层压力数据进行计算验证,可将其作为研究区的正常压实趋势线,进而根据 Eaton 公式对全区储层压力进行预测。

(六) 基于云美厚法的煤储层压力预测

1. 基本原理

在储层压力预测研究领域,国内普遍采用 Fillippone 法进行储层压力预测。该方法不需要通过收集测井资料获得研究区的正常压实趋势线,主要根据目的层层速与储层压力之间的变化规律来进行压力预测。W. R. Fillppone 于 20 世纪 80 年代统计和分析了墨西哥湾地区钻井、测井、地震资料,提出了不建立正常压实趋势线的储层压力计算公式,并在研究区取得了较好效果[172]。其公式为:

$$p_{\text{Fillippone}} = p_0 \frac{v_{\max} - v_{\text{inst}}}{v_{\max} - v_{\min}} \tag{3.78}$$

式中,$p_{\text{Fillippone}}$,p_0 分别为预测储层压力和上覆岩层压力,MPa;$v_{\min}$ 为岩石刚性接近 0 的地层速度,相当于孔隙度达到最大值时的速度,m/s;$v_{\max}$ 为岩石孔隙度接近 0 的纵波速度,近似骨架速度,m/s;v_{inst} 为地层速度,m/s。

Fillippone 法预测储层压力主要基于压实理论,基本原理为地层在正常压实过程中,孔隙度随深度增加而减小,地震波传播速度增大,层速度增大。在异常压实地区,层速度明显不同于正常压实储层,可根据其层速度变化预测储层压力。Fillippone 法对储层压力预测基于层速度差异,并在极端情况间插值,由于地域的差异性需引入校正参数进行修正。此后,刘震[173]、云美厚[174]等分别对预测公式进行了改进和修正,提出了校正公式来对储层压力进行预测。

2. 煤储层压力预测模型

在分析与总结前人研究工作的基础上,结合研究区已有测井资料,采用修正的 Fillippone 法对煤储层压力进行预测,得到预测方程如下:

$$p_{\text{f}} = p_0 F_{\text{v}} \frac{v_{\max} - v}{v_{\max} - v_{\min}} \tag{3.79}$$

式中,p_{f} 为预测煤储层压力,MPa;v 为煤层的层速度,m/s;F_{v} 为速度校正系数,根据实测及预测储层压力与层速度的关系确定。

声波时差测的是超声波传播的速度,层速度则是地震波传播的速度。张蓉对准噶尔盆地 35 口井实测数据的研究表明,声波测井层速度与地震层速度数值基本一致[175]。声波时差的单位为 μs/ft,其倒数即声波速度。为方便计算,一般将速度单位统一为 m/s,1 ft/μs = 304 800 m/s。

对于 $v_{\max}$ 的求取,首先提取该深度的煤层密度数据,然后结合测井参数及部分孔隙度实测数据求出对应深度处的孔隙度,根据煤层测井密度与孔隙度关系,反算出煤岩骨架密度。

$$\rho = \rho_{ma}(1-\phi) + \phi\rho_f \tag{3.80}$$

式中，ρ、ρ_{ma}、ρ_f 分别为煤层密度、煤岩骨架密度、水的密度，g/cm^3；ϕ 为孔隙度，%。

最后，根据公式计算骨架速度：

$$v_{max} = \left(\frac{\rho_{ma}}{0.31}\right)^4 \tag{3.81}$$

上覆岩层厚度为 H，则上覆岩层压力计算公式为：

$$p_0 = \rho_0 gH \tag{3.82}$$

式中，ρ_0 为上覆岩层密度，g/cm^3；g 为重力加速度。

根修正的 Fillippone 计算公式，求出未引入速度校正系数的储层压力预测值。速度校正系数 F_v 可由实测储层压力值、预测储层压力值与层速度关系得到。

五、临界解吸压力获取方法

（一）实测法

临储压力比的大小影响煤层气采收率的高低，是评价采收率的重要指标。临界解吸压力是评价煤层气解吸难易程度的重要参数，其与储层压力的差值小，煤层气井经历短暂排水降压后便能够解吸出气体。因此，临储压力比的大小控制着煤层气开采时排水降压的难易程度。

临界解吸压力与煤储层含气量和吸附/解吸特性具有函数关系，临界解吸压力可由等温吸附曲线图解求得，也可由朗格缪尔方程计算：

$$p_{cd} = \frac{V_{实}\,p_L}{V_L - V_{实}} \tag{3.83}$$

式中，p_{cd} 为临界解吸压力，MPa；p_L 为朗格缪尔压力，MPa；V_L 为朗格缪尔体积，m^3/t；$V_{实}$ 为实际含气量，m^3/t。

（二）煤层气井排采动液面计算法

见套压时动液面可间接表征临界解吸压力 p_{cd} 的大小，其计算公式为：

$$p_{cd} = \rho g(h_{埋} - h_{见}) \times 10^{-6} \tag{3.84}$$

式中，ρ 为密度，g/cm^3；$h_{埋}$ 为埋深，m；$h_{见}$ 为见套压时动液面高度，m。

基于研究区的实际资料，合理选取关键参数获取方法，保证结果的准确性和有效性，为低效井地质主控类型判识奠定基础。

六、煤体结构获取方法

煤体结构识别的技术方法主要有以下几种：

（1）煤芯识别法。钻取煤芯，对煤芯进行直观准确观察识别。该方法对煤体结构描述的可靠性高且方便直接。但对地质构造复杂区，煤体结构破碎，受钻井工艺影响，钻井取芯率低；同时，对煤层气勘探开发程度低的区块，受成本影响，取芯井少，无法保证区域煤体结构的准确识别。

（2）井下观测识别煤体结构。该方法较直接，需要在生产矿井井下对已布置的采煤工作面进行直接观测。

（3）根据煤体坚固性系数 f 判识煤体结构。f 值能反映煤体的破碎程度,在煤矿安全生产中应用较多。

（4）测井曲线识别法。根据测井曲线定性和定量表征煤体结构是重要识别方法之一,其主要工作原理是基于不同煤体结构的煤的物理性质不同,测井响应特征亦不同。同时,在煤层气开发过程中,测井资料相当丰富,能对单井煤体结构在纵向上连续识别。煤储层测井响应特征主要体现在高声波时差、高中子孔隙度、高电阻率、低密度、低自然伽马和井径扩径等测井曲线特征上。

第三节　煤层气低效井地质参数主控判识方法

本节主要基于地质构造分区,利用灰色关联理论,筛选含气量、渗透率、储层压力和临界解吸压力等地质参数,并分析地质参数与产气量的关系,建立煤层气低效井地质参数主控判识方法。

一、构造分区方法

选取断层密度、断层强度指数、构造曲率 3 个指标,评价构造的复杂性。所选用的指标参数可以分为不连续变形参数和连续变形参数。不连续变形参数为断层密度和断层强度指数。其中,断层密度是指单位面积上的断层条数。统计断层密度时,首先对断层文件进行矢量化,然后对断层密度进行统计计算,计算方法为断层条数除以评价单元的面积。断层强度指数为断层的走向长度与断层落差的乘积除以统计面积。连续变形参数为构造曲率,其计算方法可参考前文。

断层发育定量评价主要利用断层密度和断层强度指数两个参数,评价方法如下:
$$断层密度 = N_i/S_i \qquad (3.85)$$
式中,N_i 为断层条数;S_i 为统计计算面积。
$$断层强度指数 = \sum_{i=1}^{n} L_i H_i/S \qquad (3.86)$$
式中,L_i 为断层走向长度;H_i 为断层落差;n 为断层条数。

通过模糊矩阵计算和专家打分的方式确定各参数的权重后,为消除数量级误差,需对数据进行归一化处理,并根据计算结果进行构造分区。
$$X = \frac{x - x_{min}}{x_{max} - x_{min}} \qquad (3.87)$$
式中,X 为二级指标归一化结果;x 为二级指标参数值;x_{max},x_{min} 分别为该参数在研究区的最大值和最小值。

二、主控类型判识方法

随着对煤层气产能需求的提升,需要将煤层气挖潜向低产低效井转移。前人已经分析了造成煤层气井低产低效的因素,认为地质因素、工程施工因素和排采管控三大类为导致煤层气井低产低效的原因。其中,地质因素包括含气量、含气饱和度、临界解析压力、储层压力等;工程施工因素可分为钻井/固井、储层压裂;排采管控有排采不连续、排采速率、单相流阶段停机时长等。然而,当前对煤层气低产低效井的判识和主控类型的认识存在不足,导致相关治理体系不完善。精确识别煤层气井低产低效的主控类型,可为实现煤层气低产低效井的增产提产提供理论支持和有针对性的治理建议。

(一) 灰色关联分析理论

灰色关联分析理论在第三章第二节已详细介绍,此处不再阐述。

(二) 主参数评价值确定

根据灰色关联理论,计算各地质参数(含气量、渗透率、储层压力和临界解吸压力)与产气量的关联度及各自权重系数(表 3.5)。

表 3.5　储层评价参数与产气量灰色关联度统计表

辅参数	主参数	有效数据点	灰色关联度	权重系数
含气量[a]	产气量	22	0.637 8	0.257
储层压力[a]	产气量	6	0.585 6	0.236
临界解吸压力[b]	产气量	13	0.617 6	0.249
渗透率[a]	产气量	4	0.640 6	0.258

注:a表示数据来源于郑庄区块,b表示数据来源于樊庄区块。

因此,综合评价值 $U = 0.257U_1 + 0.236U_2 + 0.249U_3 + 0.258U_4$。其中,$U_1$ 为含气量的评价值;U_2 为储层压力的评价值;U_3 为临界解吸压力的评价值;U_4 为渗透率的评价值。

1. 含气量

在郑庄区块,含气量越高,产气量越大,关联度达 0.785 5。因此,含气量的评价值是动态函数。通过含气量和产气量相关性分析可知,含气量和产气量呈幂指数关系,随含气量增大,产气量逐渐增大(图 3.12)。因此,研究中认为"含气量和其评价值"的变化趋势与"含气量和产气量"的变化趋势一致。

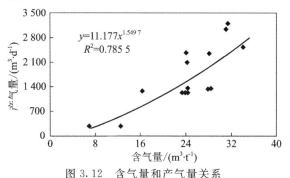

图 3.12　含气量和产气量关系

含气量 M 的评价值函数可表示为:

$$U_1 = \begin{cases} 0.08 & M < 8 \text{ m}^3/\text{t} \\ 0.003\ 2M^{1.549\ 7} & 8 \text{ m}^3/\text{t} < M < 35 \text{ m}^3/\text{t} \\ 0.79 & M > 35 \text{ m}^3/\text{t} \end{cases} \qquad (3.88)$$

2. 储层压力

储层压力与产气量呈指数关系(图 3.13),关联度为 0.531 3。因此,储层压力的评价值函数应为指数式。

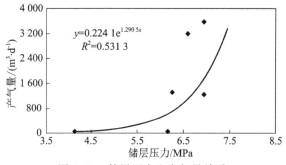

$$y=0.224\,1\mathrm{e}^{1.290\,5x}$$
$$R^2=0.531\,3$$

图 3.13 储层压力和产气量关系

储层压力 p 的评价值函数可表示如下:

$$U_2=\begin{cases}0.01 & p<4\ \mathrm{MPa}\\ 0.000\,06\mathrm{e}^{1.290\,5p} & 4\ \mathrm{MPa}<p<7.5\ \mathrm{MPa}\\ 0.96 & p>75\ \mathrm{MPa}\end{cases} \tag{3.89}$$

3. 临界解吸压力

由于资料限制,临界解吸压力数据来源于相邻的樊庄区块,用于类比郑庄区块。如图 3.14 所示,临界解吸压力和产气量呈线性关系,关联度为 0.837 8。

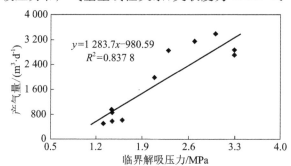

$$y=1\,283.7x-980.59$$
$$R^2=0.837\,8$$

图 3.14 临界解吸压力和产气量关系(据樊庄区块资料)

临界解吸压力 p 的评价值函数可表示如下:

$$U_3=\begin{cases}0.17 & p<1.3\ \mathrm{MPa}\\ 0.320\,9p-0.245\,1 & 1.3\ \mathrm{MPa}<p<3.5\ \mathrm{MPa}\\ 0.88 & 3.5\ \mathrm{MPa}<p<储层压力\\ 1 & p>储层压力\end{cases} \tag{3.90}$$

4. 渗透率

渗透率与产气量关系密切(图 3.15),关联度达 0.593 8。一般情况下,煤储层的渗透性能决定着煤层气井的产气速率和开采效率。研究中由于数据较少,不能确定渗透率和产气量之间的关系。渗透率 K 的评价值函数采用 Yao 等的研究成果。

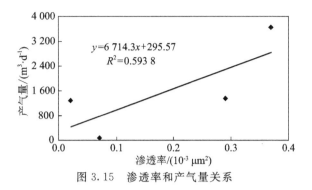

图 3.15 渗透率和产气量关系

渗透率 K 的评价值函数可表示如下：

$$U_4 = \begin{cases} 0 & K < 0.01 \times 10^{-3} \ \mu m^2 \\ 2.22K - 0.022\ 2 & 0.01 \times 10^{-3} \ \mu m^2 < K < 0.1 \times 10^{-3} \ \mu m^2 \\ 0.444K + 0.155\ 6 & 0.1 \times 10^{-3} \ \mu m^2 < K < 1 \times 10^{-3} \ \mu m^2 \\ 0.1K + 0.5 & 1 \times 10^{-3} \ \mu m^2 < K < 5 \times 10^{-3} \ \mu m^2 \\ 1 & K > 5 \times 10^3 \ \mu m^2 \end{cases} \quad (3.91)$$

第四节 实例分析

对煤储层开展精细描述是进行产气潜力评价和产能预测的基础。基于研究区已有煤层气井的勘探开发资料，对煤层埋深、煤厚、储层压力、临界解吸压力进行统计分析，得出研究区储层压力、临储压力比等参数的展布特征。同时，结合研究区已有的含气量和测井资料，构建基于测井响应参数的含气量预测模型，进而得出研究区含气量分布特征；基于测井信息和煤体岩芯资料，根据测井响应判识对煤体结构进行判识；结合 GSI 和渗透率测试资料，分别建立煤储层煤体结构和渗透率预测模型，得出研究区碎裂煤厚度、碎粒煤厚度和渗透率分布。

一、研究区概况

柿庄南区块位于沁水盆地东南部，沁水复向斜的东翼，寺头断层为区块西北边界，总面积为 388 km²。研究区内地层自下而上依次为古生界奥陶系、石炭系、二叠系，中生界三叠系和新生界第四系。区内发育多套煤层，其中太原组 15# 煤层和山西组 3# 煤层在全区稳定分布，为煤层气开发主力煤层。目前，山西组 3# 煤层为柿庄南区块煤层气的主采煤层，煤体结构较破碎，主要以碎裂煤和碎粒煤为主，且煤的演化程度较高，为无烟煤储层[176]。

二、煤层埋深及厚度

基于测井及录井资料，对研究区 3# 煤层埋深和煤厚进行分析与计算，得出 3# 煤层埋深及厚度。柿庄南区块 3# 煤层埋深为 496～1 267 m，平均为 787 m，由东南向西北逐渐变深；柿庄南区块3# 煤层煤厚为 3.2～11 m，平均为 5.39 m，中部地区煤层较薄，但整体变化不大（图 3.16 和彩图 3.16）。

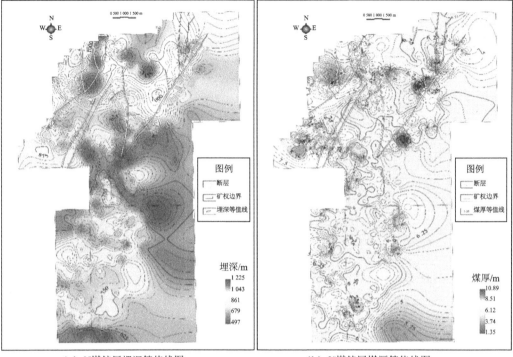

（a）3#煤储层埋深等值线图   （b）3#煤储层煤厚等值线图

图 3.16　煤储层埋深及煤厚分布

三、煤储层压力及临储压力比

煤储层压力指作用于煤孔隙裂隙空间的流体压力，是地层能量的体现和驱动煤层气产出的动力。煤储层压力是煤层气高产富集区预测、气井排水降压难易程度评价、计算煤层含气饱和度和煤层气采收率、煤层气区块评价及优选等的重要研究内容之一。煤储层压力大小通常用压力梯度来表征。压力梯度小于 9.5 kPa/m 划分为低压煤储层，压力梯度介于9.5～10.0 kPa/m 划分为正常压力煤储层，压力梯度大于 10.0 kPa/m 划分为高压储层。研究主要针对柿庄区块 3# 煤储层压力及临储压力比进行计算与分析，为指导研究区煤层气高效开发提供依据。

1. 煤储层压力分布特征

对研究区煤层气井初始动液面进行统计，得出柿庄南煤储层压力分布特征及储层压力梯度。计算结果表明，柿庄南区块储层压力在 1～9.48 MPa，平均 3.75 MPa；储层压力梯度分布在 0.26～0.98 MPa/hm。研究区储层压力表现出由东南向西北逐渐增大的趋势。在局部地区，储层压力也存在一定的差异，中南部和中部西部局部地区存在储层压力较高区；从储层压力精细描述图可以看出，局部地区储层压力梯度存在一定的差异（图 3.17 和彩图 3.17）。

2. 临储压力比分布特征

根据公式，对柿庄南区块临储压力比进行计算。计算结果表明，柿庄南区块临界解吸压力主要介于 0.3～5.2 MPa，但集中在 1～2 MPa，临储压力比为 0.1～0.98。研究区临界解吸压力表现为东部低西部高，中西部地区最好，小范围内存在一定的差异；临储压力比表现出中部高、南部和北部低、东部低西部高的趋势，同样也在小范围内存在差异（图 3.18 和彩图 3.18）。

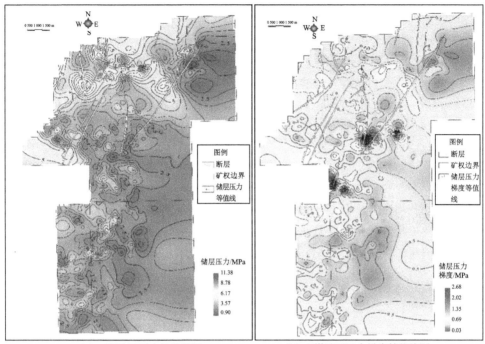

（a）3#煤储层压力等值线图　　　　（b）3#煤储层压力梯度等值线图

图 3.17　煤储层压力及压力梯度分布

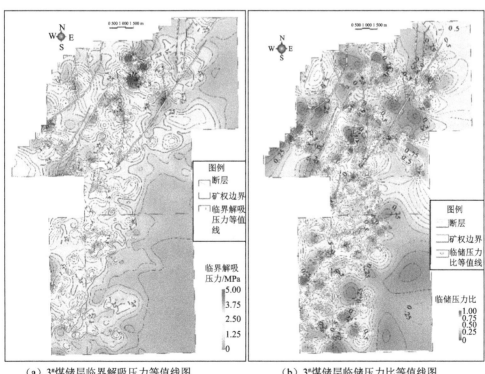

（a）3#煤储层临界解吸压力等值线图　　　（b）3#煤储层临储压力比等值线图

图 3.18　煤储层临界解吸压力及临储压力比分布

四、主力煤层含气量和含气饱和度分布特征

对于生产井,基于丰富的测井信息,采用测井方法对含气量进行预测是最普遍和最实用的。然而,测井参数对煤层中吸附气响应的敏感性较差,进而造成预测结果误差较大。研究发现,测井参数对于煤的工业组分响应较敏感,煤的工业组分能在一定程度上控制朗格缪尔体积和压力的大小。因此,研究中充分利用测井解释成果,建立基于煤的工业组分的朗格缪尔体积(V_L)和压力(p_L)的预测模型,同时结合生产资料计算含气量和含气饱和度。

煤的工业组分包括固定碳(F_C)、水分(M)、灰分(A_d)和挥发分(V_M),用于表征煤的工业性能。煤的工业组分一般由实验室测得,对于生产井,获取煤的工业组分主要依据测井解释。研究中充分利用已有测井解释报告中的煤的工业分析解释成果。

通过统计柿庄南区块参数井煤的工业组分和吸附常数的测井结果(图 3.19),发现研究区朗格缪尔体积与固定碳和挥发分的相关性较高,朗格缪尔压力与固定碳和灰分的相关性较高,朗格缪尔体积与水分和灰分的相关性不高,朗格缪尔压力与挥发分和水分的相关性不高。

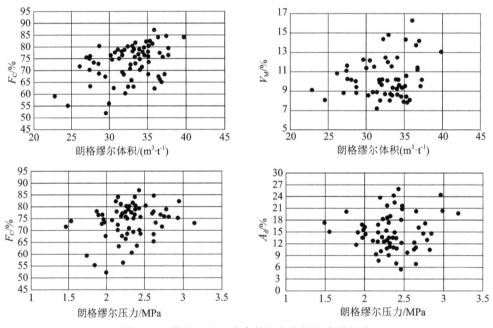

图 3.19 煤的工业组分参数与朗格缪尔常数拟合

在相关性分析的基础上,建立基于固定碳和挥发分的朗格缪尔体积多元线性回归预测模型:

$$V_L = 32.9 \times \frac{F_C}{77.26} + 0.6\ln\frac{V_M}{9.32} \tag{3.92}$$

$$p_L = 2.735 \times \frac{A_{ad}}{9.32} + 0.4\ln\frac{F_C}{77.26} \tag{3.93}$$

式中，A_{ad}为空气干燥基灰分。

在储层压力计算的基础上，利用朗格缪尔方程计算理论含气量和实际含气量，进一步计算含气饱和度：

$$V_{理} = \frac{\left(32.9 \times \dfrac{F_C}{77.26} + 0.6\ln \dfrac{V_M}{9.32}\right)p}{2.735 \times \dfrac{A_{ad}}{9.32} + 0.4\ln \dfrac{F_C}{77.26} + p} \tag{3.94}$$

$$V_{实} = \frac{\left(32.9 \times \dfrac{F_C}{77.26} + 0.6\ln \dfrac{V_M}{9.32}\right)p_{cd}}{2.735 \times \dfrac{A_{ad}}{9.32} + 0.4\ln \dfrac{F_C}{77.26} + p_{cd}} \tag{3.95}$$

$$S = \frac{V_{实}}{V_{理}} \times 100\% \tag{3.96}$$

式中，$V_{理}$为理论含气量；$V_{实}$为实际含气量；S为含气饱和度，%。

由此得出柿庄南区块 3$^{\#}$ 煤层含气量和含气饱和度分布特征。研究区 3$^{\#}$ 煤层含气量分布在 $4.1\sim23.3$ m³/t，整体表现出西部好于东部、北部好于南部的特征。在断层影响下，北部区域虽然整体含气性较高，但是分布较分散；中部地区受地质构造影响较小，呈现出明显的西高东低的特征。研究区 3$^{\#}$ 煤层含气饱和度在平面上的分布规律与含气量类似，整体同样表现出西部好于东部、北部好于南部的特征，且受构造运动影响明显。含气饱和度分布在 $25\%\sim99\%$，平均为 62%（图 3.20 和彩图 3.20）。

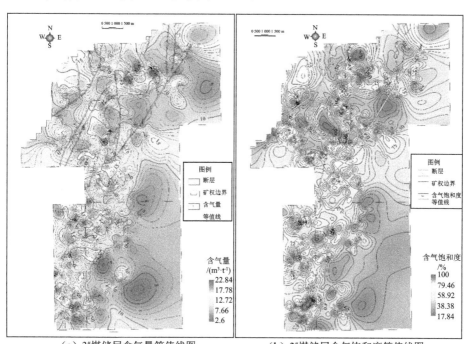

（a）3$^{\#}$煤储层含气量等值线图　　（b）3$^{\#}$煤储层含气饱和度等值线图

图 3.20　煤储层含气量和含气饱和度分布

五、煤储层渗透率

(一) 煤体结构

1. 基于 GSI 的煤体结构定量表征

1) 煤体结构的分类

煤体结构的分类方案很多,苏联矿业研究所基于煤中原生与次生节理的变化、微裂隙间距等特征将煤体结构分为非破坏煤、破坏煤、强烈破坏煤、碎粉煤和全粉煤五类[177]。中国原煤炭工业部颁发的《防治煤与瓦斯突出细则》中也采用五类分法;早期的煤田勘探单位将煤体结构划分为块煤、块粉煤、粉煤、粉末煤或鳞片状煤四类[178];原焦作矿业学院(现河南理工大学)1995 年基于煤体的宏观与微观特征、力学性质、瓦斯突出参数等指标对煤体结构进行了定量划分[179];张玉贵等基于视电阻率、自然伽马等测井参数对原生结构煤和构造煤进行了描述[180];傅雪海等基于地球物理测井曲线,将煤体结构划分为原生结构-碎裂煤、碎斑煤和糜棱煤三类[181]。

研究中,采用原焦作矿业学院对煤体结构的分类方案,将煤体结构划分为Ⅰ类(原生结构煤)、Ⅱ类(碎裂煤)、Ⅲ类(碎粒煤)、Ⅳ类(糜棱煤)四类。其主要特征见表 3.6。

表 3.6　煤体结构分类及特征

类 型	分类因素				
	宏观煤岩类型可分辨程度	层理完整程度	煤体破碎程度	裂隙及揉皱发育程度	手试强度
原生结构	宏观煤岩类型界限清晰,煤岩成分可辨	原生结构完整,层理完整	煤体完整	裂隙可辨,大部分未错开层理,无揉皱及构造滑面	坚 硬
碎裂结构	宏观煤岩类型界限清晰,煤岩成分可辨,局部轻微错动	原生结构遭受轻微破坏,层理可辨	煤体破碎,碎块直径一般大于 5 mm	外生裂隙发育,轻微错开层理,揉皱不发育	较坚硬
碎粒结构	宏观煤岩类型界限整体不可分辨,煤岩成分局部可辨	原生结构遭受严重破坏,局部小块可见层理结构	煤体破碎,粒径多为 1~5 mm	外生裂隙发育,常见揉皱	较疏松
糜棱结构	宏观煤岩类型不可分辨,煤岩成分无法分辨	原生结构遭受严重破坏,层理不可见	煤体多呈鳞片状、揉皱状,粒径小于 1 mm	裂隙无法观测,揉皱及滑面极其发育	疏 松

2) 基于 GSI 的煤体结构分类

GSI 岩体分类体系是由 E. Hoek 等于 1995 年提出的一种基于原岩力学性质和岩体观察结果估算岩体强度的岩体分类方法[182-183]。GSI 值的确定主要依据岩块的块度和不连续面的状况两个参数。但是煤层埋藏深度一般较深,其在受到构造应力发生变形的过程中基本上未遭受风化,因此风化状况不能用来反映煤体结构面表面质量状况。采用煤中裂隙宽度及充填情况代替传统 GSI 图表中的结构面风化状况。基于煤体变形的逐步过渡过程,结合 GSI 对原生结构煤、碎裂煤、碎粒煤及糜棱煤进行定量精细描述，如图 3.21 所示。

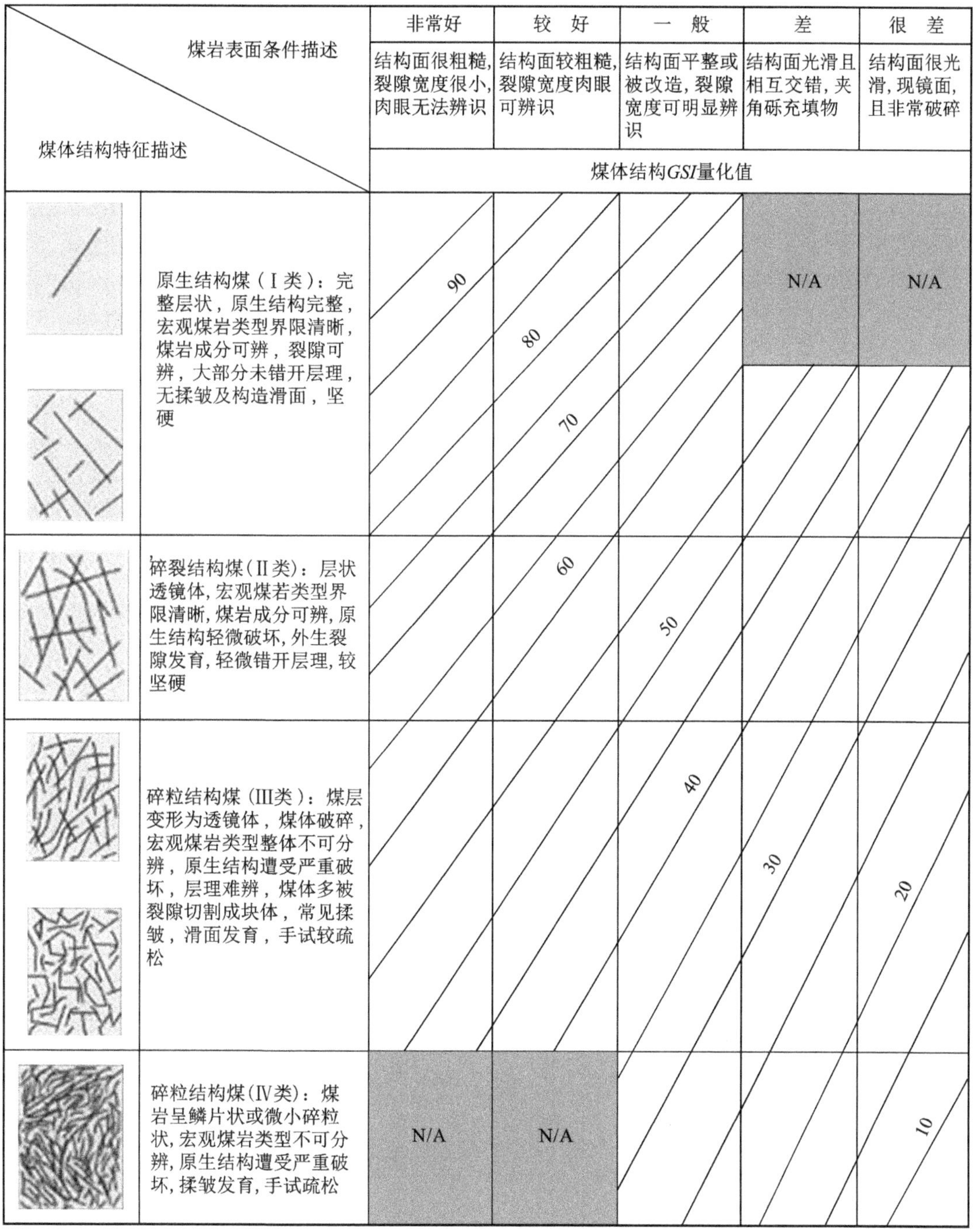

煤岩表面条件描述 / 煤体结构特征描述	非常好	较 好	一 般	差	很 差
	结构面很粗糙，裂隙宽度很小，肉眼无法辨识	结构面较粗糙，裂隙宽度肉眼可辨识	结构面平整或被改造，裂隙宽度可明显辨识	结构面光滑且相互交错，夹角砾充填物	结构面很光滑，现镜面，且非常破碎
	煤体结构GSI量化值				
原生结构煤（I类）：完整层状，原生结构完整，宏观煤岩类型界限清晰，煤岩成分可辨，裂隙可辨，大部分未错开层理，无揉皱及构造滑面，坚硬	90	80 70		N/A	N/A
碎裂结构煤（II类）：层状透镜体，宏观煤若类型界限清晰，煤岩成分可辨，原生结构轻微破坏，外生裂隙发育，轻微错开层理，较坚硬		60	50		
碎粒结构煤（III类）：煤层变形为透镜体，煤体破碎，宏观煤岩类型整体不可分辨，原生结构遭受严重破坏，层理难辨，煤体多被裂隙切割成块体，常见揉皱，滑面发育，手试较疏松			40	30	20
碎粒结构煤（IV类）：煤岩呈鳞片状或微小碎粒状，宏观煤岩类型不可分辨，原生结构遭受严重破坏，揉皱发育，手试疏松	N/A	N/A			10

图 3.21 不同煤体结构 GSI 量化模板

通过对柿庄南和柿庄北区块煤层钻井取芯的观测和描述，将钻井取芯首先按照传统煤体结构分类方法进行分类和描述，在此基础上结合修正量化 GSI 图，对相应取芯煤样进行量化。柿庄地区典型煤体结构及 GSI 量化值如图 3.22 所示。其中，GSI 在 70～100 为原生结构煤,50~70 为碎裂煤,25~50 为碎粒煤,0~25 为糜棱煤。

(a) *GSI*=90　　　　(b) *GSI*=80　　　　(c) *GSI*=70

(d) *GSI*=60　　　　　　　(e) *GSI*=50

(f) *GSI*=40　　　　(g) *GSI*=30　　　　(h) *GSI*=20

图 3.22　研究区典型煤体结构对应的 *GSI* 值

2. 柿庄南区块煤体结构展布特征

1) 柿庄南区块煤体结构判识模型

结合柿庄南区块钻井取芯煤体照片与测井曲线的对应关系,对所采集样品进行煤体结构描述和相关性分析,如图 3.23 至图 3.26 所示。可以看出,柿庄南区块煤体结构与该区井径存在较好相关性。为提高预测精度及实际应用效果,利用多测井参数建立多元回归模型:

$$M = aDEN + bGR + cCALX + dCALY + e\ln(1/RD) + f \tag{3.97}$$

式中,M 为不同煤体结构对应的 GSI 值;a,b,c,d,e,f 为各测井参数的回归系数;DEN 为测井密度,g/cm^3;GR 为测井伽马值,API;$CALX$ 为测井 X 向井径,cm;$CALY$ 为测井 Y 向井径,cm;RD 为深侧向电阻率,$\Omega \cdot m$。

通过拟合得出各回归系数分别为:

$a=9.324\ 486, b=-0.109\ 06, c=2.072\ 108, d=-0.872\ 47, e=0, f=-7.465\ 09$

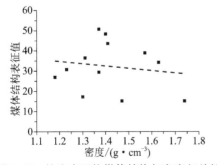

图 3.23　柿庄南区块煤体结构与密度相关性

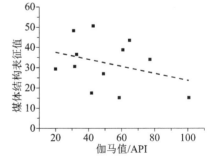

图 3.24　柿庄南区块煤体结构与伽马值相关性

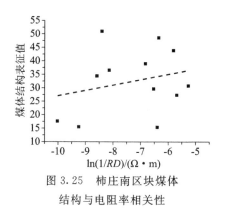

图 3.25 柿庄南区块煤体
结构与电阻率相关性

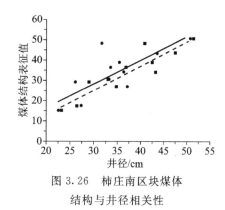

图 3.26 柿庄南区块煤体
结构与井径相关性

将拟合所得系数代入式(3.97),求取由测井解释所得煤体结构表征值,并与取芯照片煤体结构描述值对比,如图 3.27 所示。可以看出,柿庄南区块煤体结构取芯描述与测井解释基本相近,其中仅有一个点的描述有所差异,其他完全一致,可满足模型所需的精度要求。

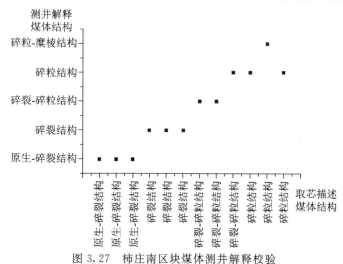

图 3.27 柿庄南区块煤体测井解释校验

综上可知,柿庄南区块煤体结构的测井解释模型为:
$$M = 9.324DEN - 0.109GR + 2.072CALX - 0.872CALY - 7.465 \tag{3.98}$$

2)柿庄南区块煤体结构展布特征

根据数学模型,计算发现研究区煤体结构以碎裂煤和碎粒煤为主。碎粒煤较发育的地区分布在北部和东南部,碎裂煤发育的地区主要分布在中南部和中北部。通过与构造图叠加分析,发现在多期构造运动叠加的核部煤体较破碎(图 3.28 和彩图 3.28)。

(二)研究区主力煤层渗透率展布特征

在煤体结构测井解释的基础上可进一步建立柿庄南区块渗透率测井解释模型。基于煤体结构与煤层渗透率间良好的对应关系,由于该区煤层参数井取芯实验中没有对煤体渗透率进行测试,所以主要依据所采煤样进行渗透率与煤体结构变化试验所反映出的相关性进行回归分析。

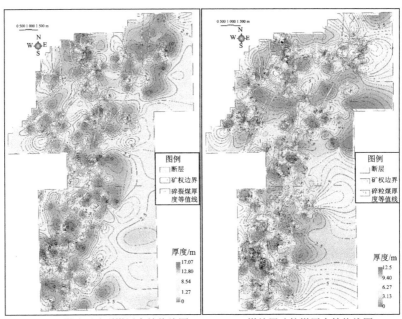

（a）3#煤储层碎裂煤厚度等值线图　　（b）3#煤储层碎粒煤厚度等值线图

图 3.28　煤储层碎裂煤及碎粒煤分布

根据煤体渗透率与应变间的变化关系以及应变与煤体结构间的关系,可知煤体渗透率与煤体结构间存在一定的函数关系：

$$K = -0.001\ 3GSI^2 + 0.149\ 7GSI - 2.654\ 1 \tag{3.99}$$

煤体渗透率在原生-碎裂结构煤体中表征最优（表 3.8）。

表 3.8　柿庄南区块煤体渗透率与煤体结构表征

样品号	渗透率/(10^{-3} μm^2)	煤体结构描述
CP1	0.32	碎裂-碎粒结构
CP2	0.25	碎粒结构
CP3	0.13	碎粒结构
CP4	0.22	碎粒结构
CP5	0.11	碎粒结构

根据国内外研究成果以及对煤体结构的测井解释研究不难发现,研究区主要以碎裂煤及碎粒煤为主,从而使得在该区域内煤体结构与渗透率表现出线性关系。另外,对长平煤矿所采煤样进行渗透率测试,分析表明渗透率与煤体结构具有一定相关关系,从而建立渗透率与各测井参数曲线间的回归模型。

研究区测井解释的渗透率模型为：

$$K = 0.171DEN - 0.002GR + 0.038CALX - 0.016CALY - 0.622 \tag{3.100}$$

根据数学模型,得出柿庄南区块 $3^{\#}$ 煤层渗透率分布如图 3.29（彩图 3.29）所示。通过模型计算并结合构造微调,渗透率主要分布在（0.02～1.30）× 10^{-3} μm^2 之间,平均为 0.19×10^{-3} μm^2。平面上,南部较北部渗透性好,东部较西部渗透性好,多期构造运动作用的核部地区渗透率普遍较低。

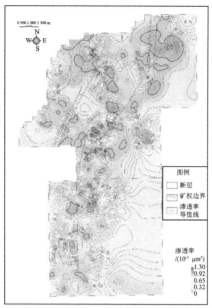

图 3.29　柿庄南区块 3# 煤层渗透率分布

六、地质主控类型

基于构造分区和灰色关联分析,将研究区划分为含气量-临界解吸压力、渗透率-临界解吸压力、含气量-含气饱和度、含气量-储层压力、渗透率、含气量-渗透率、断层 7 种地质主控类型。研究区东南部为含气量-临界解吸压力主控型,北部为断层控制型,中部为含气量-含气饱和度、含气量-渗透率、含气量-储层压力和渗透率-临界解吸压力主控型,中西部则为渗透率、渗透率-临界解吸压力主控型。

(1)含气量-渗透率主控型。主要位于研究区中东部,该区域西侧以发育的一条大断层为界,东部在区内发育两条断层。煤层气井产气量主要受含气量和渗透率影响较大,其次是临界解吸压力、储层压力和含气饱和度,而煤厚、埋深、临储压力比、储层压力梯度、煤层标高和地下水等地质参数影响较小,因此将该构造特征区划分为含气量-渗透率主控型。

(2)含气量-含气饱和度主控型。主要位于研究区西北部,该区域东侧以发育的一条大断层为界。煤层气井产气量主要受含气量和含气饱和度影响较大,其次是临界解吸压力、储层压力和临储压力比,而渗透率、煤厚、埋深、储层压力梯度、煤层标高和地下水等地质参数影响较小,因此将该构造特征区划分为含气量-含气饱和度主控型。

(3)渗透率-临界解吸压力主控型。主要位于研究区中部和西南部地区。煤层气井产气量主要受渗透率和临界解吸压力影响较大,其次是含气量、含气饱和度和临储压力比,而储层压力、煤厚、埋深、储层压力梯度、煤层标高和地下水等地质参数影响较小,因此将该构造特征区划分为渗透率-临界解吸压力主控型。

(4)含气量-临界解吸压力主控型。主要位于研究区东部埋藏较浅地区和东南部地区。煤层气井产气量主要受含气量和临界解吸压力影响较大,其次是储层压力梯度、含气饱和度和临储压力比,而渗透率、储层压力、煤厚、埋深、煤层标高和地下水等地质参数影响较小,因此将该构造特征区划分为含气量-临界解吸压力主控型。

(5)渗透率主控型。主要位于研究区中南部地区。煤层气井产气量主要受渗透率影响较大,其次是含气量和临界解吸压力,而含气饱和度、储层压力、临储压力比、煤厚、埋深、储层压力梯度、煤层标高和地下水等地质参数影响较小,因此将该构造特征区划分为渗透率主控型。

第四章 钻井工艺对煤层气 低效井的影响评价与应用

煤层气井钻井施工过程中,钻井液性能、钻压、转速、施工排量及与岩层的匹配程度等不合理时,易造成井径扩大、煤储层污染等问题。当井径扩大后,一方面造成固井困难;另一方面钻井液渗入煤层,严重污染煤储层,影响后期的压裂效果及产气情况。因此,查明钻井工艺对煤储层渗透率的影响,得出其对煤层气井产能的影响,并提出相应的控制措施,对高效开发煤层气具有重要指导意义。本章将分析钻井参数对煤储层渗透率的影响,在实验室中以常用钻井液为研究对象,测试其在不同压力下引起的煤储层渗透率变化,构建钻井液侵入深度、侵入后渗透率变化预测模型,对钻井液引起的煤层渗透率变化进行评价。以柿庄南区块实际钻井资料为基础,分析井径扩大率与煤体结构的关系,并对钻井液污染前后的渗透率进行评价,得出其对煤层气井产能的影响,以为该区及相似地质条件下煤层气井钻井参数优化提供借鉴和指导。

第一节 钻井工艺对煤层渗透率的影响

无固相钻井液是目前煤层气钻井中常用的钻井液之一。钻井液在钻井过程中能将井下岩屑携带出地面,但钻井液在压差作用下也可能进入煤层内。由于煤层中发育有不同尺度的裂隙,钻井液可能进入煤层中的裂隙中。对于不同尺度裂隙,钻井液对裂隙的污染程度不同。为表征煤层中不同尺度裂隙受钻井液污染的程度,首先对钻井液的基本性能进行测试;然后采用光学显微镜、扫描电镜对煤中不同尺度裂隙进行观测,应用 Image-Pro Plus 软件得出不同尺度裂隙发育状况;采用"蒙特卡洛+Matlab 软件"模拟重构随机的二维裂隙网络,建立不同尺度孔裂隙渗流模型,对钻井液造成不同尺度孔裂隙的污染做出定量评价,并通过实验室渗透率测试验证模拟结果的可靠性。

一、钻井液的基本性能测试

(一)实验方案

了解和查明钻井液的基本性能可为钻井液污染实验及定量评价奠定基础。采用 X 射线衍射仪测试样品成分,采用玻璃悬浮剂测试钻井液密度,采用 NDJ-5S 旋转黏度计测试表观黏度。所用主要测试仪器如图 4.1 所示。

1. 实验材料

实验材料是现场施工所用的钻井液。实验仪器主要有 500 mL 烧杯、250 mL 量筒、50 mL 锥形瓶、玻璃漏斗、玻璃棒、玻璃浮计、直径 12.5 cm 的中速定量滤纸。

（a）Bruker X射线衍射仪　　（b）AM120Z-H数显搅拌机　　（c）NDJ-5S旋转黏度计

图 4.1　钻井液基本性能测试主要仪器

2. 测试方法

1）钻井液固相成分测试

X 射线衍射（XRD）是研究固态物质最重要和最有效的方法之一，尤其被广泛用于晶体物理结构的研究。黏土矿物是一种微小晶体，因此通过 XRD 测试不同黏土矿物，借助测试图谱进行物相分析，可以确定黏土矿物成分。实验研究中采用德国 BRUKER-AXS 公司 D8 ADVANCE 系列 X 射线衍射仪，具有 3 kW 陶瓷光管，发生器稳定性强（±0.005%），细焦斑 0.4 mm×12 mm，角度重现性达±0.000 1%，2θ 角扫描范围为－110°～169°，最小步长为 0.000 1°。

先取 30 mL 钻井液，过滤、干燥、研磨、筛样至 200 目，再将样品均匀洒入事先准备的样品板内，再用玻璃片轻压。样品压制完毕后，要求表面光滑平整，样品黏附在样品板上可立住且不脱落。测试时，设置测试角度范围为 2°～90°，扫描速度为 6 °/min。

2）钻井液密度测试

为保证实验结果的准确性和合理性，首先用 AM120Z-H 数显电动搅拌机，设置转速为 600 rad/min，将钻井液搅拌均匀（静置 10 min 没有明显分层）；然后取搅拌均匀的钻井液 80～100 mL，倒入量程为 100 mL 的量筒；最后用玻璃浮计测试钻井液密度大小。重复 6 次，记录实验结果。

3）钻井液黏度测试

NDJ-5S 旋转黏度计可以测试直读牛顿液体的绝对黏度、非牛顿液体的表观黏度，测量范围为$(0.1～1)×10^5$ mPa·s，转子规格为 0～4 号（规格越大，测量范围越大），转速可调节（6 rad/min，12 rad/min，30 rad/min，60 rad/min），测量精度为±2%。转子选择原则是：高黏度选择小号高转子，慢速度；低黏度选择大号低转子，高速度。

测试步骤：将准备好的搅拌均匀的钻井液倒入烧杯或平底容器中（直径>60 mm），选择 2 号转子（每次测量前必须用清水将转子清洗干净，并用待测液润湿），逆时针旋入接头，旋转升降钮，使转子缓慢侵入钻井液中，直至转子杆上的凹槽与液面成一个平面，按转子选择键选择 2 号转子，调节转速为 60 rad/min，对不同温度（25 ℃，35 ℃，45 ℃，55 ℃，65 ℃）下泥浆钻井液的表观黏度进行测试。显示值稳定后停止测量，并读取、记录实验结果。

（二）测试结果

1. 钻井液成分测试结果

XRD 扫描测试图谱使用 JADE 软件进行物相分析，匹配峰值，结果如图 4.2 所示。可以看出，该钻井液的固相成分中石英占 70%，高岭石占 25%，地开石占 4%。

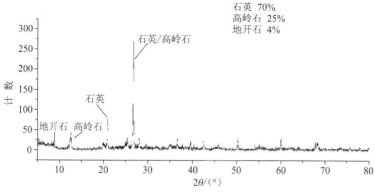

图 4.2 钻井液固相 X 射线衍射光谱

2. 钻井液密度测试结果

对钻井液密度进行测试,实验图如图 4.3 所示,测试结果见表 4.1。对 6 次测试结果取平均值,得出平均密度为 1.04 g/mL。

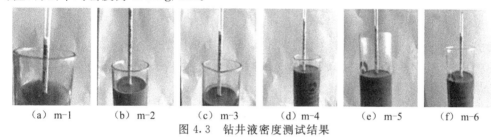

(a) m-1　　(b) m-2　　(c) m-3　　(d) m-4　　(e) m-5　　(f) m-6

图 4.3 钻井液密度测试结果

表 4.1 钻井液密度测试实验结果统计

样品编号	密度/(g·mL^{-1})	样品编号	密度/(g·mL^{-1})
m-1	1.02	m-4	1.05
m-2	1.06	m-5	1.04
m-3	1.05	m-6	1.04

3. 钻井液表观黏度测试结果

不同温度下钻井液表观黏度随温度变化的测试结果如图 4.4 所示。可以看出,随温度升高,钻井液的表观黏度降低。温度从 25 ℃上升到 65 ℃,钻井液的表观黏度从 18 mPa·s 下降到 12 mPa·s。

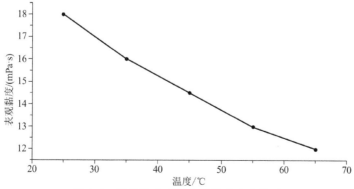

图 4.4 钻井液表观黏度随温度变化关系

二、基于镜下观察的煤中不同尺度孔裂隙污染前后结构变化

(一)实验方案

为对煤中不同尺度孔裂隙污染前后结构变化进行定量表征,需要对污染前后煤样进行镜下观察。所用主要仪器有光学显微镜、扫描电镜、自制加压反应釜等,如图4.5所示。

(a) 场发射环境扫描电镜 (b) 光学显微镜 (c) 加压反应釜

图 4.5 实验主要仪器

德国 Leica 公司生产的型号为 LEICA MC 190 HD 光学显微镜摄像头可配合计算机进行操作,采集和处理图像。该摄像头具有 1 000 万像素的 COMS 传感器,适用于捕获低放大倍率中的微小细节。

美国 FEI 公司生产的型号为 FEI Quanta 250 FEG-SEM 场发射环境扫描电镜可观察各种固态样品表面形貌的二次电子像、反射电子像,并进行图像处理。加速器电压为 200 V～30 kV,最大束流为 200 nA,SEM 分辨率在高真空模式下低于 1 nm,在低真空模式下低于 1.4 nm。配备高性能 Bruker X 射线能谱仪(EDS),能定性、半定量及定量分析捕捉样品图像表层的微区点、线、面元素,具有形貌、化学组分综合分析能力。

根据注射器原理,加压反应釜可承受的压力范围为 0～16 MPa。将制作好的煤样放入空腔内,向内部倒入钻井液至空腔上方刻度线位置处,盖好盖子,打开容器上方压力表和下方注入端阀门,从容器下方用注入端通过平流泵注水,实现对反应釜内加压。将压力加至 3 MPa 时停泵关阀门,记录时间,待加压污染足够时间后卸压,取出煤样。

具体步骤为:

(1)实验样品制备。主要选取长平矿的煤样,用抛光机打磨抛光至长、宽、高分别为 2 cm,2 cm,0.5 cm。制备样品若干个,用超声波清洗仪清洗 2 次,每次 30 min,并在恒温干燥箱中干燥 1 h。

(2)实验样品污染。将待污染的煤样放入加压反应釜内,用钻井液将容器加满,并用平流泵将反应釜内加压至 3 MPa,污染 24 h,用蒸馏水清洗煤样表面附着的钻井液,清洗完毕后放入烘箱干燥。

(3)污染前后实验样品观测。利用光学显微镜和扫描电镜在不同放大倍数下观测加压污染前后煤样裂隙,得到裂隙图像,对比观察煤中不同尺度裂隙分布变化情况。由于长平矿煤样属于高变质程度煤,本身导电性能良好,因此使用扫描电镜观测样品时,样品不进行喷金预处理也能观测到较清晰的图像。如果对样品进行喷金,将无法重复使用同一煤样进行

后期的加压污染及酸化解污实验，不能对观测图像进行原始状态、污染后、解污后的对比分析，对后续实验结果影响较大。

（4）实验样品观测结果分析。采用 Image-Pro Plus 软件增强图像中孔、裂隙与煤基质的成像对比，对加压污染前后煤样中不同尺度（毫米级、微米级、纳米级）裂隙中的裂隙度、裂隙长度、裂隙宽度等参数进行定量表征和评价。

（二）实验结果与分析

1. 污染前后煤样表面形貌变化特征

使用光学显微镜观测污染前后煤样表面变化特征，典型图像如图 4.6 所示。可以看出，光学显微镜下观测到的较大裂隙多为单一裂隙，原始煤样图像中已经看不到明显的矿物附着物，煤样表面平整光滑，裂隙壁光滑程度不一，宽度不均，在不同延伸方向有不同程度的弯曲，整体连通性较好。加压污染 24 h 后，煤中裂隙已经被钻井液固相几乎完全填充，且在煤样表面有钻井液固相附着。

(a) 污染前　　　　　　　　　　(b) 污染后

图 4.6　光学显微镜观测污染前后裂隙结果

　　根据裂隙宽度的不同,将裂隙分为毫米级裂隙(裂隙宽度 $w \geqslant 1$ mm)、微米级裂隙($1\ \mu$m$\leqslant w<1$ mm)、纳米级裂隙(10 nm$\leqslant w<1\ \mu$m),用扫描电镜在不同放大倍数下观测污染前后不同尺度裂隙表面形貌变化特征,典型图像如图 4.7 至图 4.9 所示。

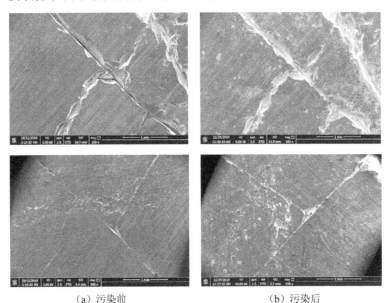

(a)污染前　　　　　　　　　　(b)污染后

图 4.7　扫描电镜毫米级裂隙污染前后对比

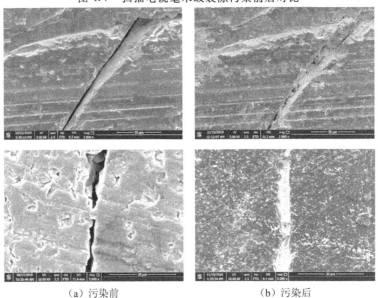

(a)污染前　　　　　　　　　　(b)污染后

图 4.8　扫描电镜微米级裂隙污染前后对比

　　可以看出,放大 100 倍观测到的毫米级裂隙多为相交型,裂隙壁光滑程度不一,相交的裂隙宽度不同,切割错断较明显,整体连通性较好;放大 500~2 000 倍观测到的微米级裂隙有相交型、单一型等多种形式,裂隙光滑程度、宽度不一;放大 10 000 倍观测到的纳米级裂隙图像多为单一裂隙,呈直线或弯曲方式延伸,裂隙宽度较为均一,有的煤体表面和裂隙壁附着有矿物。

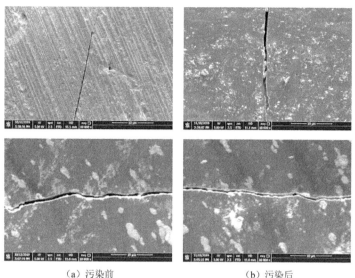

（a）污染前　　　　　　　　　　　（b）污染后

图 4.9　扫描电镜纳米级裂隙污染前后对比

对比钻井液污染后的毫米级、微米级、纳米级裂隙图像，可以发现裂隙尺度越大，钻井液越容易侵入。毫米级裂隙已经被钻井液固相完全填充，且在煤样表面有钻井液固相附着，污染程度最为严重；微米级裂隙中，放大 500 倍图像中裂隙被钻井液完全填充，且在煤样表面有钻井液附着，放大 2 000 倍图像中裂隙受污染程度略小，没有被钻井液固相填充满，且煤样表面观察不到明显的钻井液固相附着物，微米级裂隙整体污染程度略小于毫米级，表面整体受到了污染；纳米级裂隙中仅有少量固相物质侵入，部分附着在裂隙边缘，污染程度较低。

2. 基于 Image-Pro Plus 软件的污染前后裂隙结构变化特征

1）处理方法

Image-Pro Plus 是一款图像处理、增强和分析软件，可针对图像中某一块规则或不规则图像进行采集、测量。为更清晰地对比污染前后煤样图像，并定量表征污染前后煤样中关键参数（裂隙长度、宽度及数目等）变化，可采用 Image-Pro Plus 软件将原始显微图像中的裂隙用鲜明的颜色标注出来，并根据图像中比例尺大小对所标注出裂隙的长度、宽度进行计算。

2）处理结果与分析

以上述污染前后煤样图像为例，用 Image-Pro Plus 软件进行处理，处理结果如图 4.10 和图 4.11 所示。

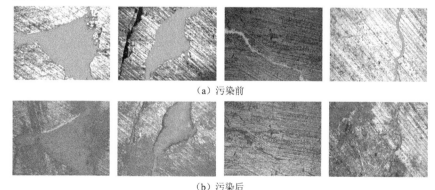

（a）污染前

（b）污染后

图 4.10　光学显微镜观测部分处理图像

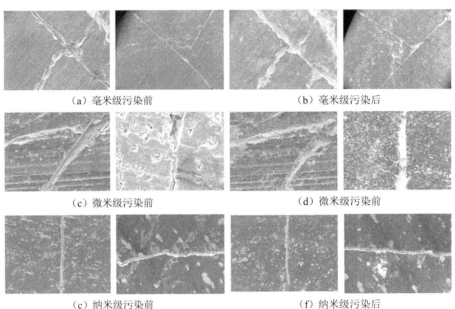

（a）毫米级污染前　　　　　　　　（b）毫米级污染后

（c）微米级污染前　　　　　　　　（d）微米级污染前

（e）纳米级污染前　　　　　　　　（f）纳米级污染后

图 4.11　扫描电镜观测部分处理图像

根据姚艳斌研究孔-裂隙系统时按裂隙长度、宽度差异提出的分类方法[80]，将处理后图像中裂隙长度、宽度参数进行污染前后分类对比。分类结果见表 4.2。

表 4.2　煤样裂隙发育情况分类统计

编　号	污染前条数/(条·cm^{-2})					污染后条数/(条·cm^{-2})				
	A　型	B　型	C　型	D　型	总　计	A　型	B　型	C　型	D　型	总　计
C1	2	12	17	33	64	1	0	25	73	99
C2	0	3	4	12	19	0	0	16	49	65
C3	0	26	33	25	84	0	8	8	42	58
C4	0	6	8	19	33	0	2	7	52	61
C5	1	0	12	4	17	0	1	4	22	27
C6	3	3	25	14	45	0	1	17	66	84
C7	0	7	38	29	74	0	0	12	84	96
C8	0	2	15	22	39	0	0	6	77	83
总　计	6	59	152	158	375	1	12	95	465	573

注：w 为裂隙宽度，L 为裂隙长度。A 型：$w>5\ \mu m$，$L>10\ mm$；B 型：$w>5\ \mu m$，$1\ mm\leqslant L\leqslant 10\ mm$；C 型：$w<5\ \mu m$，$300\ \mu m<L<1\ mm$；D 型：$w<5\ \mu m$，$L<300\ \mu m$。

从图 4.10 和表 4.2 可以看出，不同煤样中各类型裂隙密度差级较大，主要发育 C 型和 D 型裂隙，B 型次之，A 型几乎不发育，平均仅为 3 条/cm²。在对煤样进行污染后，A 型、B 型和 C 型裂隙条数进一步减少，朝比原先更小的方向转化，D 型裂隙大幅度增加，这是因为当钻井液对裂隙进行污染时，会将某条完整的裂隙分割成数条更小的裂隙，同时还存在其他类型受污染后转化而来的裂隙，导致裂隙的长度、宽度减小，数量增多。

为尽量消除单一结果的随机性对实验的影响，选择污染前后对比度好的 16 张图像，对其主要参数进行统计，见表 4.3。可以看出，裂隙尺度越大，受污染影响程度越高。毫米级裂隙平均长度、宽度和数目污染率都很大,导致孔隙度污染程度最高;微米级裂隙污染主要减小裂隙宽度,裂隙长度和数目受影响程度较小,故孔隙度伤害率要小于毫米级裂隙;纳米级裂隙的长度和宽度污染率都较小,数目增加。不同尺度裂隙中,钻井液对裂隙宽度的影响都高于对裂隙长度的影响。对比污染前后数目变化,说明受污染后毫米级、微米级裂隙转化为更小的微米、纳米级裂隙,纳米级裂隙在原本污染程度不高的情况下,又由于污染后毫米级、微米级裂隙的分裂,数目大幅度增加。

表 4.3　煤样污染前后不同尺度裂隙主要参数统计

分　组	不同尺度裂隙	平均长度	平均宽度	平均条数	平均孔隙度
污染前	毫米级裂隙	13.54 mm	1.04 mm	0.22 条/cm²	4.03×10^{-2}
	微米级裂隙	189.47 μm	9.59 μm	16.54 条/cm²	7.93×10^{-3}
	纳米级裂隙	3 323.89 nm	462.15 nm	102.65 条/cm²	3.32×10^{-4}
污染后	毫米级裂隙	2.68 mm	6.10×10^{-3} mm	0.03 条/cm²	2.51×10^{-3}
	微米级裂隙	143.25 μm	1.57 μm	10.66 条/cm²	1.94×10^{-3}
	纳米级裂隙	2 840.59 nm	304.47 nm	244.70 条/cm²	1.74×10^{-4}
污染前后污染率	毫米级裂隙	80.21%	99.41%	86.36%	93.77%
	微米级裂隙	24.39%	83.63%	35.55%	75.54%
	纳米级裂隙	14.54%	34.12%	-138.38%	47.59%

注:裂隙长度、宽度单位与表中裂隙尺度单位一致。

三、钻井液对不同尺度裂隙污染程度定量评价

(一)借助蒙特卡洛重构不同尺度裂隙网络

以扫描电镜观测下裂隙分布较均匀且有代表性的区域作为观察对象,发现钻井液污染裂隙主要体现在裂隙长度、裂隙宽度和数目 3 个方面。对用 Image-Pro Plus 软件处理后图像的裂隙参数进行统计计算,再随机测量选取的 16 张图像中不同尺度裂隙走向并标定范围,结果见表 4.4。

表 4.4　原始煤样不同尺度裂隙几何参数

不同尺度裂隙	走向/(°)		裂隙长度		裂隙宽度		密度/(条·μm^{-2})	生成域尺寸
	均　值	标准差	均　值	标准差	均　值	标准差		
毫米级裂隙	90.1~142.5	14.2	13.54 mm	2.33 mm	1.04 mm	0.003 mm	2×10^{-3}	50 mm×50 mm
微米级裂隙	60.1~158.4	10.3	189.47 μm	28.6 μm	9.59 μm	0.04 μm	1.6×10^{-4}	500 μm×500 μm
纳米级裂隙	42.3~133.3	2.80	3 323.89 nm	143.6 nm	462.15 nm	65.19 nm	2×10^{-7}	5 000 nm×5 000 nm

注:裂隙长度、宽度单位与表中生成域尺寸单位一致。

1. 裂隙网络重构的实现

借助蒙特卡罗模拟思想,利用 Matlab 软件编程进行模拟。由平均裂隙长度确定生成域面积,假设裂隙都是直线,设置裂隙的中心点坐标为裂隙长度、走向角度(定义为自 x 轴逆时针旋转到裂隙的角度),编写计算机程序,构建二维平面随机裂隙网络模型。部分模拟结果如图 4.12 所示。

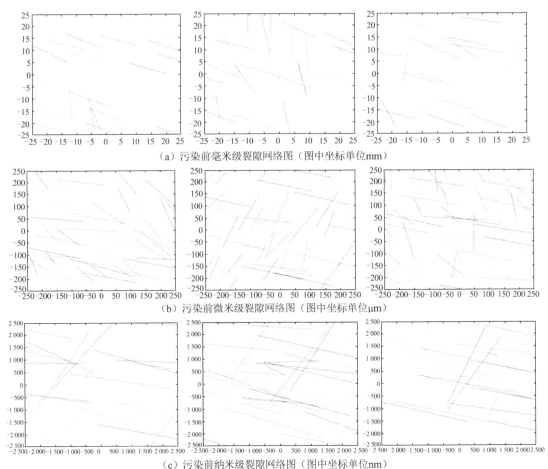

（a）污染前毫米级裂隙网络图（图中坐标单位mm）

（b）污染前微米级裂隙网络图（图中坐标单位μm）

（c）污染前纳米级裂隙网络图（图中坐标单位nm）

图 4.12　污染前不同尺度裂隙网络图

2. 构建渗流模型

假设裂隙中流体为单向流动,煤岩内的裂隙宽度不发生变化,并忽略裂隙渗流场与应力场的耦合作用,用 Matlab 软件编写计算机语言,构建矩阵,裂隙不相交赋值为 0,到模型边界结束。矩阵行数为 4,列数为裂隙个数。用此方法将对流体流动没有贡献的孤立裂隙剔除,构建渗流模型。

假设裂隙网络模型四周边界均为流体边界,建立计算矩阵方程式,分析裂隙网络中流体的渗流。

$$\begin{cases} A_1 TA_1^\mathrm{T} H_1 + A_1 TA_2^\mathrm{T} H_2 + A_1 TA_3^\mathrm{T} H_3 + Q_1 = 0 \\ A_2 TA_1^\mathrm{T} H_1 + A_2 TA_2^\mathrm{T} H_2 + A_2 TA_3^\mathrm{T} H_3 + Q_2 = 0 \\ A_3 TA_1^\mathrm{T} H_1 + A_3 TA_2^\mathrm{T} H_2 + A_3 TA_3^\mathrm{T} H_3 + Q_3 = 0 \end{cases} \tag{4.1}$$

式中,A_1,A_2,A_3 为衔接矩阵;T 为对角矩阵;H_1 为内节点流体矢量,m;H_2 为模型上下边界交点流体矢量,m;H_3 为模型左右边界交点流体矢量,m;Q_1 为内节点流体汇项,m^3;Q_2 为模型上下边界交点流量(流入为正,流出为负),m^3;Q_3 为模型左右边界交点流量(流入为正,流出为负),m^3。

由上式可得:

$$\{H\} = -[D]^{-1}\{Q\} \tag{4.2}$$

式中，$[\boldsymbol{D}]=(\boldsymbol{A}_1\boldsymbol{T}\boldsymbol{A}_1^{\mathrm{T}})$，$[\boldsymbol{D}]^{-1}$ 为 $[\boldsymbol{D}]$ 的逆矩阵；$\{\boldsymbol{Q}\}=\{\boldsymbol{Q}_1+\boldsymbol{A}_1\boldsymbol{A}_3^{\mathrm{T}}\boldsymbol{H}_3\}$。

求出 $\boldsymbol{H}_1$ 后，代入式(4.2)可求出：

$$\begin{cases} \boldsymbol{Q}_2 = -\boldsymbol{A}_2\boldsymbol{T}\boldsymbol{A}_1^{\mathrm{T}}\boldsymbol{H}_1 - \boldsymbol{A}_2\boldsymbol{T}\boldsymbol{A}_2^{\mathrm{T}}\boldsymbol{H}_2 - \boldsymbol{A}_2\boldsymbol{T}\boldsymbol{A}_3^{\mathrm{T}}\boldsymbol{H}_3 \\ \boldsymbol{Q}_3 = -\boldsymbol{A}_3\boldsymbol{T}\boldsymbol{A}_1^{\mathrm{T}}\boldsymbol{H}_1 - \boldsymbol{A}_3\boldsymbol{T}\boldsymbol{A}_2^{\mathrm{T}}\boldsymbol{H}_2 - \boldsymbol{A}_3\boldsymbol{T}\boldsymbol{A}_3^{\mathrm{T}}\boldsymbol{H}_3 \end{cases} \tag{4.3}$$

以微米级裂隙模拟为例，分析域尺寸为 $500\ \mu\mathrm{m}\times500\ \mu\mathrm{m}$ 的正方形，根据达西定律可得渗透系数为：

$$k = \frac{V}{\nabla H/L} = \frac{Q/L}{\nabla H/L} = \frac{Q}{\nabla H} \tag{4.4}$$

式中，Q 为流量；V 为渗流速度；∇H 为水头损失；L 为渗流长度。

根据渗透系数与渗透率的关系可得：

$$K = \frac{k\eta}{\rho g} \tag{4.5}$$

式中，K 为渗透率，m^2；k 为渗透系数，$\mathrm{m/s}$；η 为流体的动力黏度，$\mathrm{Pa\cdot s}$；ρ 为流体的密度，$\mathrm{kg/m^3}$；g 为重力加速度，$9.8\ \mathrm{m/s^2}$。

根据不同裂隙尺度渗透率，综合渗透率可表示为：

$$K = K_1 + K_2 + K_3 \tag{4.6}$$

式中，K 为综合渗透率，m^2；K_1，K_2，K_3 分别代表毫米级、微米级、纳米级裂隙渗透率，m^2。

设某尺度裂隙对煤体综合渗透率的贡献率为 α，可表示为：

$$\alpha = \frac{K_n}{K_1 + K_2 + K_3} \times 100\% \tag{4.7}$$

式中，K_n 代表某尺度的渗透率大小，$n=1,2,3$。

结合模拟结果，根据式(4.6)和式(4.7)可得不同尺度裂隙对煤体总的渗透率的贡献率。

利用上述方法，在 Matlab 中模拟并计算得到污染前后煤样毫米级、微米级、纳米级裂隙渗流模型图及渗透率。不同尺度裂隙污染前部分渗流模型如图 4.13 所示。

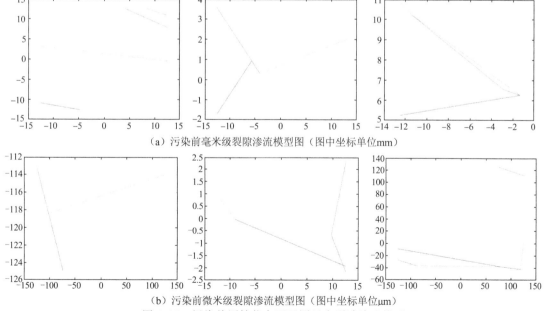

（a）污染前毫米级裂隙渗流模型图（图中坐标单位 mm）

（b）污染前微米级裂隙渗流模型图（图中坐标单位 μm）

图 4.13　污染前原始状态下不同尺度裂隙渗流模型

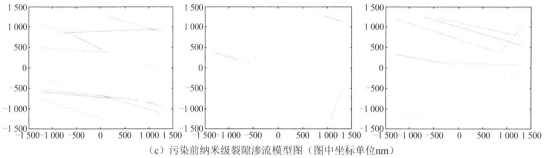

（c）污染前纳米级裂隙渗流模型图（图中坐标单位nm）

图 4.13（续） 污染前原始状态下不同尺度裂隙渗流模型

（二）不同尺度裂隙污染程度定量评价

应用蒙特卡洛思想构建随机裂隙网络,同一组数据重复模拟所得到的裂隙网络图、渗流通道模型及渗流系数可能不一样。研究中随机生成的图并没有渗流通道的情况,这更符合地层中裂隙的实际分布状态。在对不同尺度裂隙污染进行定量评价时,当某确定区域的煤体在并没有受到外界干扰的情况下,其内部结构是不会发生改变的,即内部区域裂隙数目、长度、宽度等是一定的,为简化钻井液固相物质侵入孔裂隙模拟的过程,可将其视为钻井液固相侵入改变了煤中裂隙的长度、宽度、数目。经 Image-Pro Plus 软件处理的污染后图像中裂隙长度、宽度、数目统计数据见表 4.5。

为消除模拟生成的渗透系数 k 和计算渗透率 K 结果的随机性,使计算结果更加可靠,通过表 4.4 和表 4.5 中污染前后不同尺度裂隙的长度、宽度和数目变化,用 Matlab 模拟生成 30 次污染前后不同尺度裂隙渗透系数,如图 4.14 所示。可以看出,在不同尺度裂隙渗透率中,毫米级裂隙渗透率平均污染率达 95.91％,其中污染率小于 50％的占 0％,在 50％～80％之间的占 3.33％,大于 90％的占 96.67％;微米级裂隙渗透率污染率达 86.11％,其中污染率小于 50％的占 3.33％,在 50％～80％之间的占 10％,大于 90％的占 86.67％;纳米级裂隙渗透率在剔除个别误差点后平均污染率达 54.95％,其中污染率小于 50％的占 42.31％,在 50％～80％之间的占 57.69％,大于 80％的占 0％。

表 4.5 污染后不同尺度裂隙几何参数

不同尺度裂隙	走向/(°)		裂隙长度		裂隙宽度		密度/(条·mm⁻²)	生成域尺寸
	均值	标准差	均值	标准差	均值	标准差		
毫米级裂隙	90.1～142.5	14.2	2.68 mm	0.36 mm	0.006 1 mm	0.003 mm	$2.6×10^{-4}$	50 mm×50 mm
微米级裂隙	60.1～158.4	10.3	143.25 μm	14.5 μm	1.57 μm	0.002 μm	$1.1×10^{-4}$	500 μm×500 μm
纳米级裂隙	42.3～133.3	2.8	2 840.59 nm	129.3 nm	304.47 nm	21.34 nm	$4.0×10^{-7}$	5 000 nm×5 000 nm

注:裂隙长度、宽度单位与表中生成域尺寸单位一致。

为尽量减少误差,在 Excel 中调用"＝INDIRECT（"a"＆RANDBETWEEN（m,n））"函数(其中,a 代表列数,m 代表初始行数,n 代表终止行数),分别对每个尺度裂隙 30 个渗透率数据进行随机抽取并相加取平均,得到污染前后不同尺度裂隙对总渗透率的贡献率。重复 5 次,统计结果见表 4.6。可以看出,污染前毫米级裂隙对渗透率的贡献率最大,可达 82.87％～

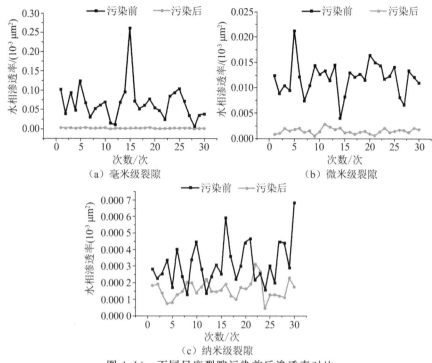

图 4.14 不同尺度裂隙污染前后渗透率对比

85.36%,微米级裂隙对渗透率贡献率在 14.27%～16.71% 之间,纳米级最小,仅占 0.35%～0.44%。污染后,整体渗透率大幅度降低,主要表现在毫米级裂隙上,所以污染后毫米级裂隙对整体渗透率的贡献率降到 48.56%～52.67%,微米级裂隙降低程度小于毫米级,在整体渗透率中所占比重增加,达 42.38%～46.17%,与毫米级裂隙贡献率差距不大;纳米级裂隙降低程度远远小于毫米级和微米级,并在整体渗透率降低的情况下反而增加了其对渗透率的贡献率,在 4.62%～5.27% 之间。

表 4.6 污染前后不同尺度裂隙渗透率贡献率对比

污染前后对比	不同尺度渗透率贡献率 α	模拟次数				
		1	2	3	4	5
污染前	毫米级贡献率	83.44%	83.12%	82.87%	85.22%	85.36%
	微米级贡献率	16.18%	16.44%	16.71%	14.43%	14.27%
	纳米级贡献率	0.38%	0.44%	0.42%	0.35%	0.37%
污染后	毫米级贡献率	52.14%	51.72%	49.75%	48.56%	52.67%
	微米级贡献率	43.00%	43.66%	45.34%	46.17%	42.38%
	纳米级贡献率	4.86%	4.62%	4.91%	5.27%	4.95%

(三)实测渗透率与计算渗透率对比分析

实验研究中主要利用长平矿采集的煤样,测试其原始的和钻井液加压污染24 h后的渗透率,并与不同尺度裂隙观测结果和模拟计算渗透率进行对比,证明模拟的可行性。实验流程如图4.15所示。

图4.15 渗透率实验流程

1. 实验仪器

实验室采用渗透率测试装置进行煤柱渗透率测试实验,如图4.16所示。实验器材中夹持器仅允许直径为50 mm的煤柱进行测试,由内径为3 mm的硬制钢管作为连接管路,可保证高压状态下水流的传输;管路上连接的压力表、流量计、减压阀等装置都通过连接传感器实时将实验所需数据记录并保存,以便后期对数据的整理和分析。另外,利用外接平流泵为煤柱渗透率测试提供稳定的水源。

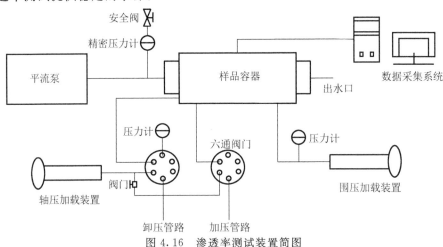

图4.16 渗透率测试装置简图

2. 实验方法

1) 样品制备

选取长平矿具有代表性的煤样,制作成 $\Phi50$ mm×100 mm的煤柱样共5个,编号C1,C2,C3,C4和C5,用于测试渗透率变化,如图4.17所示。

2) 渗透率测试原理

实验采用稳态法测试煤柱渗透率,其原理是:忽略毛管压力和重力作用,根据达西渗流理论,通过恒流泵将水注入煤样,注入水流设置为恒定流量,当测试装置

图4.17 实验测试煤柱

压力、流量传感器显示值稳定时达到稳态,此时岩样中的含水饱和度不再发生变化,水在岩样中分布均匀,再按达西定律直接计算渗透率。

3) 污染前后渗透率测试步骤

(1) 装样。由于煤柱长度为100 mm左右,比夹持器内腔200 mm的长度短,容易造成煤柱柱面与夹持器内橡胶套接触不良,导致在水相驱替过程中形成滑脱效应,故在煤样内侧用尺寸为 $\Phi50$ mm×50 mm的内有螺纹且不外漏的钢块夹持,钢块中间部位有内径为3 mm的通道可供水通过。

（2）密闭性检查。按照上述原理装样并安装连接好实验装置后，要进行容器密闭性检查。实验中用氦气进行气密性检测，首先打开除氦气安全阀外的其余所有阀门，用真空泵将装置内抽真空至−0.1 MPa，维持此状态 15～20 min。然后打开氦气阀门，开始通过氦气瓶向实验装置内注入氦气，待装置内压力表趋于稳定时将管路内各阀门关闭，进行憋压，在管路连接处用滴肥皂水的方法检查，憋压 50～60 min。若憋压过程中各压力表、流量计基本不发生变化且管路连接处无气泡产生，则可认定装置气密性良好，可以进行下一步实验，反之则需进行调换和维修。

（3）渗透率测试。通过加压装置对夹持器内煤柱加轴压和围压，应设置轴压小于围压，否则会造成夹持器内塑料橡胶套渗水，导致测试结果不准确。在常温状态下用平流泵以一定流速使地层水通过煤柱，待观测压力曲线稳定后，每隔 1 h 读取压力表上压力值，连续读取 3 次，计算渗透率。若 3 次计算结果相对误差不大于 3%，说明测算结果可用，结束实验。测试渗透率实验的技术参数为：轴压 3 MPa，围压 4 MPa，出口段压力 0.1 MPa，水的黏度 1.140 4 mPa·s，测试煤样的面积根据煤柱半径计算。

（4）煤柱污染实验。参考前文中反应釜加压污染煤块的实验方法，室温中在相同压力（3 MPa）下对煤柱用钻井液污染 24 h，再对经过污染后的煤柱进行渗透率测试。

4）实验结果与分析

A. 实验结果

根据实验数据，结合下式可计算渗透率伤害率。

$$K_{\Delta p} = \frac{K_0 - K_n}{K_0} \times 100\% \tag{4.8}$$

式中，$K_{\Delta p}$ 为煤柱受钻井液污染后渗透率伤害率，$10^{-3}\ \mu m^2$；K_0 为煤柱初始渗透率，不同煤柱其值不同，$10^{-3}\ \mu m^2$；K_n 为煤柱污染后渗透率，$10^{-3}\ \mu m^2$。

根据渗透率测试结果，长平矿 5 个煤柱污染前后渗透率及伤害率测试结果如图 4.18 所示。

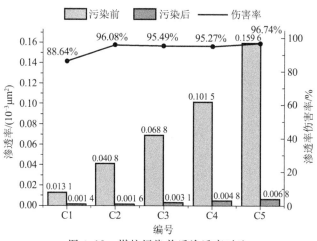

图 4.18　煤柱污染前后渗透率对比

可以看出，煤柱在加压（3 MPa）污染 24 h 后，5 个煤柱的渗透率均大幅度减小，除 C1 煤柱外其余 4 个煤柱的渗透率伤害率均在 95% 以上，平均伤害率为 94.44%。由渗透率伤害级别划分可知为严重污染伤害级别。

B. 对比分析

根据模拟计算得到的 5 组不同尺度裂隙污染前后渗透率数据得到渗透率伤害率,与实测伤害率进行对比,结果见表 4.7。

可以看出,渗透率伤害率在 84.86%～98.94%之间,均属于严重污染级别,与实测渗透率污染级别相同。计算渗透率伤害率与实测结果的误差率在－9.58%～4.50%范围内。这表明利用蒙特卡洛＋Matlab 模拟计算出的渗透系数计算初始渗透率,并通过改变裂隙长度、宽度和数目的方法计算污染后渗透率,进而计算渗透率伤害率的方法是可行的。

表 4.7　污染前后渗透率伤害率计算结果统计

污染前后对比	渗透率				
	C1	C2	C3	C4	C5
污染前渗透率/(10^{-3} μm^2)	7.93×10^{-2}	5.41×10^{-2}	6.82×10^{-2}	8.45×10^{-2}	9.01×10^{-2}
污染后渗透率/(10^{-3} μm^2)	0.84×10^{-3}	8.19×10^{-3}	1.26×10^{-3}	1.06×10^{-2}	9.25×10^{-3}
伤害率/%	98.94	84.86	98.15	87.46	89.73
误差率/%	4.50	－9.58	3.71	－6.98	－4.71

图 4.18 中选取的 5 个煤柱的渗透率从 $0.013\ 1 \times 10^{-3}$ μm^2 到 $0.159\ 6 \times 10^{-3}$ μm^2,跨度较大,反映出不同煤柱的渗流通道、裂隙程度差异较大。可以认为低渗透率煤柱的大尺度裂隙密度低于高渗透率煤柱,多为微米级和纳米级裂隙。C1 受污染伤害率为 88.64%,随污染前初始渗透率的增加,大尺度裂隙密度增加,到 C5 受污染后伤害率达到 96.74%。因此,污染前初始渗透率越高的煤柱,受污染程度也越高。这与扫描电镜下观察不同尺度裂隙污染程度对比和分析得到的裂隙尺度越大、受污染程度越高的结论一致。

四、污染前后渗透率变化数学模型的构建

煤是一种多孔介质。研究表明,在特定的尺度下多孔介质的孔隙、迂曲度等表现出一定的自相似性,可用分形维数计算煤的孔裂隙与渗透率的关系[184-186]。

将 IPP 软件得出的污染前、后的不同尺度(纳米级、微米级、毫米级)裂隙的长度、宽度、面积、周长等参数导入 Excel 中。

根据分形理论可知,对于某一尺度而言,裂隙周长与面积关系可表示为:

$$C = aS^{\frac{D}{2}} \tag{4.9}$$

式中,C 为某一尺度(毫米级、微米级或纳米级)裂隙的周长,μm;S 为某一尺度(毫米级、微米级或纳米级)裂隙的面积,μm^2;D 为分形维数;a 为常数,可由 C-S 数据拟合获得。

假设流体流动符合达西定律,单条裂隙的流量可用 Poiseuilli 公式表示为:

$$Q = \frac{2\pi S^4 \Delta p}{\mu C^4 l} \times 10^9 \tag{4.10}$$

式中,Q 为单条裂隙的流量,$\mu m^3/s$;Δp 为压差,MPa;μ 为水的黏度,mPa·s;l 为裂隙的长度,μm。

根据渗流模型可知渗透系数计算公式为:

$$k = \frac{2\pi\rho g a^4 \sum\limits_{i=1}^{n} S_i^{4-2D}}{\mu S_k} \tag{4.11}$$

式中，k 为渗透系数，μm/s；ρ 为流体的密度，cm^3/g；g 为重力加速度，m/s^2；S_i 为第 i 个裂隙的面积，μm^2；n 为扫描区域内某一尺度裂隙的总数目；S_k 为扫描处理图像的总面积，μm^2。

渗透系数与渗透率之间关系为：

$$k = \frac{\rho g}{\mu} K \tag{4.12}$$

联立式(4.11)和式(4.12)，可得渗透率为：

$$K = \frac{2\pi a^4 \sum\limits_{i=1}^{n} S_i^{4-2D}}{S_k} \tag{4.13}$$

式中，K 为渗透率，10^{-3} μm^2。

若不考虑钻井液污染后形成的裂隙尺度变窄效应，污染伤害率可表示为：

$$\eta = \frac{K_1 - K_2}{K_1} \times 100\% \tag{4.14}$$

式中，η 煤样污染伤害率，%；K_1 和 K_2 分别为污染前、后同一尺寸级别（毫米级、微米级或纳米级）孔裂隙的渗透率，10^{-3} μm^2。

煤样被污染后，通过显微观测、IPP 处理分析，对比污染前后数据不难发现，有些样品在污染前后其微米级和纳米级裂隙的渗透率有所增大，数量有所增多，因此考虑实验时间内毫米级的孔裂隙可能没有完全被堵塞而变成了小一些的微孔裂隙。污染伤害率可表示为：

$$\alpha = \frac{(\eta'_k - \eta_k) \times K_w}{K_m} \times 100\% \tag{4.15}$$

式中，α 为毫米级—微米级裂隙（或微米—纳米）的转化率，%；η'_k 为不考虑大尺度转化的某一尺度裂隙的平均污染伤害率；η_k 为考虑大尺度转化的微米级（纳米级）的平均污染伤害率，%；K_w 为微米级（纳米级）污染前的平均渗透率，10^{-3} μm^2；K_m 为毫米级（微米级）污染前的平均渗透率，10^{-3} μm^2。

裂隙的尺度不同对渗透率的贡献率不同，其贡献率公式可表示为：

$$\beta = \frac{K_i}{K_{总}} \times 100\% \tag{4.16}$$

式中，β 为同编号煤样各尺度裂隙渗透率的贡献率，%；K_i 为该煤样（毫米级、微米级或纳米级）的渗透率，10^{-3} μm^2；$K_{总}$ 为该煤样的总渗透率，10^{-3} μm^2。

第二节　钻井施工参数对煤层渗透率的影响

钻井是煤层气地面开发的必要环节。钻井参数主要包含钻压、转速、施工排量等。为保证煤层井钻井成功率，需选取合理的钻井参数。当钻井参数不合理时，容易对地地层造成不同程度的损害，给煤储层造成一定的影响，也会增加钻井成本。本节主要分析钻压、转速、施工排量及井径扩大对煤层渗透率的影响。

一、钻压对煤层渗透率的影响

钻压是指直接作用在钻头上的压力,代表整个钻头所受的载荷。钻压必须保证切削具能够切入岩石,且产生岩石体积破碎。煤是一种抗压和抗拉强度较低的材料介质,与常规岩层相比,煤岩的弹性模量小,泊松比较大。而煤中天然裂缝较发育,大大降低了煤的强度,导致煤岩更容易被压缩和破碎。因此,煤储层的渗透性易由于钻压的作用而遭到破坏,研究表明煤的渗透率随钻压的增加而降低。当对煤样经过多次加载—卸载过程时,煤样受加载时,钻压升高,渗透率降低;反之,对煤样卸载时,钻压降低,渗透率仅仅能在一定程度上得到恢复,导致煤层渗透性降低。钻井过程中的钻压波动变化可能引起煤层产生这种变化,煤层渗透性大大减小[50]。

地层深处的岩石,主要受上覆地层压力、水平方向地应力及地层孔隙压力的作用。在地层被钻进之前,地下岩层处于应力平衡状态;当钻开井眼后,井内钻井液柱压力取代了所钻岩层对井壁的支撑,破坏了地层原有应力平衡,引起地层周围应力重新分布。如井壁周围岩石所受应力超过岩石本身的强度,岩石产生剪切破坏,脆性地层产生坍塌。地层被钻开后,钻井液滤液进入地层,引起地层孔隙压力增高,岩石强度降低,加剧了井壁的不稳定性。因此,在钻井过程中,钻井压力波动会引起煤储层渗透率的巨大变化。

二、转速对煤层渗透率的影响

钻头的转速指钻头每分钟作圆周运动的次数。在钻进中常用钻头圆周线速度来衡量。转速与线速度的关系为:

$$v = \frac{\pi D n}{6\,000} \tag{4.17}$$

式中,v 为钻头的圆周线速度,m/s;D 为钻头直径,mm;n 为钻头转速,r/min。

钻井过程中,选取合理转速需考虑所钻岩层的硬度、结构、研磨性及钻头强度等因素的作用。在煤层钻进过程中,随着钻速的增加,钻具头摆动幅度逐渐增加,当钻速达到一定值时,摆动幅度趋于稳定[51]。随着摆动幅度的增加,加大了钻具对煤层的破坏范围,加剧了煤层段的井径扩大,从而影响煤层的渗透率。当钻速超过极限钻速时,钻进效率将会下降,其主要原因是转速过快不利于裂缝的充分延伸和扩展。

三、施工排量对煤层渗透率的影响

钻井工程中,将注入井内的冲洗液的体积称为冲洗液量。冲洗液未泄漏时,冲洗液量为水泵的泵量。冲洗液的功能是及时的排出岩粉,减少重复破碎,冷却切削具,防止产生热磨损,润滑钻具和保护孔壁。其中,排粉所需泵量最大,是选择泵量的主要依据。一般来说,冲洗液量大,携带岩粉能力强,冷却效果好。但冲洗液量太大,将产生孔底脉动举离力来抵消部分轴向回转压力,对孔壁和岩芯的冲刷作用增强,使得孔壁岩层破坏并且导致孔壁失稳。此外,泥页岩地层也会由于冲洗液的水化作用,发生坍塌、剥落和膨胀等,导致渗透率发生不同程度的变化。

四、井径扩大对煤层渗透率的影响

井径扩大率和钻井液侵入深度是影响煤层气井稳定性的重要工程因素。在钻井过程中,当井径在煤层段扩井严重时,套管与井筒之间裂隙较大,给煤层气固井造成一定的困难,影响固井质量,若井径变化率较大,甚至造成煤层气井报废。同时,扩径严重导致钻井液渗入煤层,对煤储层造成一定的污染和伤害,导致煤储层渗透率大大降低,影响压裂施工及产气效果。

第三节　实例分析

钻井工程是煤层气开发重要环节之一,在钻井过程中容易出现钻井污染、井径扩大等现象,一定程度上影响煤层气井产能。本节以柿庄南区块煤层气生产井为例,分析钻井污染及井径扩大对煤层气井产能影响。

一、钻井污染对煤层气井产能的影响

钻井过程中,钻井液进入煤层、固井过程中泥浆进入煤层等均会对煤储层造成伤害,影响煤层气井产能。如当煤层破碎时,煤层段容易井径扩大,钻井液流入井径扩大区,逐渐渗滤到相对较远区域,煤储层的导流能力降低,容易污染煤层段,造成煤层气井低产。统计分析研究区部分地质资源条件相似、受钻井液污染的井,对污染前后渗透率进行计算和对比,进而分析污染后渗透率与平均产气量关系。同时,分析钻井液浸泡时间与煤层气井平均产气量的关系。钻井液浸泡时间主要指从钻井过程中揭开煤层至固井之间的时间。据此,分别绘制污染后渗透率、钻井液浸泡时间与平均产气量的散点图,如图 4.19 和图 4.20 所示。可以看出,钻井液污染伤害煤储层后,其渗透率一般降低为原来的 $25\%\sim60\%$,将进一步影响压裂效果及产气效果。当钻井液污染后渗透率低于 $0.03\times10^{-3}\ \mu m^2$ 时,产气量基本维持在 $500\ m^3/d$,钻井污染成为煤层气井低产的主要工程因素。因此,钻井污染严重的井可通过井径扩大率和钻井污染后渗透率这两个参数进行筛选。同时,由图 4.20 可知,钻井液浸泡时间越长,对储层污染伤害越严重,煤层气井产气量越低。

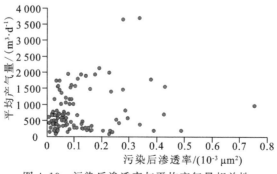

图 4.19　污染后渗透率与平均产气量相关性

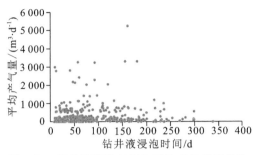

图 4.20　钻井液浸泡时间与平均产气量相关性

以 SZ-299 和 SZ-294 两口井为例(图 4.21 和图 4.22),两口井属于同一井组,采用垂直井压裂,开发 3$^\#$ 煤层,煤储层含气量分别为 13.27 m³/t 和 14.02 m³/t,储层压力分别为 3.56 MPa 和 3.15 MPa,含气饱和度分别为 68.08% 和 76.78%,原始渗透率分别为0.54×10^{-3} $\mu m²$ 和 0.35×10^{-3} $\mu m²$。对两口井的污染后渗透率和井径扩大率进行计算,见表 4.8。

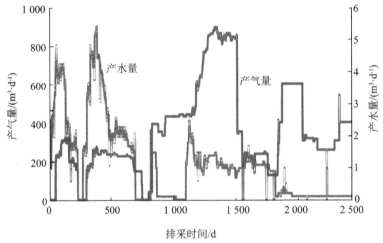

图 4.21　SZ-299 排采曲线图

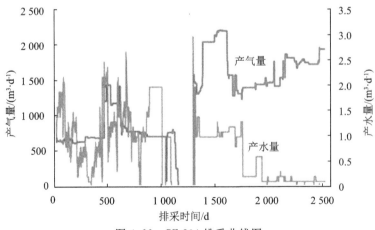

图 4.22　SZ-294 排采曲线图

表 4.8　储层伤害对产能影响分析表

井　　号	含气量 /(m³·t⁻¹)	储层压力 /MPa	解吸压力 /MPa	含气饱和度/%	目前产气量 /(m³·d⁻¹)	最高产气量 /(m³·d⁻¹)	总产气量 /(10⁴ m³)	原始渗透率 /(10⁻³ μm²)	损害比	污染后渗透率 /(10⁻³ μm²)	井径扩大率 /%
SZ-299	13.27	3.56	1.61	68.08	612	910	70.4	0.54	4.15	0.13	11.45
SZ-294	14.02	3.15	1.9	76.78	1728	2240	222.0	0.35	1.14	0.31	3.15

由表 4.8 可知,选取的两口井具有相似的地质特征,且 SZ-299 井较 SZ-294 井的初始渗透性要好,但由于 SZ-299 井的钻井液污染对储层的伤害较大(SZ-299 井的损害比为 4.15,SZ-294 井的损害比为 1.14),导致两口井的产气量差距较大。其中,SZ-294 井的总产气量高达 222.0×10⁴ m³,而 SZ-299 井的总产气量仅为 70.4×10⁴ m³,前者是后者的 3 倍多。

二、井径扩大对煤层气井产能的影响

为分析和探讨井径扩大对煤层气产能的影响,主要选取研究区井型、排采时间等其他条件相同的井。研究区统计数据表明,井径扩大率对煤层气井产能有一定的影响(图 4.23)。对统计井的井径扩大率进行了划分,研究结果表明,煤层井径扩大率大于 30%,煤层气井的平均产气量一般低于 500 m³/d,同时部分井径扩大率小于 30% 的平均产气量约为井径扩大率大于 30% 的井的 2～8 倍。因此,把井径扩大率为 30% 作为其临界值,也表明煤层气井径扩大率过大,对煤层气的排采有重要影响。

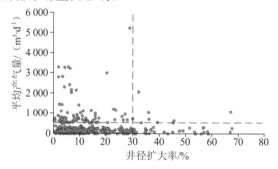

图 4.23　井径扩大率与平均产气量的关系

煤层段井径扩大率过大易造成环控水泥环较厚,导致射孔质量低,有效孔眼少,或形成的孔眼孔径较小、毛刺多,产生较大的孔眼摩阻,严重影响射孔质量,给储层压裂改造带来一定的困难,严重影响压裂施工效果,进而影响煤层气井产能。

第五章　煤层气低效井压裂工程主控判识方法与应用

煤储层改造工艺参数与煤储层属性的匹配程度很大程度上决定了改造效果的好坏,进而影响煤层气井的产能。煤储层类型不同,压裂改造时裂缝延伸规律、压裂工艺参数等都有所不同。本章以常见的活性水压裂液为研究对象,系统分析水力压裂效果的影响因素,基于煤体结构、煤/岩界面性质、应力差等划分煤储层类型。根据弹性力学、岩体力学等理论,构建了水力裂缝端部地应力状态的数学模型,结合水力裂缝与天然裂隙的相交准则,得出不同储层类型下水力裂缝的延伸规律。应用 RFPA2D-Integrated 软件模拟得出不同压裂施工参数对裂缝几何形态的影响。基于试井原理和水力压裂曲线,建立压裂后渗透率预测模型,得出煤层气低效井压裂工艺主控类型。以沁水盆地柿庄南区块活性水压裂井为例,分析不同储层类型下压裂效果,以为该区及相似地质煤储层条件下压裂工艺参数优化提供借鉴。

第一节　水力压裂效果的影响因素及储层类型划分

我国成煤环境的多样性、构造运动作用的多期性和复杂性引起煤储层岩石力学性质、孔裂隙结构、顶/底板岩性和岩石力学性质等的差异,导致同样的压裂参数施工时可能有不同的响应,最终导致压裂效果的不同。为更好地指导不同储层条件下的压裂设计,需要对煤储层类型进行划分[53-55]。本节首先系统分析水力压裂效果的主要影响因素,然后根据煤体结构、煤/岩界面性质、应力差等来划分储层类型[74]。

一、水力压裂效果的影响因素分析

水力压裂时裂缝的扩展受多重因素的影响,主要包括煤层属性特征、围岩与煤层的组合特征、地应力特征等,下面主要从这三个方面分析其对水力压裂效果的影响。

(一)煤储层属性特征

1. 煤岩破碎程度对水力压裂的影响

1)煤岩破碎程度的划分

煤岩破碎程度不仅影响钻井的施工,而且一定程度上影响着储层的可改造性。合理准确识别煤岩破碎程度对煤储层改造至关重要。常用煤体结构表征煤岩破坏程度。国家标准《煤体结构分类》(GB/T 30050—2013)将煤体结构划分为原生结构煤、碎裂煤、碎粒煤和糜棱煤4类。为便于研究和分析,把原生结构煤和碎裂煤统称为硬煤,碎粒煤和糜棱煤统称为软煤。典型煤体结构如图 5.1 所示。

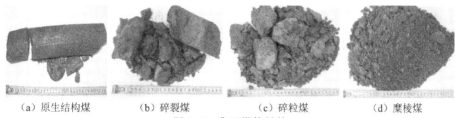

（a）原生结构煤　　（b）碎裂煤　　（c）碎粒煤　　（d）糜棱煤

图 5.1　典型煤体结构

水力压裂过程中,裂缝总是沿着能量释放量最小的方向破裂延伸。大量的工程实践表明:在煤层段以碎粒煤为主的煤层中进行水力压裂时,裂缝更容易在破碎程度高的煤中延伸。煤层段以糜棱煤为主进行水力压裂时,由于其几乎没有力学强度,压裂液在煤层中与其相互混合,呈"糊糊"状,会严重阻碍压裂液的流动,同时增大压裂施工的摩阻。另外,压裂液携带的支撑剂掺杂在粉状煤层中,不能形成有效的支撑裂缝,压裂效果很差。软煤中水力压裂过程支撑剂和煤岩体分布如图 5.2 所示。

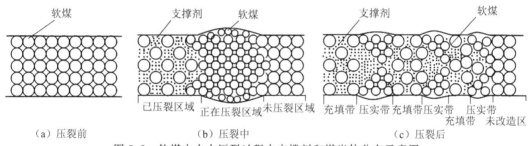

（a）压裂前　　　　　　（b）压裂中　　　　　　（c）压裂后

图 5.2　软煤中水力压裂过程中支撑剂和煤岩体分布示意图

硬煤储层具有一定的力学强度,压裂可改造性较高,当天然裂隙较发育时,会对压裂裂缝产生一定影响。研究中主要从水力压裂时天然裂隙的延伸方位和压裂液的滤失两个方面分析其对压裂裂缝的影响。当水力裂缝和天然裂缝相交时,由于天然裂缝的性质、天然裂缝面的充填、相交角度、地层应力状态的不同,天然裂缝可能会发生张开、剪切等破坏,水力裂缝可能直接穿过天然裂缝也可能沿着天然裂缝延伸并转向,如图 5.3 所示。此外,天然裂缝对压裂液滤失也存在较大的影响。当天然裂隙发育时,造成部分压裂液滤失,降低压裂液的时效性。

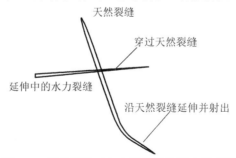

图 5.3　天然裂隙对水力裂缝延伸影响示意图

2. 煤岩力学参数对水力压裂的影响

煤岩力学参数主要是弹性模量、泊松比和断裂韧性等对水力裂缝几何形态有影响。弹性模量是评价材料抵抗弹性变形能力的指标。相同应力条件下,材料弹性模量和应变成反比。根据兰姆方程理论,岩石中形成水力裂缝的宽度与弹性模量成反比。其他条件相同时,弹性模量越低,压开的裂缝宽度越宽,这是煤层压裂裂缝较宽的主要原因。由于压裂裂缝宽度的增加,压裂液量相同时,裂缝长度将会降低。煤岩泊松比主要对裂缝宽度产生影响。其他条件相同时,煤岩泊松比越小,水力裂缝宽度就越小,一定程度上也能增大裂缝长度和裂缝高度。由于煤岩的泊松比变化范围不大,因此泊松比对裂缝尺寸影响不明显。

断裂韧性是表征煤岩阻止裂缝扩展能力的参数,能够度量煤岩材料韧性好坏。相同施工参数下,煤层断裂韧性越大,水力裂缝的长度越短。

(二)围岩与煤层的组合特征

1. 围岩及界面性质对压裂的影响

围岩和界面特征主要控制着水力裂缝的垂向延伸,间接影响水力裂缝的水平延伸长度。对压裂的影响主要表现为水力裂缝能否延伸至围岩以及延伸距离。研究表明:水力裂缝能否进入围岩主要受煤层和围岩弹性模量差值大小的影响,当两者弹性模量差相差不大时水力裂缝便能穿透围岩,反之则不能。根据我国不同区域煤岩及顶板弹性模量的统计发现,一般情况下围岩弹性模量均远大于煤岩,见表5.1。一些学者对煤层气井压裂施工后的裂缝进行井下观测发现:水力压裂的施工参数不合理时,有较多的压裂液进入到围岩中,同时水力裂缝在煤层及围岩中延伸具有较大随机性。

表 5.1　我国不同区域煤岩及顶板弹性模量

地区	采样点	煤层	煤岩弹性模量/(10^4 MPa)	顶板岩性	顶板弹性模量/(10^4 MPa)
淮南	西沟一井	42#	0.51	泥岩	1.11
鄂东	斜沟矿	8#＋9#	0.41	砂岩	1.52
沁南	寺河矿	3#	0.44	砂质泥岩	4.28
河南	鹤壁六矿	二₁	0.36	粉砂岩	2.51

根据一系列压裂物理模拟试验,当在模拟围岩中预制天然裂缝时,试件在压裂时压裂液能进入围岩并延伸,如图5.4所示。在模拟围岩中未设置天然裂缝时,裂缝往往被限制在煤层中,如图5.5所示。因此,煤层和围岩存在着较强的界面现象,水力裂缝能否延伸至围岩中受其中天然裂缝发育与否影响较大。当围岩中不存在天然裂缝,水力裂缝被限制在煤层中时,煤层和围岩胶结面的断裂韧性成为水力裂缝能否沿界面延伸形成水平裂缝的主要影响因素。当煤层和围岩的胶结作用较弱时,其断裂韧性越小,水力裂缝越容易在界面延伸形成水平裂缝。

图 5.4　压裂裂缝穿过模拟围岩[187]

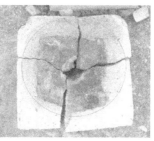

图 5.5 压裂裂缝被限制在煤层中[187]

当压裂裂缝进入围岩后,围岩的力学参数主要影响水力裂缝在围岩中的延伸长度。围岩的弹性模量和断裂韧性越大时,水力裂缝在围岩中扩展就越困难,其垂向高度也就越低。

2. 围岩及界面性质的划分

通过上文分析可知围岩及界面性质对水力压裂的影响主要表现在:围岩弹性模量和断裂韧性决定着水力裂缝能否穿透围岩以及穿透后在围岩中的延伸高度,因此根据围岩弹性模量的大小将围岩划分为强围岩和弱围岩;当围岩为坚硬岩层时,围岩中是否发育天然裂缝决定着水力裂缝能否在围岩中延伸,因此根据天然裂缝发育情况将围岩划分为裂缝围岩和普通围岩;当水力裂缝被限制在煤层中时,交界面的断裂韧性决定了水力裂缝能否在界面转向形成水平缝,因此根据界面的强度将界面划分为强交界面和弱交界面。

(三)地应力特征

1. 应力场与裂缝产状的关系

裂缝产状主要包括裂缝面走向、倾向和倾角 3 个参数。采用弹性力学方法分析和计算,得出水力裂缝产状和地应力的关系。假设岩石的抗张强度在水平方向或垂直方向存在最大值或最小值,即当垂直应力 σ_z 为最小主应力且垂直抗张强度 σ_t^V 较小时压裂时容易产生水平裂缝,当水平应力 σ_H 为最小主应力且水平抗张强度 σ_t^H 较小时压裂时容易产生垂直裂缝。若某一方向主应力最小但抗张强度较大,或主应力较大但抗张强度较小时,则需综合考虑主应力与抗张强度之和是否最小进行判断[62],如图 5.6 所示。

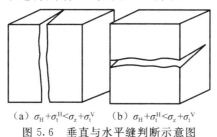

(a) $\sigma_H + \sigma_t^H < \sigma_z + \sigma_t^V$ (b) $\sigma_H + \sigma_t^H < \sigma_z + \sigma_t^V$

图 5.6 垂直与水平缝判断示意图

地应力的计算可通过上覆岩层自重引起的垂直应力 σ_z 和侧压力 σ_H 叠加上垂直构造应力 σ_V、水平最大构造应力 σ_{Hy}、水平最小构造应力 σ_{Hx} 组成。水力压裂时,垂直应力方向的破裂压力 p_{fz}、最大水平主应力方向的破裂压力 p_{fH} 及最小水平主应力方向的破裂压力 p_{fh} 分别为:

$$p_{fz} = \sigma_z + \sigma_V + \sigma_t^z \tag{5.1a}$$

$$p_{fH} = \sigma_H + \sigma_{Hy} + \sigma_t^H \tag{5.1b}$$

$$p_{fh} = \sigma_H + \sigma_{Hx} + \sigma_t^H \tag{5.1c}$$

水力压裂产生水平缝和垂直裂缝的判别依据是比较 p_{fz} 和 p_{fh} 的大小。p_{fh} 大形成水平缝,反之则形成垂直缝。研究表明:随着埋深的增加,垂直应力逐渐变为最大应力,因此认为埋深越大,越容易形成垂直缝,如图 5.7 所示。

水平裂缝转化为垂直裂缝的临界深度为[60]:

$$z_c = \frac{(1-\mu)(\sigma_t^H - \sigma_t^V)}{(1-2\mu)\gamma} \tag{5.2}$$

式中,z_c 为水力裂缝转换的临界深度,m;μ 为地层泊松比;γ 为地层重度,g/cm³。

当压裂裂缝为垂直裂缝时,水力裂缝在水平方向上的延伸方向主要受水平方向上的构造应力的影响,由于地层的非均质性,σ^H 在各个方向上的大小也呈现随机性,其值也存在一个变化范围 Δ。当水平方向上的构造应力的差值大于 Δ 时,水力裂缝主要沿着最大水平应力方向延伸,反之水力裂缝的延伸方向呈随机扩展。因此,水平应力差是影响水力裂缝在水平方向上延伸的主要因素。

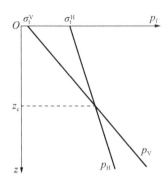

图 5.7 垂直裂缝与水平裂缝判断示意图

2. 应力场对裂缝几何参数的影响

水力裂缝在地层中的延伸是一个三维发展的过程。在同等施工条件下,无论是在垂向上还是水平方向上,水力裂缝能否停止延伸主要遵循以下判别准则:

$$K_I < K_{IC} \tag{5.3}$$

式中,K_I 为裂缝的应力强度因子,随着裂缝长度和裂缝内净压力的增大而增大;K_{IC} 为岩石的断裂韧性。

从式(5.3)可以看出,影响水力裂缝几何形态的主要因素为裂缝的应力强度因子。而应力强度因子主要受裂缝长度和缝内的净压力控制。在压裂施工参数保持不变的情况下,水力裂缝的长度和高度主要受最小水平主应力的影响。因此,煤层和顶底板的水平主应力差越大,水力裂缝的缝高越小。

3. 应力场的划分

通过前文分析可以得出,应力场对水力压裂的影响主要表现在:

(1)最小水平主应力的方向对水力裂缝倾角的影响,根据最小水平主应力的方向和地层埋深的关系,以临界转化深度为界限,将煤层分为深部储层和浅部储层。深部储层容易形成垂直缝,浅部储层容易形成水平缝。

(2)煤层和围岩最小水平小主应力差值影响水力裂缝的垂向延伸高度,因此将煤层和围岩储层划分为高隔层应力差储层和低隔层应力差储层。

(3)水平应力差值的大小影响水力裂缝的延伸方向,因此根据水平应力差的大小将储层划分为高应力差储层和低应力差储层。

二、基于压裂煤储层类型划分依据

水力裂缝的临界转化深度主要控制水力裂缝的倾角;煤岩的破碎程度决定煤储层的可

改造性;储隔层水平最小主应力差、围岩及界面特性控制水力裂缝的垂向延伸;在硬煤储层中,天然裂隙的发育程度和走向、水平应力差和方向控制水力裂缝的延伸方位;煤岩力学参数影响裂缝的几何参数;天然裂隙的发育程度影响压裂液的滤失,进而影响水力裂缝的几何参数。

在煤层气勘探开发过程中,勘探开发深度往往会超过水力裂缝的临界转化深度,即在煤层气井的水力裂缝往往为垂直缝,所以排除浅部储层,只讨论压裂裂缝为垂直缝的储层。若直接对碎软煤层进行储层改造,其可改造性较差,许多学者将目光转向对碎软煤层围岩的改造上并取得了一定的成功,因此针对碎软煤层的改造,可以围绕围岩改造开展工作。根据对一些施工井水力裂缝监测数据和井下解剖数据,由于煤层和围岩在弹性模量和断裂韧性上较大的差异,煤层气井压裂裂缝即使能穿透顶板延伸,但在垂向上的延伸高度比较有限,主要是在煤层中水平延伸。因此,研究中将弱围岩储层排除,不加讨论,仅假设水力裂缝能在围岩中短距离延伸。具体参数划分和选取情况见表 5.2。

表 5.2　压裂影响参数选取及典型储层类型划分情况

主要参数	储层类型划分		对水力压裂的影响特征	参数选择	典型储层类型组合
煤层特征	硬煤储层	一组裂缝发育	水力裂缝沿天然裂隙延伸	√	一组天然裂隙发育、高应力差、高交叉角;一组天然裂隙发育、高应力差、低交叉角;一组天然裂隙发育、低应力差、高交叉角;一组天然裂隙发育、低应力差、低交叉角;两组天然裂隙发育、高应力差;两组天然裂隙发育、低应力差
		两组裂缝发育	水力裂缝沿天然裂隙延伸	√	
	软煤储层		可改造性差	×	
围岩及界面特征	高围岩力学强度	裂缝不发育	裂缝不穿层	×	
		裂缝发育	裂缝易穿层但延伸高度小	√	
	低围岩力学强度		裂缝易穿层并且延伸高度大	×	
	高界面力学强度		裂缝不易在界面延伸	√	
	低界面力学强度		裂缝容易在界面延伸	×	
应力特征	深部储层	高水平主应力差	形成垂直缝且裂缝延伸方向单一	√	
		低水平主应力差	形成垂直缝且裂缝延伸方向随机	√	
	浅部储层		形成水平缝	×	
	低储隔层应力差		有利于裂缝垂向延伸	√	
	高储隔层应力差		不利于裂缝垂向延伸	×	
交叉角	高交叉角		裂缝延伸方向随机	√	
	低交叉角		裂缝主要在二者之间延伸	√	

可以看出,主要围绕深部、硬煤储层,裂缝发育、高力学强度围岩,根据水平应力差、大裂隙系统发育情况对水力裂缝延伸方位及几何参数的控制,以水平应力差的大小、交叉角大小、天然裂隙发育程度将煤储层划分为一组天然裂隙发育、高应力差、高交叉角,一组天然裂隙发育、高应力差、低交叉角,一组天然裂隙发育、低应力差、高交叉角,一组天然裂隙发育、低应力差、低交叉角,两组天然裂隙发育、高应力差,两组天然裂隙发育、低应力差 6 种储层类型。

第二节 不同储层类型下压裂裂缝延伸规律

准确预测水力压裂裂缝在天然裂缝发育储层中的延伸路径对水力压裂施工参数优化具有重要指导意义。本节首先建立水力裂缝与天然裂缝相交时水力裂缝能否穿过天然裂缝的判断准则,在此基础上得出不同储层类型下水力压裂裂缝的延伸方位,并与前人的压裂模拟实验进行对比,验证理论分析的准确性。

一、能否穿过天然裂缝判断准则

1. 水力裂缝延伸端部应力场计算模型

水力压裂时,压裂裂缝能否沿天然裂缝延伸主要取决于剪切失稳、拉张破坏所需的力的大小。压裂过程中已形成裂缝的诱导应力与原有应力的耦合作用,导致压裂裂缝形成条件可能发生变化,进而引起裂缝延伸方向有所不同。为准确地判断已形成裂缝对后续压裂新形成裂缝延伸方向的影响,需对压裂裂缝引起的诱导应力进行表征。

当水力裂缝在岩体中扩展延伸时,水力裂缝的诱导应力和原始地应力共同决定了岩体中的应力状态,同时建立平面直角坐标系和极坐标系如图 5.8 所示。图中,a 为裂缝半长,m;c 为圆心 O 至裂缝尖端的距离,m;d 为任意一点至圆心 O 的距离,m;r_1,r_2 分别为缝周围任一点到裂缝两个端部的距离,m。

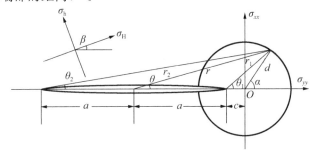

图 5.8 水力裂缝延伸端部应力分布

极坐标系内任意一点 (d,α) 的受力状态为:

$$\begin{cases} \sigma_a = \sigma_{xx}\cos^2\alpha + \sigma_{yy}\sin^2\alpha + \tau_{yx}\sin\alpha\cos\alpha \\ \tau_a = \sqrt{(\sigma_{xx}\cos\alpha + \tau_{yx}\sin\alpha)^2 + (\sigma_{yy}\sin\alpha)^2 - \sigma_a^2} \end{cases} \tag{5.4}$$

其中:

$$\begin{cases} \sigma_{xx} = \Delta\sigma_{xx} + \sigma_h\cos^2\beta + \sigma_H\sin^2\beta \\ \sigma_{yy} = \Delta\sigma_{yy} + \sigma_H\cos^2\beta + \sigma_h\sin^2\beta \\ \tau_{yx} = \Delta\tau_{yx} + (\sigma_H - \sigma_h)\sin\left(\dfrac{\pi}{2} - \beta\right)\cos\left(\dfrac{\pi}{2} - \beta\right) \end{cases} \tag{5.5}$$

式中,σ_a 为该点原始应力,MPa;τ_a 为该点诱导应力,MPa;σ_{xx},σ_{yy} 分别为该点在 x 轴和 y 轴方向上的应力,MPa;τ_{yx} 为作用于垂直 y 轴平面并平行于 x 轴的剪切力,MPa;σ_H,σ_h 分别为地层原始最大、最小主应力,MPa;$\Delta\sigma_{xx}$,$\Delta\sigma_{yy}$,$\Delta\tau_{yx}$ 分别为水力裂缝该点的诱导应力,MPa;β 为最大水平主应力与 y 轴的夹角,(°)。

其中,水力裂缝诱导应力的计算属于二维平面应变问题,进而求得水力裂缝周围诱导应力的计算公式为:

$$
\begin{cases}
\Delta\sigma_{xx} = -p_{net}\left[\dfrac{r}{\sqrt{r_1 r_2}}\cos\left(\theta - \dfrac{\theta_1 + \theta_2}{2}\right) + \dfrac{a^2 r}{\sqrt{(r_1 r_2)^3}}\sin\theta_1\sin\left(\dfrac{3}{2}\theta_1 + \dfrac{3}{2}\theta_2\right) - 1\right] \\[3mm]
\Delta\sigma_{yy} = -p_{net}\left[\dfrac{r}{\sqrt{r_1 r_2}}\cos\left(\theta - \dfrac{\theta_1 + \theta_2}{2}\right) - \dfrac{a^2 r}{\sqrt{(r_1 r_2)^3}}\sin\theta\sin\left(\dfrac{3}{2}\theta_1 + \dfrac{3}{2}\theta_2\right) - 1\right] \\[3mm]
\Delta\tau_{yx} = -p_{net}\left[\dfrac{a^2 r}{\sqrt{(r_1 r_2)^3}}\sin\theta\cos\left(\dfrac{3}{2}\theta_1 + \dfrac{3}{2}\theta_2\right)\right]
\end{cases}
\tag{5.6}
$$

式中,p_{net} 为施工净压力,MPa;θ 为与 y 轴的夹角,(°);θ_1,θ_2 分别为 r_1 和 r_2 与裂缝长轴的夹角,(°)。

根据图 5.9 所示几何关系:

$$
\begin{cases}
r = \sqrt{(a + r_1\cos\theta_1)^2 + (r_1\sin\theta_1)^2}, & \theta = \arctan\dfrac{r_1\sin\theta_1}{r_1 + d\cos\theta_1} \\[3mm]
r_2 = \sqrt{(2a + r_1\cos\theta_1)^2 + (r_1\sin\theta_1)^2}, & \theta = \arctan\dfrac{r_1\sin\theta_1}{2a + r_1\cos\theta_1}
\end{cases}
\tag{5.7}
$$

局部最大主应力为:

$$
\begin{cases}
\sigma_1 = \dfrac{\sigma_{xx} + \sigma_{yy}}{2} + \sqrt{\tau_{xy}^2 + \left(\dfrac{\sigma_{xx} - \sigma_{yy}}{2}\right)^2} \\[3mm]
\sigma_3 = \dfrac{\sigma_{xx} + \sigma_{yy}}{2} - \sqrt{\tau_{xy}^2 + \left(\dfrac{\sigma_{xx} - \sigma_{yy}}{2}\right)^2} \\[3mm]
\psi = \arcsin\left[\dfrac{-\tau_{xy}}{\sqrt{(\sigma_{xx} - \sigma_3)^2 + \tau_{xy}^2}}\right]
\end{cases}
\tag{5.8}
$$

式中,σ_1 和 σ_3 分别为局部最大/最小主应力,当 $\sigma_3 < 0$ 时,σ_3 为局部最大拉应力,MPa;ψ 为最大拉应力方向。

2. 水力压裂裂缝能否穿过天然裂缝判断准则

1) 水力压裂裂缝沿天然裂缝延伸判断准则

水力压裂形成的裂缝与天然裂缝斜交时,天然裂缝面相交点两侧的受力状态是不同的。假设天然裂缝和水力裂缝延伸方向呈锐夹角的一侧为 A 侧,钝夹角的一侧为 B 侧,如图 5.9 所示。

当水力裂缝逼近天然裂隙的角度小于水力裂缝穿过天然裂缝所需的临界角度时,水力裂缝会优先在天然裂缝面发生剪切或拉张破坏。根据莫尔-库伦剪切破裂准则,在水力裂缝逼近天然裂缝的过程中,天然裂缝发生剪切失稳的条件为:

$$
|\tau_n| > \tau_0 + K_f(\sigma_n - p_p)
\tag{5.9}
$$

式中,K_f 为天然裂缝内摩擦系数;σ_n,τ_n 分别为天然裂缝面所受到的正应力和剪应力,MPa;p_p 为地层孔隙压力,MPa;τ_0 为天然裂缝固有抗剪切强度,MPa。

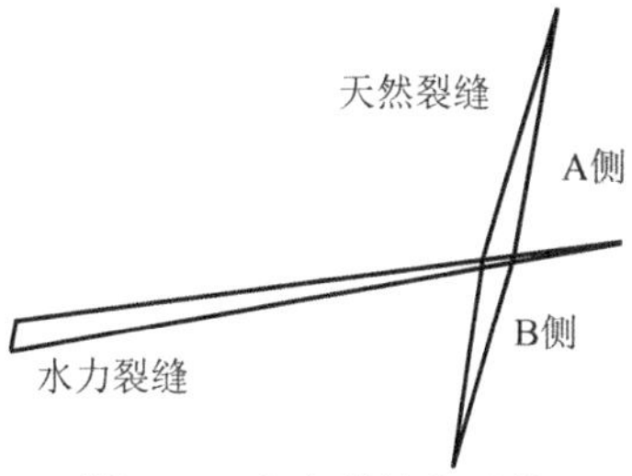

压裂液进入天然裂缝的条件为:

图 5.9　水力裂缝和天然裂隙相交示意图

$$
p > \sigma_n + \sigma_0
\tag{5.10}
$$

式中,p 为压裂液产生的压力,MPa;σ_0 为天然裂缝面的抗拉强度,MPa。

2) 水力压裂裂缝穿过天然裂缝的判断准则

水力压裂裂缝要能够穿过天然裂缝，必须同时满足两点：一是该点处所受最大周向拉应力大于煤岩的抗拉强度；二是该点未发生沿天然裂隙面的剪切或拉张破坏。

$$
\begin{cases}
|\sigma_3| > \sigma_t \\
|\tau_n| < \tau_0 + K_f(\sigma_n - p_p) \\
\sigma_n + \sigma_0 > 0
\end{cases}
\tag{5.11}
$$

式中，σ_t 为煤岩的抗拉强度，MPa。

二、典型储层类型下水力压裂裂缝延伸规律

1. 发育一组天然裂隙

1) 高应力差、高交叉角

由前文分析可知，较高的应力差有利于水力裂缝穿过天然裂隙，同时会限制水力裂缝在非最大主应力方向上的位移。在较高地应力差值的条件下，当天然裂缝与最大水平主应力方向的夹角较大时，水力裂缝以穿过天然裂隙为主，其延伸路径始终沿着最大主应力方向，该结论与孟尚志等[59]开展的压裂物理模拟试验结果一致，如图 5.10 所示。

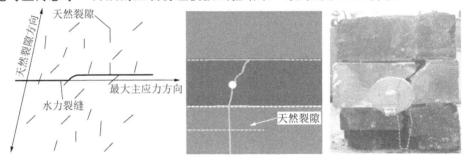

（a）理论延伸路径　　　　　（b）实验室模拟结果（$\alpha=90°$，$\Delta\sigma_H=6$ MPa）

图 5.10　高应力差、高交叉角水力裂缝的延伸路径

2) 高应力差、低交叉角

当天然裂缝和最大水平主应力方向夹角较小时，水力裂缝的扩展主要沿着天然裂缝面延伸，然后以一定角度突破天然裂缝端部继续扩展，较大的水平应力差会限制水力裂缝的出射角和转向距离，水力裂缝偏离最大主应力方向的角度较小，但偏离角会随着天然裂缝发育密度的增加而增加。因此，该储层类型下水力裂缝的延伸方向主要在天然裂缝延伸方向和最大主应力方向之间。该结论与周健等[188]开展的压裂物理模拟实验结果一致，如图 5.11 所示。

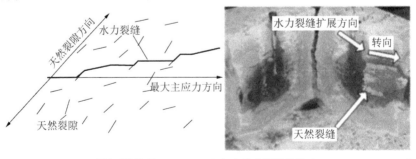

（a）理论延伸路径　　　　　（b）实验室模拟结果（$\alpha=30°$，$\Delta\sigma_H=10$ MPa）

图 5.11　高应力差、低交叉角水力裂缝的延伸路径

3）低应力差、高交叉角

较低的水平应力差不利于水力裂缝突破天然裂缝延伸，当最大水平主应力方向和天然裂缝发育方向的交叉角较大时，水力裂缝与天然裂缝相交后，可同时穿过天然裂缝的两端进行延伸，且由于水平主应力差较小，突破天然裂缝端部延伸的水力裂缝转向距离较大，因此该种储层类型下水力裂缝延伸路径较复杂。该结论与孟尚志等[59]开展的压裂模拟试验结果一致，如图 5.12 所示。

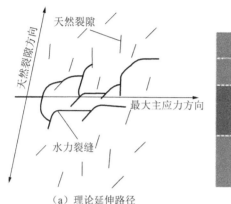

（a）理论延伸路径　　　　　　　（b）实验室模拟结果（$\alpha=90°$，$\Delta\sigma_H=4$ MPa）

图 5.12　低应力差、高交叉角水力裂缝的延伸路径

4）低应力差、低交叉角

当最大水平主应力方向和天然裂缝发育方向的交叉角较小时，水力裂缝在和天然裂缝相交后，水力裂缝主要沿着天然裂缝的走向和水力裂缝走向交叉角较小的一端延伸。由于水平主应力差较小，水力裂缝在天然裂缝端部突破后偏转角度较小，因此该储层类型下水力裂缝的延伸方向与天然裂隙的发育方向大致相同，如图 5.13 所示。

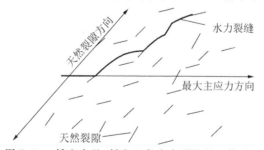

图 5.13　低应力差、低交叉角水力裂缝的延伸路径

2. 发育两组近似垂直的天然裂缝

1）高应力差

当储层中发育有两组接近垂直的天然裂缝时，在高应力差条件下水力裂缝主要穿过和最大主应力夹角较大的天然裂缝沿着和最大主应力方向夹角最小的一组天然裂缝延伸，偏离最大主应力方向的角度较小，在最大主应力方向和该组天然裂缝发育方向之间。该结论与杨焦生等[189]的模拟结果一致，如图 5.14 所示。

2）低应力差

在低应力差的储层条件下，水力裂缝在和两组天然裂缝相交时都不易穿过天然裂缝，水力裂缝主要沿着天然裂缝面延伸,因此裂缝延伸路径比较复杂和迁曲。该结论与杨焦生等[189]的压裂物理模拟试件结果一致,如图 5.15 所示。

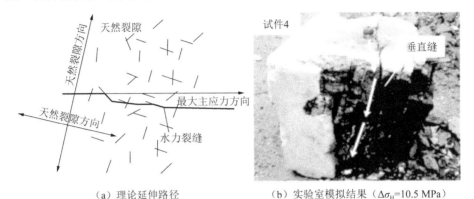

（a）理论延伸路径　　　　　　　　（b）实验室模拟结果（$\Delta\sigma_H$=10.5 MPa）

图 5.14　两组天然裂隙发育高应力差水力裂缝延伸路径

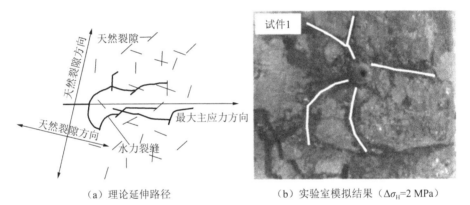

（a）理论延伸路径　　　　　　　　（b）实验室模拟结果（$\Delta\sigma_H$=2 MPa）

图 5.15　两组天然裂隙发育低应力差水力裂缝延伸路径

三、实例分析

煤层裂隙发育程度不同,天然裂隙走向与水平最大主应力的夹角不同,导致压裂时裂缝延伸方向也有所不同。对柿庄区块节理进行野外实测,得出最大主应力方向约为 NE50°。应用水力压裂曲线与 G 函数结合法得出水平最大和最小主应力,进而得出 σ_{xx} 和 σ_{yy}。根据判断准则结合诱导应力,以柿庄区块实际各参数为例,对不同裂隙发育程度煤的裂缝延伸规律进行探讨[190]。

1. 两组天然裂隙发育情况下水力压裂裂缝延伸规律

两组天然裂隙发育煤以柿庄某 SZ1 井为例进行分析,该井两组裂隙发育方向分别为NE48°和 NW50°。由该井的水力压裂曲线可知施工压力为 14.35 MPa,结合 G 函数法求得水平最大/最小主应力分别为 20.70 MPa 和 13.84 MPa,进而得出未考虑诱导应力时的原σ_{xx} 和原 σ_{yy} 分别为 13.31 MPa 和 15.86 MPa。根据式(5.5)和式(5.6),计算出不同裂缝长度下应力情况,结合式(5.9)、式(5.10)和式(5.11),得出不同裂缝延伸长度下的主裂缝延伸方向,见表 5.3。

表 5.3　SZ1 井不同延伸长度下水力裂缝与天然裂缝的关系

夹角 /(°)	裂缝半长 /m	原 σ_n /MPa	与天然裂缝关系	$\Delta\sigma_{xx}$ /MPa	$\Delta\sigma_{yy}$ /MPa	$\Delta\sigma_n$ /MPa	σ_{xx} /MPa	σ_{yy} /MPa	σ_n /MPa	与天然裂缝关系
2	10	13.31	沿着	6.37	6.36	6.38	6.94	9.50	6.93	沿着
2	20	13.31	沿着	9.41	9.39	9.41	3.90	6.47	3.90	沿着
2	30	13.31	沿着	11.74	11.72	11.75	1.57	4.14	1.57	沿着
2	40	13.31	沿着	13.71	13.68	13.72	0.40	2.18	−0.40	沿着
2	50	13.31	沿着	15.44	15.41	15.45	2.13	0.45	−2.14	沿着
2	60	13.31	沿着	17.01	16.98	17.02	3.70	1.12	−3.71	沿着
80	2	15.78	穿过	2.94	0.21	0.15	10.37	15.65	15.63	穿过
80	5	15.78	穿过	5.20	0.81	0.72	8.11	15.05	15.06	穿过
80	10	15.78	穿过	7.75	1.52	1.39	5.56	14.34	14.39	沿着
80	20	15.78	穿过	11.38	2.53	2.36	1.93	13.33	13.42	沿着
80	30	15.78	穿过	14.16	3.32	3.11	0.85	12.54	12.67	沿着
80	40	15.78	穿过	16.51	3.98	3.74	3.20	11.88	12.04	沿着

由表可知,考虑诱导应力前后水力裂缝延伸情况不同,未考虑诱导应力时,整个压裂过程中水力裂缝延伸趋势为穿过与最大主应力夹角较大的一组天然裂缝,并沿着与最大主应力夹角较小一组天然裂缝延伸。考虑诱导应力后,刚开始压裂时,水力裂缝穿过与最大主应力夹角较大的天然裂缝,并沿着与最大主应力夹角较小的天然裂缝方向延伸。随着压裂的进行,裂缝延伸方向由单一方向逐渐变为双向延伸,即两组天然裂缝方向,之后水力裂缝一直沿着两种方向延伸,并逐渐在煤层中形成复杂裂缝网络。其原因是刚开始压裂时由于缝长较短,导致诱导应力较小,进而使水力裂缝穿过与最大主应力夹角较大的一组天然裂缝并沿着与最大主应力夹角较小的另一组天然裂缝方向延伸。随着压裂的进行,水力裂缝缝长增大,促使诱导应力随之增大,导致水力裂缝无法穿过与最大主应力夹角较大的那组天然裂缝,从而水力裂缝延伸方向由单一方向变为双向延伸。

通过对 SZ1 井进行裂缝监测,发现水力裂缝延伸整体有两种趋势,即 NE48°和 NW50°,且在其他方向未发现裂缝延伸趋势,说明基于诱导应力的变化来判断两组天然裂缝发育煤的水力裂缝延伸情况比较符合实际。SZ1 井微地震监测结果如图 5.16(a)所示。

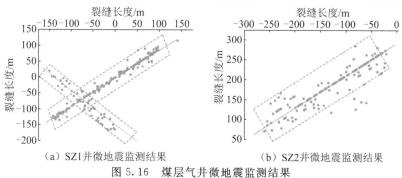

(a) SZ1 井微地震监测结果　　　(b) SZ2 井微地震监测结果

图 5.16　煤层气井微地震监测结果

2. 一组天然裂隙发育情况下水力压裂裂缝延伸规律

一组天然裂缝发育煤以柿庄区块 SZ2 井为例进行分析,该井的天然裂隙发育方向为 NE51°。由该井的水力压裂曲线可知施工压力为 12.64 MPa,结合 G 函数法求得水平最大及最小主应力分别为 19.36 MPa 和 11.90 MPa,进而得出未考虑诱导应力时的原 σ_{xx} 和原 σ_{yy} 分别为 12.25 MPa 和 14.60 MPa。结合式(5.9)、式(5.10)和式(5.11),得出不同裂缝延伸长度下的主裂缝延伸方向,见表 5.4。

表 5.4 SZ2 井不同天然裂缝处水力压裂裂缝延伸方向

夹角 /(°)	裂缝半长 /m	原 σ_n /MPa	与天然裂缝关系	$\Delta\sigma_{xx}$ /MPa	$\Delta\sigma_{yy}$ /MPa	$\Delta\sigma_n$ /MPa	σ_{xx} /MPa	σ_{yy} /MPa	σ_n /MPa	与天然裂缝关系
1	10	12.25	沿着	−2.39	−2.39	−2.39	9.86	12.21	9.86	沿着
1	20	12.25	沿着	−3.53	−3.52	−3.53	8.72	11.08	8.72	沿着
1	30	12.25	沿着	−4.40	−4.40	−4.40	7.85	10.20	7.85	沿着
1	40	12.25	沿着	−5.14	−5.13	−5.14	7.11	9.47	7.11	沿着
1	50	12.25	沿着	−5.79	−5.78	−5.79	6.46	8.82	6.46	沿着
1	60	12.25	沿着	−6.37	−6.37	−6.38	5.88	8.23	5.87	沿着

由表可知,考虑诱导应力前后水力裂缝延伸的整体趋势均为沿着天然裂缝,此为柿庄区块的特殊性所致,即一组天然裂缝发育煤的裂隙方向与最大主应力方向的夹角较小,导致诱导应力考虑前后水力裂缝延伸方向变化不明显。但如果天然裂缝发育方向与最大主应力夹角较大时,考虑诱导应力前后水力裂缝的延伸情况截然不同,因而针对任何区块的实际判断过程中均应考虑诱导应力。

对 SZ2 井进行微地震实测,发现该井水力裂缝延伸方向整体趋势为 NE51°,且在其他方向未发现水力裂缝延伸趋势,说明利用使用上述判断准则来验证一组天然裂缝发育煤的水力裂缝延伸情况基本是正确的。SZ2 井微地震监测结果如图 5.16(b)所示。

3. 粒状偶见及粉状无裂隙发育情况下水力压裂裂缝延伸规律

当煤层段主要以粒状偶见裂隙煤为主时,因煤粒与煤粒之间的间隙较大,水力压裂时压裂液容易在煤粒与煤粒之间的空隙流动。根据最低能量原理可知,压裂裂缝容易沿着最大水平主应力方向延伸。在此类煤层中压裂时,裂缝延伸方向几乎是与最大水平主应力平行的。由于压裂液更多是在煤粒与煤粒之间的空隙进行流动,煤层中营造出的大裂隙较多,煤层气赋存空间与外界沟通的微裂隙较少,排水降压时煤层气基本以扩散形式运移,因此粒状煤层中采用这种压裂方式时气体运移速度慢,难以实现较高的产气量。

当煤层段主要以粉状无裂隙煤为主时,水力压裂过程中,煤粉容易与压裂液结合形成糊状物,糊状物的出现,容易堵塞煤层气运移的裂隙通道,压裂时这些糊状物会与压裂液一起流动,使流动阻力增加,进而施工压力增加,当压力升高到一定程度后,能冲破这些糊状物形成的"堵塞带"继续前进,因此施工压力容易表现出"升高—下降—再升高—再下降"的波状曲线,且裂缝容易沿最大水平主应力方向延伸。

第三节　不同压裂施工参数对裂缝几何形态的影响

合理的压裂施工参数直接关系到储层改造效果,本节主要从射孔位置、施工排量和加砂程序三个方面分析施工参数对形成压裂裂缝的影响,进而得出恰当的施工参数,对储层改造起到事半功倍的作用。

一、射孔位置

水力压裂设计的主要目的是让施工工艺参数与现场的实际情况达到最优的匹配状态,故掌握不同施工工艺参数对水力裂缝的形态的影响规律显得十分重要。本节根据表 5.5 的参数,对主要施工工艺参数(包括排量、射孔位置、加砂程序等)下的水力裂缝形态进行模拟,以为不同储层条件下施工工艺参数优化提供依据[191]。

表 5.5　SZ3 井参数

项　目	取　值	项　目	取　值
层　位	3#煤层	煤层弹性模量/GPa	4.2
施工井段/m	497.3~503.1	煤层泊松比/GPa	0.32
煤储层孔隙度/%	5.1	储层流体黏度/(mPa·s)	0.83
煤储层渗透率/(10^{-3} μm^2)	2.31	流体压缩系数/(MPa^{-1})	0.000 435
储层压力/MPa	3.2	综合滤失/(10^{-4} m·min$^{0.5}$)	4.2
闭合压力/MPa	6.4	地层温度/℃	25.7
顶板岩性	砂　岩	造壁滤失/(10^{-4} m·min$^{0.5}$)	0
底板岩性	泥　岩	初滤失/(L·m^{-2})	1.5
顶板弹性模量/GPa	31	支撑剂视密度/(g·cm^{-3})	2.65
底板弹性模量/GPa	28	支撑剂粒径/mm	0.25~0.9
顶板泊松比	0.21	压裂液	活性水
底板泊松比	0.19	施工排量/(m^3·min^{-1})	6.5

不同的射孔位置对压裂裂缝的起裂、延伸和支撑情况都有一定的影响。当在煤层顶板进行射孔时,由于顶板岩石力学性质和煤层有所区别,导致压裂时起裂压力、起裂位置、延伸压力、延伸情况与在煤层中射孔时可能存在差异。下面分别对在煤层中射孔和在煤层顶板砂岩层中射孔两种情况下水力裂缝的形态进行模拟,模拟结果如图 5.17(彩图 5.17)所示。

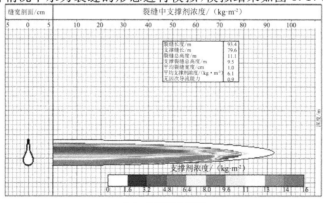

（a）在煤层中射孔

图 5.17　不同射孔位置水力裂缝形态模拟结果

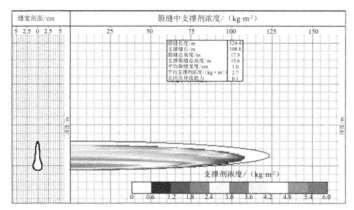

（b）在煤层顶板砂岩层中射孔

图 5.17（续）　不同射孔位置水力裂缝形态模拟结果

从图可知,在顶板中射孔进行水力压裂的裂缝,其缝长和缝高大于在煤层中射孔压出的水力裂缝,这种情况下支撑剂在煤层中的铺置浓度和压裂时的裂缝宽度都小于仅在煤层中射孔时的情况。出现这种情况的原因当在煤层顶板进行射孔时,压裂时裂缝首先要在具有较大弹性模量的顶板砂岩中进行起裂,而砂岩与煤层相比,弹性模量相对较高,压裂时需要较高的施工压力才可能使砂岩破裂并进行延伸。随着压裂的进行,由于煤层中的破裂压力相对较低,裂缝会逐渐向煤层中进行延伸,而且在煤层中延伸的距离相对较远。当注入携砂液时,携砂液也容易在煤层中进行延伸。在顶板进行射孔,分配到单个孔上的流量相对增加,施工压力的增加,也使裂缝延伸的总长度与在煤层中相比更长。由于部分裂缝在煤层顶板进行扩展延伸,这种情况下在顶板射孔,裂缝延伸的高度也相对高一些。由于裂缝延伸高度相对高,在顶板进行压裂时,从支撑剂铺置上来讲,既有在煤层中进行铺置的,有一部分支撑剂在顶板砂岩中进行铺置,因此铺置浓度相对较均匀。由于施工压力相对高些,能携带支撑剂运移到相对更远处,有效铺置长度也相对高些。当煤层段相对破碎时,当仅在煤层段进行射孔时,一方面容易让支撑剂形成堆积,很容易造成砂堵;同时也会降低裂缝的有效支撑长度。因此这种情况下,在煤层顶板进行射孔,有效支撑效果比在煤层中射孔要好。

二、施工排量

保持其他参数的不变,分别对不同施工排量（5 m³/min,6 m³/min,7 m³/min,8 m³/min）下水力裂缝的形态进行模拟,得出不同施工排量下水力裂缝的形态如图 5.18（彩图 5.18）所示。

从图可知,当压裂施工排量从 5 m³/min 增加到 8 m³/min 时,裂缝缝长增加了 14.3%,缝高增加了 10.3%,缝宽有所降低,但变化不明显。这可能是由于随着施工排量的增加,同样压裂规模下水力压裂的作业时间减小,压裂液在地层中的滤失也随之降低;同时,排量的增加,施工压力稍有增加,裂缝相对容易拓展延伸,因此形成的裂缝长度相对较长。施工压力的增加,裂缝在高度上也有所增加。

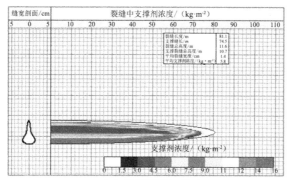

（a）施工排量5 m³/min

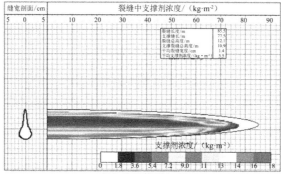

（b）施工排量6 m³/min

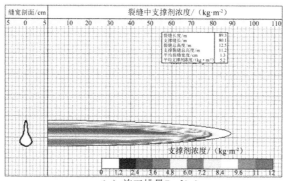

（c）施工排量7 m³/min

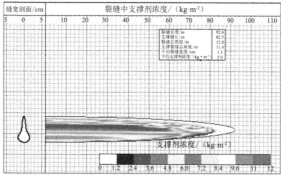

（d）施工排量8 m³/min

图 5.18　不同施工排量下水力裂缝形态

从图5.19可以看出,随着施工排量的增加,支撑剂在裂缝中的分布也发生了明显的变化。当排量较低时,支撑剂更多的沉降在裂缝的底部,支撑剂运移的距离相对较近;随着排量的升高,支撑剂能相对在裂缝的顶部进行一定量的铺置,煤层段纵向上的导流能力更加均匀。

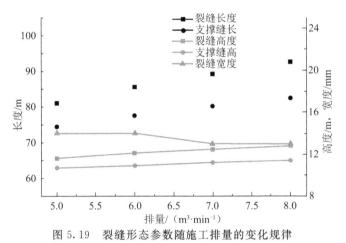

图5.19　裂缝形态参数随施工排量的变化规律

三、加砂程序

支撑剂的主要作用是防止压裂开的裂缝发生部分或完全闭合,让煤层中形成较高导流能力的通道。在压裂过程中合理设置不同粒度支撑剂的量、砂比等不仅能降低施工难度减少砂堵的概率,还能使支撑剂达到理想的铺置状态。本节对支撑剂粒径选择、是否在前置液中使用细砂以及加砂浓度、加砂方式等工艺对水力裂缝的几何参数和支撑剂的铺置情况的影响作用进行模拟。

1. 在前置液中加砂和前置液不加砂情况对比

分别对前置液不加砂和在前置液中加2%细砂两种情况下水力裂缝的形态进行模拟,模拟结果如图5.20(彩图5.20)所示。

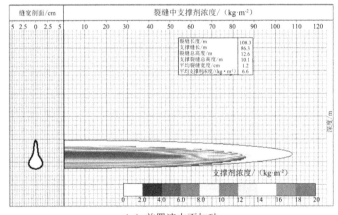

（a）前置液中不加砂

图5.20　前置液加砂和不加砂条件下水力裂缝的形态特征

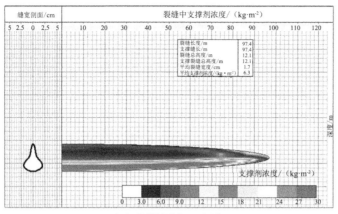

（b）前置液中加2%细砂

图 5.20（续）　前置液加砂和不加砂条件下水力裂缝的形态特征

从图可知，在前置液中加砂形成的水力裂缝的缝长和缝高都受到了限制，但有效支撑缝长和裂缝宽度都明显增加。这可能是由于在前置液中加砂时，细砂在裂缝尖端脱砂，端部脱砂累积到一定程度限制了裂缝的延伸。裂缝在端部的延伸停止后，持续泵入的压裂液由于累积，会导致水力裂缝的宽度增加，但是水力裂缝的延伸高度受加砂影响较小。由于缝宽的增加，裂缝的总长度相对减少。携砂液加入支撑剂后，前置液中细砂的加入，一定程度上降低了压裂液的滤失，无形中相当于携砂液量增加，同样砂比条件下，有效支撑缝长增加。因此，为增加裂缝的有效支撑长度，应在前置液中尽量加入一些细砂来降低压裂液的滤失量，提高有效支撑缝长和缝宽。从模拟也可以看出，在前置液中加入细砂后，为实现体积改造奠定基础。

2. 恒定浓度加砂和阶梯加砂

现场施工过程中，不同的加砂方式可能引起支撑剂沉降速度、运移阻力等的不同。为较清晰地查明不同加砂浓度下支撑剂铺置情况，分别对 12% 恒定浓度的砂比和砂比呈阶梯式增加等两种加砂程序下水力裂缝的形态进行模拟，结果如图 5.21（彩图 5.21）所示。

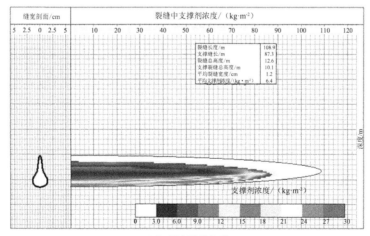

（a）恒定砂比加砂

图 5.21　恒定加砂和阶梯加砂条件下水力裂缝的形态特征

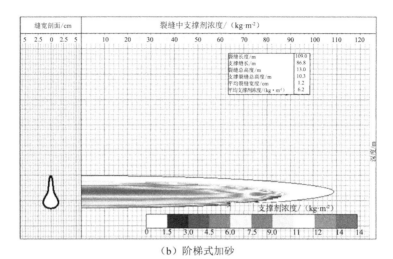

（b）阶梯式加砂

图 5.21（续）　恒定加砂和阶梯加砂条件下水力裂缝的形态特征

从图可知,两种加砂程序形成的水力裂缝规模相差不大,但支撑剂在裂缝中的分布规律却有明显的差别。当以 12％砂比恒定浓度时,由于初期支撑剂浓度就比较高,导致支撑剂容易在近井地带形成堆积;随着支撑剂的持续加入,后面的支撑剂一直呈滚动上向前运移,在裂缝的底部形成了明显的高浓度沉降。而阶梯式加砂时,加砂初期压裂液中支撑剂浓度相对较小,能把支撑剂携带的相对比较远,当砂比逐渐增加后,部分支撑剂在井筒相对近端沉降,部分支撑剂能继续以滚动式向前继续运移,最终在裂缝中形成的支撑剂铺置浓度相对比较均匀。因此,现场注入时应尽量采取逐级加砂顺序,使支撑剂尽量在裂缝中铺置浓度比较均匀。

3. 不同砂粒径情况下裂缝形态模拟

支撑剂粒径不同,在裂缝中运移的摩阻、沉降速度不同。为模拟不同支撑剂粒径条件下裂缝形态,用摩阻来代替砂粒进行模拟。设定模型参数中的支撑剂摩阻指数分别为 4,5.7 和 9,分别代表全部加中砂、全部加粗砂、粗砂与中砂比为 2∶1 三种粒径的支撑剂,进而对不同支撑剂粒径下的水力裂缝形态进行模拟。模拟结果如图 5.22(彩图 5.22)所示。

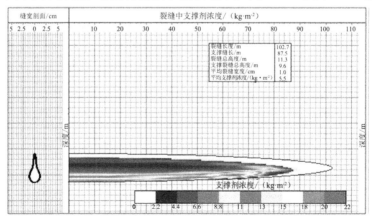

（a）全部加中砂

图 5.22　不同砂粒径对水力裂缝形态及支撑剂分布的影响

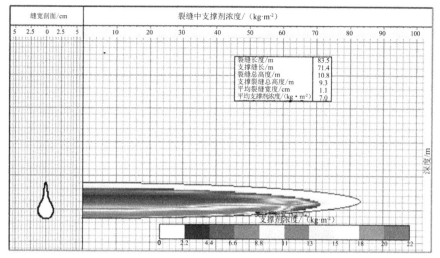

（b）全部加粗砂

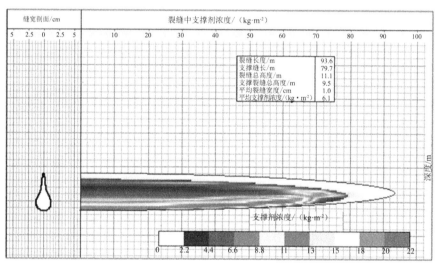

（c）粗砂与中砂比为2∶1

图 5.22（续）　不同砂粒径对水力裂缝形态及支撑剂分布的影响

从图可知,当泵入的支撑剂全部为中砂时,形成的水力裂缝比较长,裂缝的铺置距离比较远,随着粗砂的比例增加,支撑剂沉降越来越严重,形成的水力裂缝也越来越短。出现这种现象的原因主要是相对于中砂,粗砂更容易在井筒附近发生沉降,更容易发生砂堵,进而导致施工压力升高,压裂液滤失增加,裂缝长度减小。

4. 不同砂比下裂缝形态模拟

目前采用的压裂液多为活性水。活性水携砂能力相对较小,采用活性水进行压裂时,一般平均砂比不超过 15%。分别对平均 10% 的砂比和平均 12% 的砂比两种加砂浓度下水力裂缝的形态进行模拟,结果如图 5.23（彩图 5.23）所示。

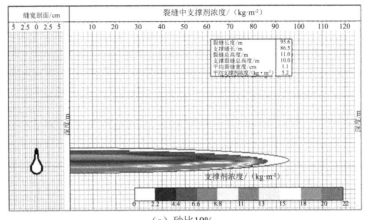

（a）砂比10%

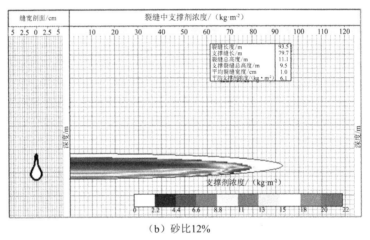

（b）砂比12%

图 5.23 不同砂比对水力裂缝形态及支撑剂分布的影响

从图可知,以较低的砂比注入压裂液形成的水力裂缝的支撑长度更长,当泵注排量相同时,较低浓度的支撑剂在裂缝中运移时的摩阻和沉降都比较小,更容易被压裂液携带更远处。

通过前文分析可以得出:

（1）增大施工排量可以增加裂缝内流体的流动速度,使得裂缝长度和高度增加的同时也能使支撑剂能够被携带到更远的位置。

（2）在煤层顶板中射孔虽然可以形成更长和更高的水力裂缝,但支撑剂较容易在井筒附近沉降,在煤层中射孔能减少裂缝在垂向的延伸,有利于形成高导流缝。

（3）在前置液中加入适量的细砂可以增加支撑剂的铺置长度,也能降低在裂缝顶端砂岩中的脱砂效应。

（4）阶梯式加砂和恒定砂比加砂虽然支撑剂的铺置距离相差不大,但阶梯式加砂支撑剂在裂缝中的分布更均匀,能有效降低砂堵风险。

（5）选用低粒径的支撑剂可以增加裂缝的铺置长度,但一定程度上会减弱裂缝的导流能力,选用高粒径的支撑剂可以形成更高的支撑剂铺置浓度,增加铺置裂缝的导流能力。

（6）较低的砂比可以形成更长的铺置裂缝,但会增加泵注时间和携砂液的用量。

第四节 煤层气低效井压裂工艺主控类型判识

压裂工艺技术与储层地质条件的匹配性对煤层气井是否高产具有重要影响。本节以沁水盆地柿庄区块压裂井为研究对象,对典型压裂曲线类型进行分类,并基于压裂曲线建立压裂后渗透率预测模型,最终形成低效井压裂工艺主控类型判识方法。

一、煤层气井压裂曲线特征及分类

1. 压裂曲线特征

煤层气生产井压裂施工过程中记录的压裂施工曲线可以比较直观地反映施工过程中各施工参数的变化以及压裂效果。一般情况下,压裂施工参数中压裂液排量、加砂比和地面油压的大小,能够在一定程度上反映压裂进度和压裂效果,煤层气井的典型压裂曲线如图5.24所示。虽然已有很多学者对煤层气井的压裂曲线做过分类,但主要是通过压裂曲线中的单一的油压曲线来区分压裂曲线的种类,分类不够精细,分类标准也不够精确。在实际压裂过程中,除油压曲线外,排量曲线、加砂曲线和压降曲线都可以体现出煤储层的压裂效果[67]。因此,基于以往学者的分类思路及柿庄南区块400余口煤层气生产井的压裂施工曲线,分析油压曲线、施工排量曲线、砂比曲线和停泵后压降曲线特征,为准确区分煤层气井压裂施工曲线类型奠定基础[68]。

在煤储层结构比较完整,裂缝不发育的情况下,压裂施工过程中的排量曲线一般处于比较稳定的形态特征,在煤储层结构较复杂,裂缝发育的情况容易引起压裂液滤失量较大,排量曲线出现不稳定的波动现象。一般情况下,煤层气井的砂比曲线会呈现稳定上升的阶梯状,但当加砂速率过快或压裂过程中储层裂缝较细时,压裂液挤入煤储层可能会出现砂堵现象。当产生砂堵时,为稳定油压,会采取暂时性停砂措施,防止压力过高,此时油压曲线会有不规律的波动现象,但这不能体现压裂施工曲线的标准形态,在区分压裂曲线特征时应不予考虑。压裂曲线中的压降曲线是指地面压裂机组停泵后井口或井底压力随时间的变化曲线。在机组停泵后,当压降曲线出现一定程度下降时,说明煤储层人工裂缝沟通了储层中其

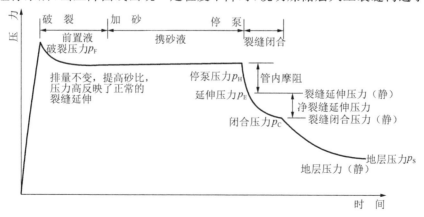

图 5.24 煤层气井典型压裂曲线特征

他天然裂缝,或人工裂缝发生扩展,此时煤储层一般可取得较好的压裂效果。如果压降曲线在地面停泵后保持稳定,表明此时煤储层中的人工裂缝没有发生扩展或沟通天然裂缝,煤储层的压裂效果可能就没有达到预期的效果[192]。在识别压裂曲线特征时,研究中从整体上考虑排量曲线、加砂曲线、压降曲线和油压曲线的形态,比较系统地反映在完整的压裂施工过程中由于施工参数和煤储层性质不同而导致的不同曲线的变化规律,这对工程现场的煤层气井压裂效果评价具有指导意义。

2. 压裂曲线分类

主要通过对柿庄南区块煤层气井的压裂施工曲线的形态分析,根据油压曲线的变化特征,以及结合排量曲线、加砂曲线和降曲线的各自形态特征和其之间的联系,将柿庄南区块的压裂施工曲线区分为锯齿型、平稳型、上升型、下降型、波浪型5种类型。每种压裂曲线的特征如下:

(1)锯齿型。锯齿型分为典型锯齿亚类型和下降锯齿亚类型。典型锯齿型主要表现为:当煤层发生破裂后,施工排量基本不变的前提下,压力在1 MPa范围内来回跳动,总体呈现出锯齿型。下降锯齿型主要表现为:煤层发生破裂后,施工压力逐渐下降,当下降到一定值后,压力在1 MPa范围内来回跳动,总体呈现出先下降后锯齿型变化趋势。

(2)平稳型。平稳型分为一直平稳亚类型和下降平稳亚类型。一直平稳型主要表现为:当煤层发生破裂后,施工排量基本不变的前提下,施工压力较长时间变化幅度小于0.5 MPa,然后跳跃变化一下后在较长时间几乎保持不变,总体表现压力很平稳。下降平稳型与一直平稳型区别主要在施工开始阶段,施工开始时压力逐渐降低,当降低到一定值后,表现出压力几乎保持不变化,总体呈现出先下降后平稳的变化趋势。

(3)上升型。上升型分为一直上升亚类型和波浪上升亚类型。一直上升型主要表现为:压裂过程中压力一直保持上升,从开始到停泵时上升幅度超过3 MPa。波浪上升型主要表现为:压裂过程中压力呈现"下降—上升"等多次反复,总体上升幅度超过3 MPa。

(4)下降型。下降型分为一直下降亚类型和波浪下降亚类型。一直下降型主要表现为:压裂过程中压力一直保持下降,从开始到停泵时下降幅度超过3 MPa。波浪下降型主要表现为:压裂过程中压力呈现"下降—上升"等多次反复,总体下降幅度超过3 MPa。

(5)波浪型。波浪型分为巨振波浪亚类型和小振波浪亚类型。巨振波浪型主要表现为压裂过程中压力出现"下降—上升"等多次反复,呈波浪型,振荡幅度大于3 MPa,且从开始到停泵时施工压力不超过3 MPa。小振波浪型与巨振波浪型的区别在于施工压力振荡幅度小于3 MPa。

二、压裂后渗透率预测模型建立

假设水平等厚无限大双重介质煤层气井以恒定产量q生产,基质和裂缝之间的窜流为拟稳态,流动服从达西定律,忽略重力和毛管力的影响,则基于沃伦-茹特模型的渗流数学模型为[193]:

$$\frac{\phi_m C_{mt}}{3.6}\frac{\partial p_m}{\partial t}+\frac{\alpha K_m}{\mu}(p_m-p_f)=0 \tag{5.12}$$

$$p_f(r,0)=p_m(r,0)=p_i \tag{5.13}$$

$$r\frac{\partial p_f}{\partial r}\Big|_{r=r_w}=\frac{1.842\times10^{-3}q\mu B}{K_f h} \tag{5.14}$$

$$p_f(\infty,t)=p_m(\infty,t)=p_i \tag{5.15}$$

式中，ϕ_m 为基质孔隙度，%；p_m 为基质中的压力，MPa；C_{mt} 为基岩系统的综合压缩系数，MPa^{-1}；K_m 为基质渗透率，10^{-3} μm^2；p_f 为裂缝中的压力，MPa；p_i 为原始地层压力，MPa；K_f 为压裂后煤储层裂缝渗透率，10^{-3} μm^2；α 为变形因子；r 为距井筒距离，m；r_w 为井半径，m。

Warren 和 Root 对上述数学模型给出井底压力的近似解析解为：

$$p_{wf} = p_i - \frac{9.21 \times 10^{-4}q\mu B}{K_f h}\left[\lg(\theta t) + Ei(-\sigma t) - Ei(-\sigma\omega t) + 0.809\right] \quad (5.16)$$

其中：

$$\theta = \frac{\eta}{r_w^2} \quad (5.17)$$

$$\sigma = \frac{\lambda\theta}{\omega(1-\omega)} \quad (5.18)$$

$$\omega = \frac{\phi_f C_f}{\phi_f C_f + \phi_m C_m} \quad (5.19)$$

$$\eta = \frac{K_f}{\mu(\beta_f + \beta_m)} \quad (5.20)$$

$$\lambda = \frac{\alpha r_w^2 K_m}{K_f} \quad (5.21)$$

$$\beta_m = \phi_m C_m \quad (5.22)$$

$$\beta_f = \phi_f C_f \quad (5.23)$$

式中，p_{wf} 为裂缝中的压力，MPa；ϕ_f 为裂缝孔隙度，%；h 为开采层厚度，m；q 为煤层气井的产水量，m^3/min；μ 为水的黏度，mPa·s；B 为水的体积系数；Ei 为幂积分函数；C_m、C_f 分别为流体在基质和裂缝中的综合压缩系数。

当生产时间较长，即 t 较大时，式(5.16)中的两个 Ei 函数均趋于 0，则式(5.16)可简化为：

$$p_{wf} = p_i - \frac{2.12 \times 10^{-3}q\mu B}{K_f h}(\lg t + \lg \theta + 0.351\ 3 + 0.87S) \quad (5.24)$$

式中，S 为排采时动液面下降值，m；t 为生产时间，min。

可知井底压差与生产时间的对数呈直线关系，则压后渗透率为：

$$K_f = \frac{2.12 \times 10^{-3}q\mu B}{mh} \quad (5.25)$$

式中，m 为斜率。

三、压裂主控类型判识

煤储层水力压裂效果受地质因素和工程施工等因素的共同影响。由于柿庄南区块生产井压裂施工参数(前置液、携砂液、顶替液、排量、砂比)基本相近，对压裂施工参数和煤层气井平均产气量拟合分析，未能有效识别出影响压裂效果的因素。同时，压裂液大多采用的活性水压裂液，支撑剂一般为石英砂，且粒径和用量差别不大。因此，在压裂施工参数和工艺一致的情况下，主要分析煤体结构、应力状态和压裂后渗透率等地质因素对压裂效果的影响，判识煤储层与压裂工艺的匹配性。

研究中主要选取压裂施工曲线正常的井，根据停泵后压降曲线特征计算压裂后渗透率，结合煤层气井压裂曲线特征、煤体结构和应力状态对其压裂效果进行评价。根据压裂后渗透率，将水力压裂效果分为压裂效果好(压裂后渗透率大于 3×10^{-3} μm^2)、压裂效果较好[压

裂后渗透率为 $(1\sim3)\times10^{-3}\ \mu m^2$]、压裂效果较差[压裂后渗透率为 $(0.1\sim1)\times10^{-3}\ \mu m^2$]、压裂效果差(压裂后渗透率小于 $0.1\times10^{-3}\ \mu m^2$)四类。应力状态分为拉张型、过渡型和挤压型;煤体结构划分为以原生结构+碎裂煤为主型、50%左右原生结构/碎裂结构煤+50%左右碎粒/糜棱结构煤、以碎粒+糜棱结构煤为主型,根据压裂后渗透率计算结果,结合对应的煤体结构、应力状态类型,判识低效井主控类型。

第五节　实例分析

煤储层压裂过程中,获取了压裂施工综合曲线。由压裂施工曲线可知,压裂施工过程中,压裂井的压力变化均不相同。压裂施工起始,随着压裂液的注入,压力迅速增加,达到破裂压力后急剧下降,压力下降曲线趋于平缓,随着压裂液的持续注入,在压力达到压裂设计要求时,停止压裂液的注入,开始压降测试。压力下降到地层压力时,压力不再下降,此时,获得煤储层闭合压力。选取柿庄南区块压裂施工正常典型井进行分析,查明地质因素对压裂施工的影响,为压裂施参数优化设计奠定基础。

一、不同压裂曲线类型控制因素分析

1. 锯齿型压裂曲线

该类型压裂曲线选取典型井 SZ-279 井和 SZ-363 井,两口井地质参数见表5.6。两口井煤体结构以原生结构+碎裂煤为主,少量碎粒煤。破裂压力较明显,且在 1 MPa 范围内来回跳动。当应力状态为拉张型应力时,施工压力较低,造缝效果,如 SZ-279 井平均产气量为 1 080 m³/d;当应力状态为过渡或挤压型时,由于前置液量不足,如 SZ-363 井不产气,需保证前置液量占总液量的 35%~45%。一般情况下,压裂后渗透率为 $(0.5\sim5)\times10^{-3}\ \mu m^2$,如图5.25所示。由此表明,煤岩应力状态会影响压裂效果。

表 5.6　典型井基础地质参数

井　号	含气量/(m³·t⁻³)	储层压力/MPa	解吸压力/MPa	含气饱和度/%
SZ-279	16.87	4.18	2.82	83.70
SZ-363	15.96	4.33	2.10	78.04

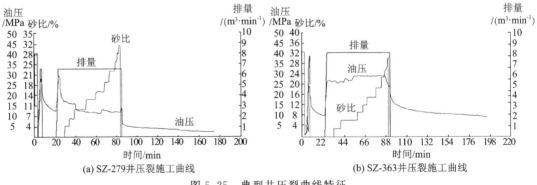

(a) SZ-279井压裂施工曲线　　(b) SZ-363井压裂施工曲线

图 5.25　典型井压裂曲线特征

2. 平稳型压裂曲线

选取典型井 SZ-285 井和 SZ-310 井,两口井地质参数见表 5.7。两口井煤体结构以原生-碎裂结构煤为主,应力状态为拉张型;煤层发生破裂后,施工压力较长时间变化幅度小于0.5 MPa,原始裂隙较发育,支撑有效裂缝是这类型煤层的主要任务。两口井的平均产气量分别为 1 160 m³/d 和 980 m³/d。一般情况下,压裂后渗透率为(0.5~3)×10⁻³ μm^2,如图5.26(a)和(b)所示。

选取典型井 SZ-33 井和 SZ-635 井,两口井地质参数见表 5.7。煤体结构以碎裂-碎粒结构煤为主,应力状态为拉张型;施工压力较长时间变化幅度小于0.5 MPa,支撑剂容易堆积。SZ-33 井平均产气量仅有 450 m³/d,SZ-635 井平均产气量为 960 m³/d。此类储层如何尽量让压裂液在煤中延伸是提高产气关键。一般情况下,压裂后渗透率为(0.3~2)×10⁻³ μm^2,如图 5.26(c)和(d)所示。

表 5.7　典型井基础地质参数

井　号	含气量/(m³·t⁻³)	储层压力/MPa	解吸压力/MPa	含气饱和度/%
SZ-285	16.12	3.27	1.62	73.49
SZ-310	16.80	3.38	1.81	75.71
SZ-33	15.55	2.56	1.27	70.11
SZ-635	19.54	2.66	2.09	90.20

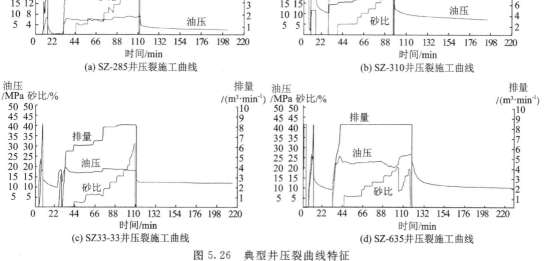

图 5.26　典型井压裂曲线特征

3. 上升型压裂曲线

选取典型井 SZ-352 井和 SZ-51 井,两口井地质参数见表 5.8。煤体结构以碎粒煤为主,应力状态一般为过渡型或挤压型,两口井的平均产气量分别为 215 m³/d 和 0 m³/d,表明煤体结构和应力状态严重影响压裂效果。该类型井应尽量避射软煤并防止压裂液进入软煤是此类储层形成有效缝的关键。一般情况下,压裂后渗透率为(0.1~1)×10⁻³ μm²,如图 5.27 (a)和(b)所示。

选取典型井 SZ-298 井和 SZ-663 井,两口井地质参数见表 5.8。煤体结构以碎裂-碎粒结构煤为主,应力状态一般为挤压型,两口井的平均产气量分别为 170 m³/d 和 0 m³/d。施工参数不合理的情况下容易造成砂堵使压力上升。应尽量避射软煤并防止压裂液进入软煤中是此类储层形成有效缝的关键。一般情况下,压裂后渗透率为(0.2~1.5)×10⁻³ μm²,如图 5.27 (c)和(d)所示。由上可知,采用常规的压裂工艺不利于碎粒煤储层改造。

表 5.8　典型井基础地质参数

井　号	含气量/(m³·t⁻³)	储层压力/MPa	解吸压力/MPa	含气饱和度/%
SZ-352	12.58	2.71	1.64	68.55
SZ-51	11.33	3.53	1.71	65.91
SZ-298	11.93	2.56	1.60	75.89
SZ-663	11.32	3.36	1.27	67.24

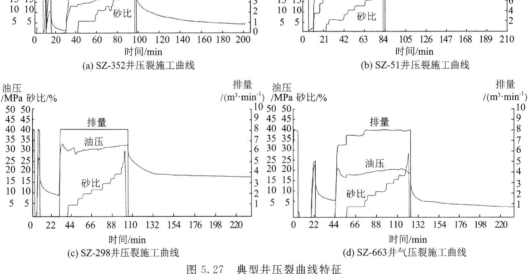

图 5.27　典型井压裂曲线特征

4. 下降型压裂曲线

选取典型井 SZ-276 井和 SZ-52 井,两口井地质参数见表 5.9。由于煤体结构纵向上非均质性强且近井地带有一定污染,压裂曲线逐渐呈现下降型。两口井的平均产气量分别为 890 m³/d 和 0 m³/d。一般情况下,压裂后渗透率为(0.1~1.5)×10⁻³ μm²,如图 5.28(a)和(b)所示。

选取典型井 SZ-278 井和 SZ-279 井,两口井地质参数见表 5.9。煤体结构以碎裂结构+碎粒结构煤为主,近井地带有一定污染。两口井的平均产气量分别为 300 m^3/d 和 600 m^3/d。此类储层建议先解污+避射软煤方法进行压裂。一般情况下,压裂后渗透率为 $(0.1\sim1)\times10^{-3}$ μm^2,如图 5.28(c)和(d)所示。

表 5.9　典型井基础地质参数

井　号	含气量/($m^3 \cdot t^{-3}$)	储层压力/MPa	解吸压力/MPa	含气饱和度/%
SZ-276	12.38	2.93	0.98	56.60
SZ-52	10.10	4.35	1.21	49.87
SZ-278	12.79	4.28	2.18	74.28
SZ-279	16.87	4.17	2.82	83.70

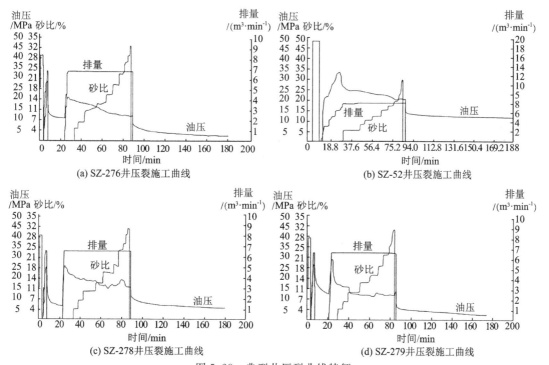

图 5.28　典型井压裂曲线特征

5. 波浪型压裂曲线

选取典型井 SZ-120 井和 SZ-311 井,两口井地质参数见表 5.10。煤体结构主要以原生结构+碎裂结构煤为主,应力状态一般为过渡型或挤压型。两口井的平均产气量分别为 210 m^3/d 和 200 m^3/d。一般情况下,压裂后渗透率为$(0.3\sim3)\times10^{-3}$ μm^2,如图 5.29(a)和(b)所示。

选取典型井 SZ-289 井和 SZ-315 井,两口井地质参数见表 5.10。煤体结构主要以碎裂结构煤为主,加砂过快容易砂堵,尽量让压裂液在硬煤中运移是压裂效果好的关键。两口井的平均产气量分别为 200 m^3/d 和 190 m^3/d。一般情况下,压裂后渗透率为$(0.2\sim3)\times$ 10^{-3} μm^2。碎粒结构煤或糜棱煤为主时,常规压裂技术不适合,压后渗透率几乎不变,如图

5.29(c)和(d)所示。

表 5.10　典型井基础地质参数

井　号	含气量/(m³·t⁻³)	储层压力/MPa	解吸压力/MPa	含气饱和度/%
SZ-120	10.21	2.78	1.20	60.82
SZ-311	12.22	3.68	1.79	72.13
SZ-289	17.35	4.22	1.92	71.57
SZ-315	17.18	3.72	2.19	79.16

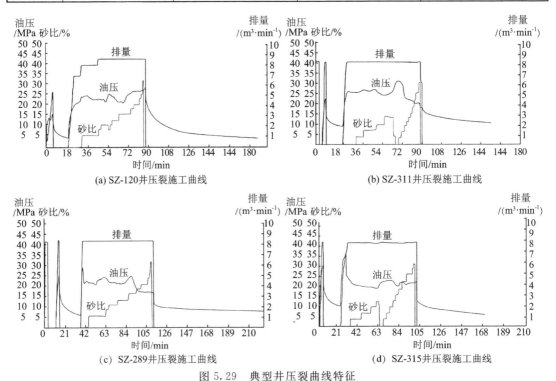

(a) SZ-120井压裂施工曲线　　(b) SZ-311井压裂施工曲线

(c) SZ-289井压裂施工曲线　　(d) SZ-315井压裂施工曲线

图 5.29　典型井压裂曲线特征

二、压裂施工建议

针对不同的地质条件,需用不同的压裂工艺技术,保证储层特征与压裂施工相匹配,以起到事半功倍的效果。当煤体结构以原生煤和碎裂煤为主,应力状态为拉张型时,主要形成锯齿型压裂曲线,该类型主要以营造裂缝为主;当煤体结构以原生煤和碎裂煤为主,应力状态为过渡型或煤体结构以碎粒煤为主,应力状态为挤压时,主要形成平稳型压裂曲线,前者有效造缝是主要任务,后者采用常规压裂技术,压裂效果差。

当煤体结构以碎裂煤或碎粒煤为主,应力状态为挤压型时,主要形成上升型压裂曲线,前者以避射软煤,尽量在硬煤中造缝,后者采用常规压裂技术,压裂效果较差;当煤体结构以碎裂煤为主,应力状态为拉张型或煤体结构以碎裂-碎粒煤为主,应力状态为过渡型时,主要形成下降型压裂曲线,前者应先解污,注意前置液与携砂液比例,后者注意施工压力变化,防止砂堵;当煤体结构以原生煤和碎裂煤为主,应力状态为挤压型或煤体结构以碎裂煤为主,应力状态为过渡型或煤体结构以碎粒煤和糜棱煤为主,应力状态为过渡型或挤压型时,主要形成波浪型压裂曲线,前者需注意多次重复压裂时间间隔及压裂液量,后者注意施工压力变化,防止砂堵,最后采用常规压裂技术,压裂效果较差(表 5.11)。

表 5.11 压裂施工对策

压裂曲线类型	煤体结构	应力状态	重点解决问题
锯齿型	原生煤和碎裂煤为主	拉张型	营造裂缝是主要任务
平稳型	原生煤和碎裂煤为主	过渡性	有效撑缝是其主要任务
	碎粒煤为主	拉张型	常规技术压裂效果差
上升型	碎裂煤为主	挤压型	避射软煤,尽量让其在硬煤中造缝
	碎粒煤为主	挤压型	常规压裂技术效果差
下降型	碎裂煤为主	拉张型	先解污,注意前置液与携砂液的比例
	碎裂-碎粒煤为主	过渡型	注意施工过程压力变化,防止砂堵
波浪型	原生煤和碎裂煤为主	挤压型	注意重复多次压裂时时间间隔及压裂液量
	碎裂煤为主	过渡型	注意施工过程压力变化,防止砂堵
	碎粒煤和糜棱煤为主	过渡型或挤压型	常规压裂技术效果差

第六章　煤层气低效井排采
主控判识方法与应用

煤层气井的排采工作是煤层气开发过程中持续时间最长的环节,排采工作制度的合理性对煤层气井的产能具有重要影响。煤层气井排采时水和气在煤层中的赋存状态、流体性质、产出时间等差异导致其对煤储层渗透率的影响程度不同。本章分析煤层气井的排采特征,根据排采是否连续进行类型划分,并以柿庄南区块典型煤层气井排采曲线为例分析排采连续型和排采不连续型对煤层气井产能的影响,开展煤粉运移产出物理模拟实验,研究煤粉产出对煤储层渗透率的影响。

第一节　煤层气排采特征

煤层气开发过程中,排采工作是至关重要的一环。排采工作制度的合理与否,是煤层气井能否长时间维持产气高峰的关键所在。此外,在煤层气排采过程中对产气、产水的速率进行合理的控制,能够使压降漏斗得到充分扩展,泄压区面积将得到进一步扩大,促使煤层气充分解吸,保证煤层气井高产稳产。基于对研究区块煤储层地质参数及实际生产数据的剖析,对煤层气井的产气曲线类型进行划分,并在他人研究基础上,分析不同排采曲线类型的影响因素。

一、煤层气井不同排采类型下排采曲线特征

煤层气井的排采需要遵循"连续、缓慢、稳定、长期"的原则。煤层气排采过程中,经常出现停电、卡泵及压力表损坏等事故,导致煤层气排采中断,在煤层气井排采曲线上呈现产气骤降甚至产气量为 0 的现象。根据煤层气井实际排采情况,将煤层气井排采划分为排采连续型和排采不连续型两种类型。

(一)排采连续型的排采曲线特征

根据对煤层气井实际生产数据的统计和分析,将井底流压的变化分为两个阶段:井底流压从初始值快速下降到 0.6 MPa 左右,该阶段称为快速下降阶段;随后井底流压的数值在 0.3~1.7 MPa 范围内波动,该阶段称为稳压阶段。虽然井底流压的变化具有相似的特征,但是排采过程中产气曲线却呈现不同的形态。据此,将排采连续型曲线划分为单峰快速上升型、单峰稳定上升型、双峰后低型以及双峰后高型(图 6.1)[194]。

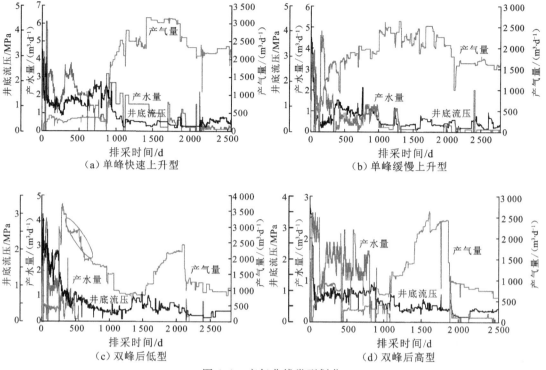

图 6.1　产气曲线类型划分

1. 单峰快速上升型

单峰快速上升型产气曲线形态上呈现一个产气高峰,排采初期保持低产状态,随后产量迅速增加,产气上升阶段不明显或者时间较短。该类型的气井在排采过程中,单相水流阶段或者气水两相流低产阶段持续时间较长,煤储层得以充分降压,解吸半径较大,煤层气能够快速地解吸,也是产气量出现突然升高的原因。

2. 单峰稳定上升型

单峰稳定上升型产气曲线形态上同样会呈现出一个产气高峰,不同的是,单峰稳定上升型具有明显的产气量缓慢上升的阶段,整个排采过程中产气曲线会经历峰前低产、产气上升、产气高峰和峰后低产四个阶段。

3. 双峰后低型

双峰后低型产气曲线在形态上呈现出两个产气高峰,煤层气井开始排采以后,低产阶段持续时间较短,产气量陡增,进入第一个产气高峰。一般情况下,第一个产气高峰阶段持续时间不长,产气量便开始下降,并且会在一定时间内保持低产。之后,产气量开始上升,但增速明显比初期缓慢,逐渐进入第二个产气高峰,且峰值比较低。

4. 双峰后高型

双峰后高型产气曲线形态上同样呈现出两个产气高峰,不同的是,第一个产气高峰的峰值低于第二个。此类型井排采初期产气量上升速度较快,形成高峰,峰值往往不会很高。随后会持续较长时间的低产阶段,产气量逐步回升,进入第二个产气高峰。

（二）排采不连续型的排采曲线特征

在煤层气排采的过程中,经常由于各种原因导致排采设备停机,出现排采中断。无论由于何种原因导致的排采不连续,从表现形式看,主要表现为停机时长和停机频率。在研究中,将排采不连续类型划分为长时间停机型和频繁停机型两类。

1. 长时间停机型

根据煤层气井的生产数据,将长时间停机型定义为:当煤层气井处于单相水流阶段时,单次停机时长 30 d 以上或者高于单相水流阶段总时长的 50%,次数少于 4 次的井;当煤层气井处于气水两相流阶段时,单次停机时长高于 100 d 或者高于气水两相流阶段总时长的 20%,次数少于 4 次的井。

长时间停机型排采曲线的主要特征为:排采初期,随着煤层中水的排出,井底流压不断下降,同时伴随着少量的煤层气产出;排采一段时间之后,煤层气井处于长时间停机状态,此时煤层气井不再产水,井底流压不断增加,井筒内动液面不断上升;再次开机后,煤层气产量继续上升,如图 6.2 所示。

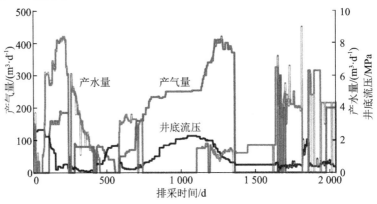

图 6.2　SZ-328 排采曲线

2. 频繁停机型

频繁停机型定义为:当煤层气井处于单相水流阶段时,停机累计时长低于 30 d 或者低于单相水流阶段总时长 50%,次数多于 4 次的井;当煤层气井处于气水两相流阶段时,对于累计停机时长低于 300 d 或者停机时间低于总时长 20%,次数多于 4 次的井。

频繁停机型排采曲线的特征为:在煤层气排采的过程中,短时间内煤层气井处于频繁停机状态,频繁停机导致井底流压以及动液面发生剧烈变化,对煤储层造成巨大损伤,导致煤层气产气量逐渐降低,如图 6.3 所示。

二、不同产气曲线类型的地质参数特征

1. 单峰快速上升型

分别对单峰快速上升型井的产气量与含气量、含气饱和度、储层原始渗透率及临储压力比之间的关系进行分析和研究,如图 6.4 所示。由图可知,储层的含气量高于 12 m³/t,含气饱和度高于 60%,在物性条件较好、临储压力比高于 0.4 的条件下,煤层气井的产气量相对较高。

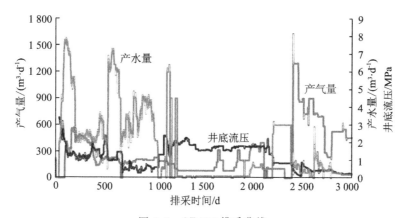

图 6.3　SZ-290 排采曲线

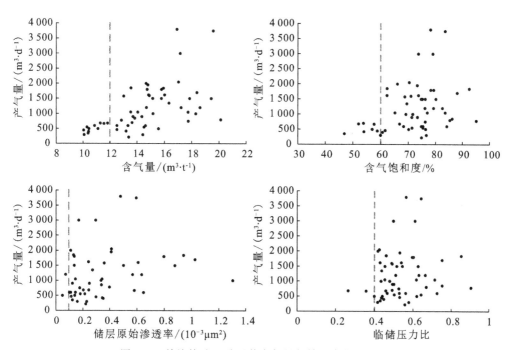

图 6.4　单峰快速上升型井产气量与储层参数的关系

2. 单峰稳定上升型

　　分别对单峰稳定上升型井的产气量与含气量、含气饱和度、储层原始渗透率及临储压力比之间的关系进行分析和研究,如图 6.5 所示。由图可知,此类产气曲线类型的储层渗透率大部分偏低,集中分布在 $0.1 \times 10^{-3}~\mu m^2$ 附近,其他三项参数与单峰快速上升型差别不大。因此,较低的渗透率增大了气、水运移的阻力,使产气量上升较缓慢。对于该类型的煤层气井,在产气量缓慢上升的过程中,需要合理控制产气增速。如果增速过快,储层低渗的特性会限制远端水的产出,阻碍储层压降的传递,影响煤层气井后期的产气量。

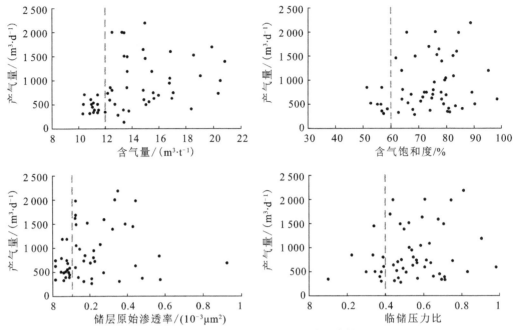

图 6.5　单峰稳定上升型井产气量与储层参数的关系

3. 双峰后低型

分别对双峰后低型井的产气量与含气量、含气饱和度、储层原始渗透率及临储压力比之间的关系进行分析和研究，如图 6.6 所示。由图可知，该类型产气曲线的煤储层的原始渗透率、含气量、含气饱和度均比较高，储层地质资源条件较好。这种情况主要是排采初期，压力降速相对较快，近井筒地带的气体很快解吸产出，达到第一个产气高峰，但解吸范围有限。随着排采进行，产气量下降；随着压力向远处传递，解吸半径增加，产气量又缓慢上升。

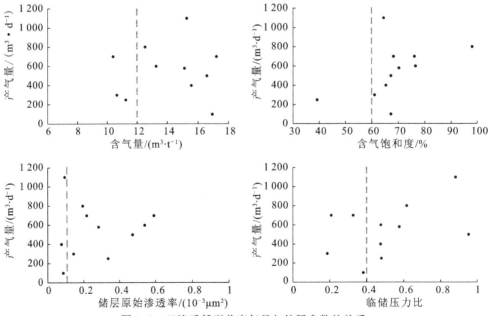

图 6.6　双峰后低型井产气量与储层参数的关系

4. 双峰后高型

分别对双峰后高型井的产气量与含气量、含气饱和度、储层原始渗透率及临储压力比之间的关系进行分析和研究,如图 6.7 所示。由图可知,储层原始渗透率偏低,但仍属于较好的储层,能够获得较好的压裂效果,排采初期产气量即可达到小高峰。但由于其渗透率偏低,储层压降传递受限,需经过一定时间的排采,促使压降漏斗得到充分扩展,从而进入第二个高产阶段。

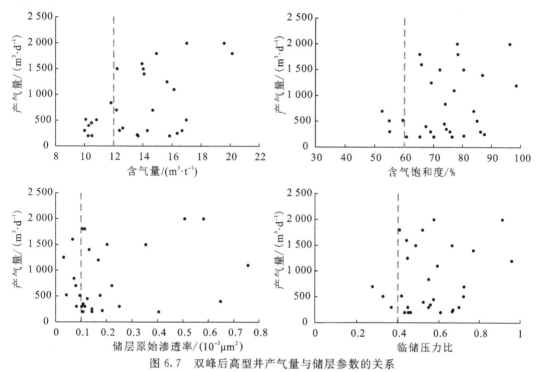

图 6.7　双峰后高型井产气量与储层参数的关系

(三) 不同产气排采曲线类型的控制因素分析

1. 压裂规模

双峰型产气曲线类型的煤层气井产气在排采过程中出现两个产气高峰,且峰值具有较大的差别。对第一个产气高峰形成的原因已经开展了大量研究工作,多数学者认为该产气曲线类型的储层地质资源条件相对较好,煤层气井排采的初期,压裂施工使得井筒附近区域储层裂缝得到沟通,渗透率升高,同时储层压力快速下降,井筒附近储层中的气体能够解吸,即形成第一个产气高峰。因此,压裂规模的大小对第一个产气高峰的产气量有重要作用。此外,在获取第一个产气高峰累计产气量后,能够分析得出压裂规模的大小:

$$Q = \alpha \rho A h V \tag{6.1}$$

式中,Q 为第一个产气高峰的累计产气量,m^3;α 为压裂影响区内煤层气的采出率,$\%$;ρ 为煤的密度,t/m^3;A 为有效泄压面积,m^2;h 为煤层厚度,m;V 为含气量,m^3/t。

基于上式,选取部分双峰型产气曲线类型的煤层气井,获取相应参数后最终得出计算结果如表 6.1 所示。同样,储层改造若取得良好的效果,更大的泄压区面积也将促进煤层气井的高产。

表 6.1　部分双峰型产气曲线类型煤层气井的压裂规模

井　号	产气曲线类型	第一个产气高峰累计产气量/m³	有效泄压面积/m²
S-044	双峰后高型	143 086	1 051.48
S-045	双峰后高型	406 905	2 990.19
S-063	双峰后高型	864 800	6 355.09
S-042	双峰后低型	243 122	1 786.61
S-051	双峰后低型	787 962	5 790.43

2. 生产压差的影响

煤层气井的生产过程是一个排水降压的过程,多种因素综合影响到煤层气井的产能。研究表明:井底流压的变化趋势与其产气曲线的变化是密切相关的。储层压力与井底流压之间的合理差值是煤层气井排采工作的关键。煤层气井排采初期,井底流压与储层压力之间存在一定差值后,煤层内的水开始启动并流入井筒。随着排采进行,若井底压力下降过快,远端的水来不及补给,有效应力的负效应明显,压力传播受到影响,排采半径受到影响,井筒远端区域储层难以有效解吸,难以保障煤层气井的高产。因此,生产压差处于一个合理的区间是提高煤层产气效益的关键。

3. 煤粉产出的影响

一般情况下,煤储层的机械强度比较低,容易破裂,因此在煤层气井钻井、储层压裂改造过程中都可能产生煤粉[195]。排采时,气、水可能混杂着煤粉一同进入裂隙通道,若流速过慢,煤粉没有及时排出,容易导致煤粉堵塞孔裂隙通道,影响气、水运移。此外,煤粉可能堵塞排采设备,造成卡泵、不产液以及排采不连续,最终影响煤层气井的产气量。

第二节　排采连续型不同压降类型对煤层气井产能的影响

煤层气井排水降压过程中,煤储层压力处在动态变化之中。煤储层中压力的传播会影响排采半径。研究中考虑排采过程中煤储层自调节效应,结合物质平衡方程,分析排采过程压力变化,划分储层压降类型。

一、不同储层压降类型分类及特点

(一) 储层动态压力模型的构建

在前人研究的基础上,结合研究区块煤储层及排采资料,对储层动态压力数据进行分析,划分储层压降类型。储层动态压力可以通过物质平衡方程计算得出。

$$G_p + \frac{W_p B_w}{B_g} = 0.01 \rho A h V_L \frac{p_i p_L - p p_L}{(p_i + p_L)(p_L + p)} + \frac{0.01 A h \phi_{fi}(1 - S_{wi})}{B_{gi}} - \frac{0.01 A \phi_f}{B_g} +$$
$$\frac{0.01 A h \phi_{fi} S_{wi}[1 + C_w(p_i - p)]}{B_g} \tag{6.2}$$

式中,G_p 为累计产气量,m³;W_p 为累计产水量,m³;B_w 为地层水体积系数,m³/m³;B_{gi} 为原始储层压力下气体体积系数, m^3/m^3 ; B_g 为气体体积系数, m^3/m^3 ; p_i 为原始储层压力, MPa；
p 为储层动态压力, MPa; p_L 为朗格缪尔压力, MPa; V_L 为朗格缪尔体积, m^3/t ; ϕ_{fi} 为原始储
层压力下的储层孔隙率; ϕ_f 为储层孔隙率; A 为排采面积, m^2 ; h 为煤层厚度, m; S_{wi} 为初始裂
缝束缚水饱和度; C_w 为地层水压缩系数, MPa^{-1} ; ρ 为煤密度, g/cm^3 。

　　煤基质具有自调节作用,随着地层水的不断产出,在有效应力的作用下,裂缝变窄甚至
消失,渗透率降低。同时,煤层气解吸,基质收缩效应增大,储层中的裂缝增大,渗透率升高。
因此,煤层气井排水采气过程中储层的孔隙率是动态变化的。胡素明等考虑储层自调节效
应建立裂缝孔隙度模型为[196]:

$$\phi_f = \phi_{fi} - \phi_{fi}C_f(p_i - p) + \frac{\varepsilon_{max}p_i}{p_i + p_L} - \frac{\varepsilon_{max}p}{p + p_L} \tag{6.3}$$

式中, ε_{max} 为无量纲最大体积应变; C_f 为割理压缩系数, MPa^{-1} 。

　　排采面积可参考陶树等建立的等效排水面积方程来计算:

$$A = \frac{Q_w}{\alpha h \phi_{fi}} \tag{6.4}$$

式中, A 为等效排水面积, m^2 ; Q_w 为累计产水量, m^3 ; α 为水排出程度系数。

　　煤层气的解吸量与储层的压降面积密切相关。储层的压降面积可以通过等效排采半径
r 计算得出:

$$r = \sqrt{\frac{A}{\pi}} \tag{6.5}$$

　　将式(6.3)、式(6.4)和式(6.5)代入式(6.2),可以较方便地计算储层动态压力 p 。上述
简化后的储层动态压力计算模型能够得到储层压力动态变化值。基于研究区煤层气井实际
的生产资料进行压力分析,根据压降幅度和降压速率,将压降类型分为快速下降型、中期稳
定型和缓慢下降型 3 种(表 6.2)[197]。

表 6.2　不同储层压降类型

压降类型	压降幅度/%	降压速度/[kPa·(100 d)⁻¹]
快速下降型	＞60	＞110
中期稳定型	30～60	70～110
缓慢下降型	＜30	＜70

(二) 不同储层压降类型特点

1. 快速下降型

　　快速下降型主要表现为较大的压降幅度及较快的压降速率。如图 6.8 所示,S-303 井储层
压力曲线在整个排采过程中保持下降趋势,斜率较大,压力分析结果显示,其储层压力下降幅
度超 60%,达 72.63%,压降速度达到 119.28 kPa/100 d,压降曲线形态呈现出典型的快速下降
型。该类型井在排采的初期具有较高的产水量,到中后期产水量出现明显的下降,甚至不产
水。初期较大的产水量使得储层压力以较快的速率下降,排采半径也随之快速增大。随着产
水量的下降,排采半径增速减缓。此类井大多高产,产气曲线形态多表现为单峰快速上升型或
双峰型。由图中可以看出,当井底流压在初期快速下降至 1 MPa 以下之后,S-303 井达到第一

个产气高峰,随着储层压力的进一步下降,快速进入第二个产气高峰,并保持稳产。快速下降型井在排采初期产水量高,能够使储层压力快速降低,排采半径得以扩展。随着井控范围内煤储层压力降至临界解吸压力,储层内的煤层气能够较为充分地解吸出来,从而使气井稳产。

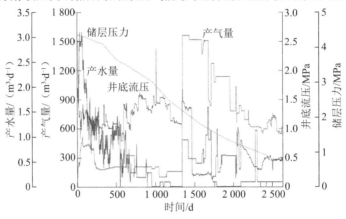

图 6.8　快速下降型

2. 中期稳定型

相较于快速下降型井,中期稳定型井的储层压力并不是持续下降的,在下降到一定程度后会有一段时期保持相对稳定的状态,随后仍然会以较快的速度下降。如图 6.9 所示,S-630 井储层压力曲线形态表现为典型的中期稳定型。此类井的产水特征与快速下降型井相类似,不同的是,在中期不会出现明显的持续下降,会在一定范围内波动,直至后期产水停止。一般情况下,此类井产气量比快速下降型井低,产气曲线类型多表现为双峰型或单峰缓慢上升型。分析图中产气曲线可以看出,前中期产气量一直保持在较低的状态,到后期,压力在此进入快速下降阶段时,产气量出现明显的升高,并持续高产。由于排采初期较高的产水量,井筒附近区域储层压力迅速下降,在压差的作用下井筒远端储层压力向排采半径以内区域传播,并且此类井前中期始终低产,煤层气并未大量解吸,在一定时间内,储层平均压力会保持一定的稳定状态。随着排采的不断进行,远端区域压力补给不足,排采区域储层得以充分降压,气体大量解吸出来,出现产气高峰。

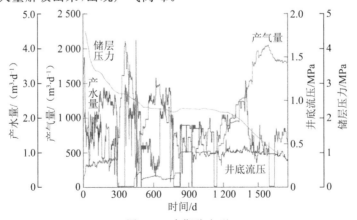

图 6.9　中期稳定型

3. 缓慢下降型

缓慢下降型井的储层压力下降表现得较平稳,下降速度较慢。如图 6.10 所示,S-343 井储层压力下降曲线较为平缓,斜率较小,压力分析结果显示,降幅 26.21%,小于 30%,下降速率为 66.78 kPa/100 d。与前两种类型井相比,缓慢下降型井具有较高的产水量,会出现多个产水高峰。井底流压在排采初期会以较快速度下降,但在中后期处在一种动态的平衡中。由于此类井在排采过程中一直保持较高的产水量,排采半径持续以较快的速率扩大,在压差的作用下井筒远端区域的压力不断向内补给,导致排采区域的储层压力下降缓慢,煤层气不能够充分地解吸并产出,很难达到产气高峰。因此,此类井大多产气量较低,产气曲线类型大多表现为单峰缓慢上升型。

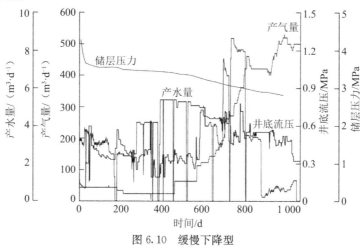

图 6.10　缓慢下降型

二、不同储层压降类型对产能的影响

煤层气开采的过程中,采用直井或者斜井的施工方式向地层深部钻井时,与储层接触面积较小,通过压裂施工,裂隙得到贯通,以井筒为中心的区域中形成了裂缝网格,渗透率得到较大的提升。不同形态压降漏斗模型计算产能的方法不同。

(一) 煤储层不同形态压降漏斗模型

随着煤层气井排采的进行,煤层中的水不断地排出,煤储层各部分的压力也会随之产生动态的变化。压力的变化具有一定的规律,即由于水的排出,储层压力开始下降,以井筒为中心,到泄压区边界的二维剖面连线方向上。储层压力与井筒中心的距离成正比,距离井筒中心越远,储层压力越大。随着储层压力的不断下降,压降漏斗得以扩展,并且会呈现不同的形态,即便是同一时刻,在不同的方向上,储层压降漏斗形态也不尽相同,其原因在于煤储层本身非均质性以及地应力分布差异等因素的影响。通过分析储层压力在排采过程中的变化,掌握其展布情况。假定地质条件相同的情况下,煤储层压力分布呈对数函数、线性函数、抛物线函数、椭圆函数形态,可分别就每种函数模型分析其对产能的影响[198]。不同形态压降漏斗模型如图 6.11 所示。

(1) 对数函数模型。煤层气井排采的起始阶段,压裂工程的实施可在在一定程度上提高储的渗透率,压裂液的顺利返排以及储层中的水大量产出,导致井筒附近储层压力以较快的速率下降。因此,在排采半径范围以内,煤储层压力连线呈现类似对数函数曲线形态,为上凸型。

(2)线性函数模型。煤层气井在排采进行阶段中,煤储层中的水混合着压裂液不断排出,以井筒为中心,压力降幅逐渐向远离井筒的区域扩展,在此范围内,储层压力的变化与距离呈正比例关系,压力连线类似线性形态。

(3)抛物线函数模型。随着煤层气井的排水采气进行到中后期,压降漏斗不断扩展,压力连线形态偏离线性,储层产水量趋于稳定,由于受到生产压差的影响,井筒附近区域的煤储层压力迅速下降,这使得此阶段压力连线呈现出类似抛物线的形态,为下凹型。

(4)椭圆函数模型。随着排采的持续进行,储层压力继续降低,储层压力连线形态不再与抛物线形态相类似。然而,井筒附近区域煤储层有效解吸半径之内的储层在抛物线函数模型阶段迅速降压以后,压力值已与井底流压接近,很难

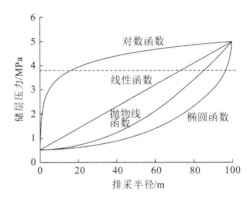

图 6.11　不同形态压降漏斗模型示意图

继续降压。远离井筒区域的储层是压降主要集中的地方。此时储层压力形态与椭圆函数类似,即压降漏斗形态呈椭圆函数模型。

以上 4 种压降漏斗不同形态的函数模型可表示为:

对数函数模型:

$$p_r = a\ln r + b \tag{6.6}$$

线性函数模型:

$$p_r = ar + b \tag{6.7}$$

抛物线函数模型:

$$p_r = ar^2 + b \tag{6.8}$$

椭圆函数模型:

$$\frac{r^2}{a^2} + \frac{p_r^2}{b^2} = 1 \tag{6.9}$$

式中,p_r 为储层压力,MPa;r 为排采半径,m;a,b 为系数。

(二)煤储层不同形态压降漏斗模型产能计算

通过排水降压的方式,压降漏斗不断向井筒远端扩展,储层的解吸半径也随之扩大,因此,煤层气井的产能与压降漏斗密切相关。然而,解吸半径相同的区域内,压降漏斗会呈现不同的形态,受其影响,煤层气井产能也会产生相应的变化[199]。基于上述分析的压降漏斗函数模型,按 0.1 MPa 的阶梯值划分储层有效排采半径范围内的储层压力,运用上述 4 种不同形态压降漏斗函数模型,能够计算得出各个梯度压力值所对应的解吸半径。当储层压力下降至临界解吸压力,煤层气开始解吸以后,依据等温吸附曲线公式,可以得出煤储层解吸半径范围内任意一点处的含气量及含气量下降率,于是不同形态压降漏斗函数模型的产能便可通过求和的方式计算得出。煤层气井产能的计算公式如下:

$$Q_g = \sum_{p_d}^{p_{cd}} \pi (r_{i+0.1}^2 - r_i^2) h\rho \left(\frac{p_{cd}V_L}{p_L + p_{cd}} - \frac{p_iV_L}{p_L + p_i} \right) \tag{6.10}$$

式中，Q_g 为煤层气井井底流压降低至废弃压力时的产能，m^3；p_{cd} 为煤层临界解吸压力，MPa；p_d 为煤层气井废弃压力，MPa；h 为煤层厚度，m；p_L 为煤储层朗格缪尔压力，MPa；V_L 为煤储层朗格缪尔体积，m^3/t；p_i 为煤层气井解吸半径范围内任意一点处的压力，MPa；r_i 为煤层解吸半径范围内压力为 p_i 的点距井筒中心的距离，m；$r_{i+0.1}$ 为煤层解吸半径范围内压力为 $p_{i+0.1}$ 的点距井筒中心的距离，m。

煤层气井产能计算所需要的参数见表 6.3 所示。以煤储层解吸半径在 80～140 m 的区间内，每 20 m 为一阶梯值，计算上述 4 种函数模型式(6.6)至式(6.9)不同解吸半径所对应的产能，得出其产能变化如图 6.12 所示。

表 6.3　煤层气井产能计算参数

煤层厚度 /m	煤层埋深 /m	原始压力 /MPa	朗格缪尔压力 /MPa	朗格缪尔体积 /(m³·t⁻¹)	含气量 /(m³·t⁻¹)	临界解吸压力 /MPa
6.8	630.7	3.8	2.1	35.3	19.7	2.3

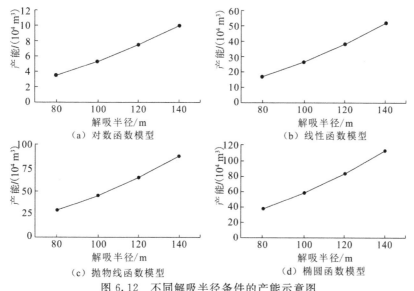

图 6.12　不同解吸半径条件的产能示意图

计算结果表明，其模型系数 a 和 b 并不是恒定不变的，对同一种压降漏斗模型而言，由于解吸半径不同，系数会发生相应的改变。这说明随着排水采气的不断进行，煤储层任意一点的储层压力并不是定值，而是处在动态变化之中。通过比较上述计算结果可以看出，对数函数模型所得产能最低，即便是以 140 m 作为解吸半径，其产能仍然低于 10×10^4 m^3，远低于椭圆函数模型的 112×10^4 m^3，且低于解吸半径 80 m 时线性函数模型的产能。

在解吸半径相同的情况下，解吸气量按照对数函数模型、线性函数模型、抛物线函数模型和椭圆函数模型的顺序递增。由图可知，煤层气井产能随解吸半径的增大而增大，而 4 种压降漏斗函数模型的产能变化图呈扩散型。也就是说，在解吸半径增幅相同的条件下，不同压降漏斗模型的产能增幅是不同的。当解吸半径增幅相同时，其产能增幅按照椭圆函数模型、抛物线函数模型、线性函数模型和对数函数模型递减。

三、不同排采阶段水压传播模型的构建

煤层气直井的排水降压以及气体采收是在三维空间进行的,压力传播方向和路径受到储层渗透率的重要影响。对于我国的煤储层而言,物性条件普遍较差,渗透率偏低,需要对储层改造后,利用排水降压技术对煤层气进行开发。因此,获得储层改造后的渗透率是数学建模的前提。煤层气井排水降压的过程中,煤储层是否受围岩的补给及补给量的大小都会影响压力传播的路径和距离。下面忽略围岩对煤储层的补给,研究分析没有越流补给的情况下压力传播的距离。

(一)单相水流阶段

首先需求得水力压裂后煤层的渗透率,其获取方法在第四章已介绍,在此不再赘述。

根据库萨金公式,当煤层气井无越流补给时,排采时影响半径 R_e 可由式(6.11)得出:

$$R_e = 2\Delta h \sqrt{\frac{hK_f\rho g}{\mu}} \tag{6.11}$$

式中,R_e 为排采水压影响半径,m;h 为煤层厚度,m;K_f 为压裂后煤储层渗透率,μm^2;μ 为水的黏度,mPa·s;Δh 为动液面降低值,m;ρ 为水的密度,m^3/kg;g 为重力加速度。

由前文分析可知,压降在以井筒为中心向四周扩展时,方向上是沿着裂缝向两端传递的。因此,受压裂影响,沿主应力方向,裂缝扩展形态呈椭圆形。在单相水流阶段,水压传播距离按其与长轴方向上压裂影响半径的大小分为两种情况。

第一种情况,水压传播距离小于长轴方向压裂影响半径 L_1,此时设动液面降低值为 Δh_1,由式(6.11),令 $\Delta h_1 = \Delta h$,即可得出长轴方向上水压传播距离 R_{c1}。

第二种情况,水压传播距离大于长轴方向压裂影响半径 L_1,此时设动液面降低值 Δh_{c1} 为:

$$\Delta h_{c1} = \frac{L_1}{2\sqrt{\frac{hK_f\rho g}{\mu}}} \tag{6.12}$$

由此可得长轴方向上水压传播距离 R_{c1} 为:

$$R_{c1} = L_1 + 2(\Delta h_0 - \Delta h_1)\sqrt{\frac{hK_{cy}\rho g}{\mu}} \tag{6.13}$$

式中,Δh_0 为原始状态下动液面高度值,m;K_{cy} 为煤储层原始渗透率,μm^2。

与长轴方向计算类似,短轴方向同样分为两种情况。

第一种情况,水压影响半径小于短轴方向压裂影响半径 L_2,此时仍由式(6.11),令 $\Delta h_1 = \Delta h$,即可得出短轴方向上水压传播距离 R_{d1}。

第二种情况,水压影响半径大于短轴方向压裂影响半径 L_2,此时动液面降低值 Δh_{d1} 为:

$$\Delta h_{d1} = \frac{L_2}{2\sqrt{\frac{hK_f\rho g}{\mu}}} \tag{6.14}$$

由此可得短轴方向上水压传播距离 R_{d1} 为：

$$R_{d1} = L_2 + 2(\Delta h_0 - \Delta h_1)\sqrt{\frac{hK_{cy}\rho g}{\mu}} \qquad (6.15)$$

（三）气水两相流低产阶段

经历了单相水流阶段，煤层气井刚进入气水两相流阶段时，气体开始解吸，气流不连续，产量相对较低。为便于分析，忽略日产气量变化的影响。气体从储层中解吸出来后，通过扩散作用，运移到储层裂缝系统中会产生气泡，使得储层中的水运移受阻，导致水的相对渗透率降低。此时，煤储层中含水率 W_c 可以通过日产气量 Q_w 与日产水量 Q_g 求得：

$$W_c = \frac{Q_w}{Q_w + Q_g} \qquad (6.16)$$

含水率 W_c 与含水饱和度 S_w 之间具有如下关系：

$$W_c = \frac{S_w}{S_w^{N_w} + K_g'(1 - S_w)^{N_g}} \qquad (6.17)$$

式中，S_w 为含水饱和度；N_g，N_w，K_g' 分别为 Corey 系数。

水相相对渗透率 K_{rw} 可由含水饱和度 S_w 表示：

$$K_{rw} = a e^{bS_w} \qquad (6.18)$$

与单相水流阶段类似，第一种情况该阶段水压传播距离小于到长轴压裂影响半径，该阶段动液面降低值为 Δh_2，此时水相渗透率 K_{w1} 可表示为：

$$K_{w1} = K_f a e^{bS_w} \qquad (6.19)$$

式中，a，b 为生产数据拟合系数。

该阶段长轴方向上水压传播距离 R_{cd2} 可由下式得出：

$$R_{cd2} = 2\Delta h_2 \sqrt{\frac{hK_f a e^{bS_w}\rho g}{\mu}} \qquad (6.20)$$

第二种情况该阶段水压传播距离大于长轴压裂影响半径，此时动液面的降低值 Δh_{cd3} 为：

$$\Delta h_{cd3} = \frac{L_1 - R_{c1}}{2\sqrt{\frac{hK_f\rho g}{\mu}}} \qquad (6.21)$$

$$R_{cd2} = \Delta h_{cd3} + 2(\Delta h_2 - \Delta h_{cd3})\sqrt{\frac{hK_{cy} a e^{bS_w}\rho g}{\mu}} \qquad (6.22)$$

该阶段长轴方向水压距离 R_{dg1} 可表示为：

$$R_{dg1} = R_{c1} + R_{cd2} \qquad (6.23)$$

短轴方向上水压传播距离推导与上述过程相同。

（四）气水两相流稳产阶段

随着煤层气井排水降压的进行，储层压力进一步下降，更多的煤层气从储层中解吸出来，形成气水两相流。水中的气体浓度上升，气相相对渗透率升高，而水相相对渗透率则持续下降。同样，与气水两相流低产阶段的推导类似，根据日产气量与日产水量求得含水率，再进一步求得该阶段水相渗透率。

（五）定压阶段

前文已经论述过，在排采过程中，尽管储层压力始终保持下降趋势，但是下降到一定程度后便保持稳定，进入定压阶段。在此阶段，长轴方向上已基本达到井控边界，水压主要在短轴方向上进行传播，因此对于该阶段模型的构建，求得边界处压力的变化至关重要。

储层中某一时刻压力分布可表示为：

$$p_r = p_{wf} + \frac{p_e - p_{wf}}{\left(\ln \frac{R_e^2}{r_w^2} - 1.5 + 2S\right)}\left(\ln \frac{r_x^2}{r_w^2} - 1.5 + 2S\right) \tag{6.24}$$

式中，p_{wf} 为井底压力，MPa；R_e 为井控半径，m；r_w 为井筒半径，m；S 为表皮系数；r_x 为距离井筒中心 x 处的距离，m；p_r 为 r_x 处的压力，MPa；p_e 为储层压力，MPa。

在无越流补给的情况下，设该阶段长轴方向上水压传播距离为 R_{cg}，短轴方向上水压传播距离为 R_{dg}，由于该阶段压力没有明显的变化，分别在长轴方向上的 R_{cg} 附近取一点 R_{rcg}，在短轴方向上的 R_{dg} 附近取一点 R_{rdg}，由储层压力分布式（6.24）可得 R_{rcg} 和 R_{rdg} 处的压力变化 p_{rcg} 和 p_{rdg}：

$$p_{rcg} = p_e - (a_1 \ln t_{rcg} + b_1) \tag{6.25}$$

$$p_{rdg} = p_e - (a_2 \ln t_{rdg} + b_2) \tag{6.26}$$

式中，t_{rcg} 为长轴方向上定压开始排采时到某天的排采时间，d；t_{rdg} 为短轴方向上定压开始排采时到某天的排采时间，d。

井控边界外的水向内流动时，其长轴方向上 R_{rcg} 处的动液面降低值为：

$$S_{rcg} = 98(a_1 \ln t_{rcg} + b_1) \tag{6.27}$$

短轴方向上 R_{rdg} 处的动液面降低值可表示为：

$$S_{rdg} = 98(a_2 \ln t_{rdg} + b_2) \tag{6.28}$$

式中，a_1，a_2，b_1，b_2 为拟合系数。

由此可得出该阶段长轴方向水压传播距离 R_{rcg} 为：

$$R_{rcg} = 196(a_1 \ln t_{rcg} + b_1)\sqrt{\frac{hK_{rwc}\rho g}{\mu}} \tag{6.29}$$

同理，可得出该阶段短轴方向水压传播距离 R_{rdg} 为：

$$R_{rdg} = 196(a_2 \ln t_{rdg} + b_2)\sqrt{\frac{hK_{rwd}\rho g}{\mu}} \tag{6.30}$$

式中，K_{rwc}，K_{rwd} 分别为长轴、短轴方向的水相相对渗透率，$10^{-3}\ \mu m^2$。

第三节　排采不连续对煤层气井产能的影响

一、单相水流阶段不连续排采对煤层气产能影响

煤层气井的产能受多方面因素影响，其影响因素主要包括地质因素和工程因素两方面。影响煤层气产能的地质因素主要为煤储层的渗透率、孔隙度、含气量、储层埋深、临界解吸压力等；工程因素主要包括煤层气井的压裂、煤层气井井网部署及排采制度的划分等。煤储层中的流体处于一种动态平衡的状态，在煤层气开发过程中这种平衡状态会发生改变，当这些

变化超出煤层本身的适应范围时,容易对煤储层造成一定的损害,进而对煤层气井产能造成影响[200-201]。

通过对煤层气排采过程中煤储层损害机理进行研究,探究不连续排采过程中,煤储层的损害程度及损害机理,这对排采制度的制定和提高煤层气产能具有重要的意义。

（一）单相水流阶段排采不连续对储层的影响

1. 单相水流阶段排采不连续对储层孔隙度的影响

煤储层是一种典型的多孔介质,煤储层的孔隙结构决定了煤层气的赋存状态。在煤层气开发前,煤储层中的流体处于原始平衡状态,当开始进行排水降压时,随着压裂液的排出,井筒内的液面不断下降,井筒与煤储层之间产生压力差。在压力差的作用下,煤储层中的压裂液以及孔隙水向井筒运移,随着煤层中的水不断排出,储层压力不断下降,以井筒为中心,逐渐向四周扩散,最终形成了一个以井筒为中心的压降漏斗(图 6.13)。

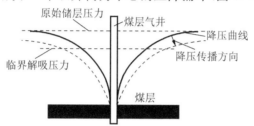

图 6.13　煤层气排采压降漏斗示意图

在排水降压的过程中,由于流体压力的不断降低,导致煤储层中压力系统失衡,从而使煤储层骨架发生变形,孔隙的体积被压缩,孔隙吼道及裂隙被压实闭合等,从而影响流体在孔隙中流动。

2. 单相水流阶段排采不连续对储层渗透率的影响

在煤层气排水降压阶段,煤储层中吸附的煤层气尚未大规模解吸,该阶段控制好煤层气的排采速率及保护煤储层的孔裂隙系统至关重要。

在煤层气开发过程中,随着煤储层中压裂液和裂隙水的不断排出,导致井筒附近的地层流压逐渐降低,此时与外界环境产生压力差。在压力差的作用下,煤储层中的水向井筒方向运移,流体在裂缝中运移会携带大量的煤粉和支撑剂,流体的流速越大,其携带固体颗粒的能力越强。

在煤层气井排采初期,煤储层中的裂缝处于开放状态。当排采速率过快时单位距离内流体压差过高,煤储层裂隙内流体的流速不断加快。高速流动的流体会携带大量的固体颗粒向井筒运移,其中被流体携带出的支撑剂失去支撑作用,导致前期水力压裂工程人造裂缝压实闭合,被流体带出的煤粉堆积在井筒附近,堵塞煤储层中的孔裂隙,表现为储层渗透率的下降。另外,当排采设备处于停机状态时,会导致流体的流速变小,流体所携带的煤粉易原地沉淀,堵塞煤储层裂缝通道,导致煤层气井的产气和产水速率下降,严重时甚至会使煤层气井既不产水也不产气,对单井煤层气的产能有很大的影响[102-104]。

（二）单相水流阶段多次停机造成的排采不连续对煤层气直井产能影响

1. 煤层气井的筛选

筛选沁水盆地柿庄南区块 14 口具有代表性的井,对选取井的排采数据进行整理和分析。具体数据见表 6.4。

表6.4　单相水流阶段典型井统计

序号	煤层	煤层顶板/m	累计停机天数/d	停机次数/次	停机频率
1	3#	709.97	9	8	0.889
2	3#	764.95	30	14	0.467
3	3#	655.37	46	16	0.348
4	3#	839.63	48	8	0.167
5	3#	748.34	35	7	0.200
6	3#	721.49	49	7	0.143
7	3#	715.36	35	6	0.171
8	3#	722.60	93	28	0.301
9	3#	717.96	46	6	0.130
10	3#	771.05	60	6	0.100
11	3#	661.57	13	9	0.693
12	3#	730.25	13	5	0.385
13	3#	688.51	63	6	0.095
14	3#	793.74	18	8	0.444

2. 典型井参数变化

通过对比停机前后生产数据的差异,探究不连续排采造成的地质条件变动情况。具体数据见表6.5。

表6.5　单相水流阶段典型井参数统计

序号	停机前 动液面/m	开机后 动液面/m	停机前 井底流压/MPa	开机后 井底流压/MPa	动液面 变化/m	井底流压 变化/MPa
1	271.28	384.12	4.33	3.18	112.84	−1.15
2	266.33	438.57	4.92	3.18	172.24	−1.74
3	341.57	468.27	3.09	1.80	126.70	−1.29
4	563.33	570.24	2.69	2.60	6.91	−0.09
5	487.10	477.18	2.54	2.62	−9.92	0.08
6	506.90	504.90	2.09	2.09	−2	0
7	526.70	524.70	1.83	1.83	−2	0
8	477.20	683.10	2.40	0.32	205.90	−2.08
9	296.03	569.25	4.16	14.06	273.22	9.90
10	609.86	530.64	1.54	2.32	−79.22	0.78
11	238.61	447.48	4.18	2.07	208.87	−2.11
12	284.15	492.03	4.40	2.30	207.88	−2.10
13	493.04	453.42	1.90	2.28	−39.62	0.38
14	452.45	605.88	3.35	1.79	153.43	−1.56

3. 典型井参数与停机频率

分别绘制停机频率与井底流压、动液面变化的散点图,如图 6.14 所示。可以看出,当停机频率在 0~0.2 时,动液面变化为 0~100 m,井底流压变化为 0~1 MPa;当停机频率上升到 0.3~0.8 时,动液面开始急剧波动,动液面变化程度在 100~200 m,井底流压开始下降,下降幅度在 2 MPa 以内。

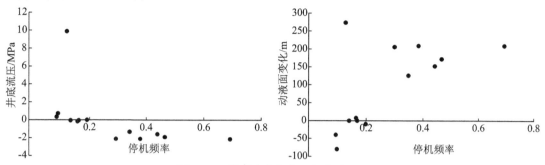

图 6.14　排采参数与停机频率关系图

4. 典型井参数与停机次数

分别绘制停机次数与井底流压、动液面变化的散点图,如图 6.15 所示。可以看出,当停机次数小于 10 次时,煤层气井的动液面变化较大,在 100~300 m 变化不等,且随着停机次数的增多,井底流压变化减小,动液面变化幅度变小。

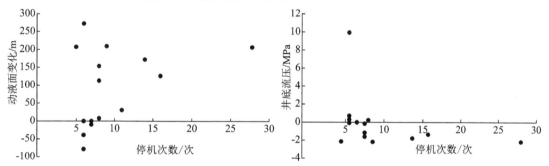

图 6.15　排采参数与停机次数关系图

5. 停机前后储层压力和渗透率变化计算

煤储层压力和渗透率的动态变化决定了煤层气直井产能的变化。可根据典型井排采数据中的累计产水量和累计产气量,对煤储层压力和渗透率进行推算。

单相水流阶段基于物质平衡方程,根据累计产水量对储层压力进行反演,得出对应的平均储层压力。

单相水流阶段渗透率 K 的变化主要受有效应力的影响,适用下述公式:

$$K = K_0 e^{-C_f \left(\frac{1-2\nu}{1-\nu}\right)(p_e-p)}$$ (6.31)

式中,K_0 为初始渗透率;C_f 为煤割理系数;ν 为泊松比;p_e 为煤储层初始压力,MPa;p 为现阶段平均储层压力,MPa。

系统统计典型井排采数据,计算典型井停机前后储层压力及渗透率变化,并分别绘制不同停机频率、停机次数与储层压力及渗透率的散点图。相关计算数据见表 6.6 至表 6.8,散点图如图 6.16 和图 6.17 所示。

表 6.6 单相水流阶段典型井排采数据

序号	累计停机天数/d	累计停机次数/次	停机频率	停机前累计产水量/m³	开机后累计产水量/m³	见气累计产水量/m³
1	9	8	0.889	1.3	236.6	287.1
2	30	14	0.467	2.8	109.0	164.1
3	46	16	0.348	20.2	1 296.5	1 561.4
4	48	8	0.167	26.5	175.4	216.5
5	35	7	0.200	34.3	44.4	243.9
6	49	7	0.143	27.1	39.9	330.8
7	35	6	0.171	24.5	49.9	190.1
8	93	28	0.301	16.7	1 582.0	1 593.0
9	46	6	0.130	1.0	131.8	316.7
10	60	6	0.100	676.1	969.6	1 078.0
11	13	9	0.692	1.6	61.8	72.4
12	13	5	0.385	4.6	46.2	60.5
13	63	6	0.095	149.1	180.9	292.4
14	18	8	0.444	3.0	180.1	206.3

表 6.7 典型井停机前后储层压力及渗透率变化

序号	停机前储层压力/MPa	开机后储层压力/MPa	停机前储层渗透率/(10^{-3} μm^2)	开机后储层渗透率/(10^{-3} μm^2)	储层压力变化/MPa	储层渗透率变化/(10^{-3} μm^2)
1	3.544	2.624	0.327	0.198	0.921	0.129
2	4.218	3.257	0.178	0.109	0.960	0.069
3	3.218	1.515	0.089	0.030	1.703	0.060
4	1.792	1.634	0.297	0.267	0.158	0.030
5	3.554	3.940	1.396	1.683	−0.386	−0.287
6	2.129	2.129	0.584	0.574	0.000	0.010
7	1.574	1.574	0.327	0.317	0.000	0.010
8	1.802	0.693	0.030	0.010	1.109	0.020
9	2.574	1.010	1.297	0.584	1.564	0.713
10	1.515	2.643	0.545	0.950	−1.129	−0.406
11	3.643	2.386	0.267	0.139	1.257	0.129
12	3.099	2.099	0.753	0.446	1.000	0.307
13	1.851	2.148	0.248	0.277	−0.297	−0.030
14	4.138	2.792	0.129	0.059	1.346	0.069

表 6.8 典型井停机前后压力及渗透率变化

序号	停机前储层压力 /MPa	停机前储层渗透率 /($10^{-3}\ \mu m^2$)	见气储层压力 /MPa	见气储层渗透率 /($10^{-3}\ \mu m^2$)	储层压力变化 /MPa	储层渗透率变化 /($10^{-3}\ \mu m^2$)
1	3.544	0.327	1.723	0.125	1.822	0.202
2	4.218	0.178	2.663	0.079	1.554	0.099
3	3.218	0.089	1.921	0.040	1.297	0.050
4	1.792	0.297	1.059	0.198	0.733	0.099
5	3.554	1.396	1.059	0.396	2.495	1.000
6	2.129	0.584	0.931	0.317	1.198	0.267
7	1.574	0.327	1.089	0.248	0.485	0.079
8	1.802	0.030	0.673	0.010	1.129	0.020
9	2.574	1.297	1.000	0.584	1.574	0.713
10	1.515	0.545	1.129	0.446	0.386	0.099
11	3.643	0.267	1.812	0.104	1.832	0.163
12	3.099	0.753	1.465	0.327	1.634	0.426
13	1.851	0.248	1.445	0.193	0.406	0.055
14	4.138	0.129	2.633	0.054	1.505	0.074

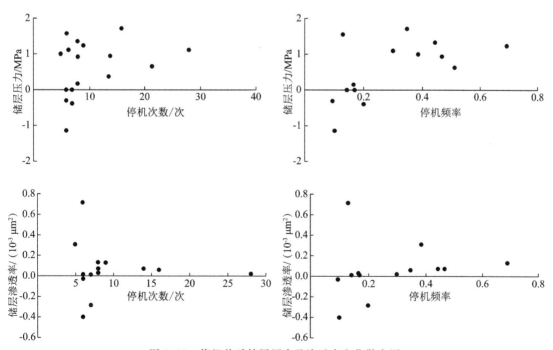

图 6.16 停机前后储层压力及渗透率变化散点图

由图 6.16 可以看出,不同停机次数、停机频率条件下停机前后的储层压力和渗透率具有一定差异。当停机次数在 10 次以内时,储层压力和渗透率会有较大幅度的变化,其中储层压力变化幅度在 2 MPa 以内,储层渗透率变化幅度在 $0.8 \times 10^{-3} \, \mu m^2$ 以内;当停机频率小于 0.3 时,对储层的损伤较小,当停机频率大于 0.3 时,频繁停机对储层压力及渗透率具有较大的影响,其中储层压力变化幅度在 $0 \sim 2$ MPa,储层渗透率变化幅度在 $0.4 \times 10^{-3} \, \mu m^2$ 以内。

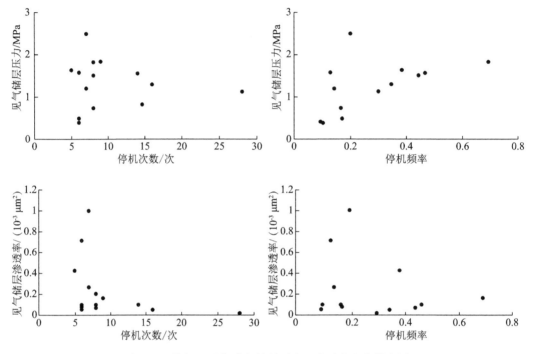

图 6.17　停机至见气阶段储层压力及渗透率变化散点图

由图 6.17 可以看出,不同停机次数、停机频率条件下,停机至见气阶段储层压力及渗透率的变化。

综合两次储层压力和渗透率变化可以看出:单相水流阶段多次停机造成的排采不连续会对储层压力及渗透率造成一定程度的影响,且停机次数越多,停机频率越高,影响越大。考虑到典型井储层压力及储层渗透率较小,恢复排采后储层压力及渗透率能得到一定程度的恢复,因此对煤层气井产能的影响程度较小。

(三) 长时间停机造成的排采不连续对煤层气直井产能影响

1. 单相水流阶段典型井筛选

从沁水盆地柿庄南区块选取 19 口符合长时间停机特征的典型井,详细数据见表 6.9。

2. 典型井参数变化

对比表 6.4 和表 6.9 可知,长时间停机与短时间多次停机相比,停机频率几乎相差一个数量级。在长时间停机对产能影响的相关研究中忽略停机频率对产能造成的影响,通过分析停机时长与储层参数之间的变化关系,确定长时间停机造成的排采不连续对煤层气直井产能影响。具体数据见表 6.10。

表 6.9　单相水流阶段典型井统计

序　号	煤层顶板/m	累计停机天数/d	停机次数/次	停机频率
1	755.11	35	1	0.029
2	649.26	33	1	0.030
3	728.82	56	2	0.036
4	746.78	56	2	0.036
5	729.32	44	1	0.023
6	695.39	62	3	0.048
7	709.23	82	1	0.012
8	760.75	74	1	0.014
9	762.41	60	1	0.017
10	765.54	60	1	0.017
11	766.62	51	3	0.059
12	565.64	93	2	0.022
13	584.88	93	2	0.022
14	767.81	161	1	0.006
15	766.22	161	1	0.006
16	661.67	81	2	0.025
17	640.42	88	1	0.011
18	763.79	58	1	0.017
19	830.80	98	4	0.041

表 6.10　单相水流阶段典型井参数统计

井　号	停机前动液面/m	开机后动液面/m	停机前井底流压/MPa	开机后井底流压/MPa	动液面变化量/m	井底流压变化量/MPa
1	427	471	3.316 5	2.890 8	44	−0.425 7
2	469	390	1.851 3	2.643 3	−79	0.792
3	582	583	1.524 6	1.524 6	1	0
4	590	567	1.623 6	1.861 2	−23	0.237 6
5	661	662	0.742 5	0.742 5	1	0
6	452	496	2.475	2.049 3	44	−0.425 7
7	361	362	3.514 5	3.514 5	1	0
8	433	458	3.316 5	3.078 9	25	−0.237 6
9	643	644	1.257 3	1.257 3	1	0
10	611	612	1.603 8	1.603 8	1	0
11	390	391	3.801 6	3.801 6	1	0
12	326	356	2.425 5	2.138 4	30	−0.287 1
13	354	364	2.346 3	2.257 2	10	−0.089 1

井　号	停机前 动液面/m	开机后 动液面/m	停机前 井底流 压/MPa	开机后 井底流 压/MPa	动液面 变化量/m	井底流压 变化量/MPa
14	519	466	2.534 4	3.069	−53	0.534 6
15	588	525	1.831 5	2.465 1	−63	0.633 6
16	354	355	3.108 6	3.108 6	1	0
17	1	376	0	2.692 8	375	2.692 8
18	477	435	2.910 6	3.336 3	−42	0.425 7
19	448	691	8.296 2	1.791 9	243	−6.504 3

由图 6.18 可以看出,单相水流阶段停机时长小于 50 d 时,动液面变化幅度较小,井底流压基本不变;停机时长大于 50 d 时,动液面变化幅度较大,井底流压具有一定的波动幅度。

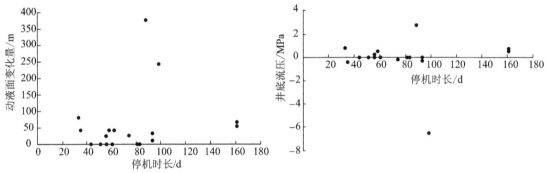

图 6.18　排采参数与停机时长散点图

3. 停机前后储层压力和渗透率变化计算

系统统计典型井排采数据,计算典型井停机前后储层压力及渗透率变化,并分别绘制不同停机时长与储层压力及渗透率的散点图。相关计算数据见表 6.11 至表 6.13,散点图如图 6.19 和图 6.20 所示。

表 6.11　单相水流阶段典型井累计产水量统计

井　号	累计停机 天数/d	停机次数/次	停机频率	停机前 累计产水 量/m³	开机后 累计产水 量/m³	见气累计 产水量 /m³
1	35	1	0.029	0.5	3	6.5
2	33	1	0.030	904.8	905	1 562.2
3	56	2	0.036	35	35.8	88.5
4	56	2	0.036	24.6	35	69.8
5	44	1	0.023	9.9	10.7	95.6
6	62	3	0.048	10.9	74.5	263.6
7	82	1	0.012	7.9	8.6	60.4
8	74	1	0.014	13	13.8	251.9

续表

井 号	累计停机天数/d	停机次数/次	停机频率	停机前累计产水量/m³	开机后累计产水量/m³	见气累计产水量/m³
9	60	1	0.017	62.9	63.4	81.9
10	60	1	0.017	59.5	60.2	82.4
11	51	3	0.059	0.2	3.4	25.8
12	93	2	0.022	19.7	40	180.7
13	93	2	0.022	15.8	28.3	294
14	161	1	0.006	13.8	17.2	34.2
15	161	1	0.006	28.3	34.7	66.7
16	81	2	0.025	55.9	198.6	265.4
17	88	1	0.011	0.2	0.2	55.5
18	58	1	0.017	23.6	24.2	45.4
19	98	4	0.04	0.2	37.1	47.1

表 6.12 典型井停机前后压力及渗透率变化 1

井 号	停机前储层压力/MPa	停机前储层渗透率/($10^{-3}\ \mu m$)	开机后储层压力/MPa	开机后储层渗透率/($10^{-3}\ \mu m$)	储层压力变化/MPa	渗透率变化/($10^{-3}\ \mu m$)
1	4.23	0.55	3.22	0.34	1.01	0.21
2	1.07	1.21	2.05	1.96	−0.98	−0.75
3	3.82	0.39	3.82	0.39	0	0
4	1.8	0.25	2.04	0.28	−0.24	−0.03
5	3.49	1	3.49	1	0	0
6	3.31	1.77	2.98	1.51	0.33	0.26
7	3.76	0.23	3.76	0.23	0	0
8	4.01	0.52	3.78	0.47	0.23	0.05
9	1.42	1.1	1.42	1.1	0	0
10	1.74	0.22	1.74	0.22	0	0
11	3.14	1.9	3.14	1.9	0	0
12	1.73	4.26	1.57	3.94	0.16	0.32
13	2.13	2.29	2.03	2.18	0.1	0.11
14	4.07	1.36	5.28	2.48	−1.21	−1.12
15	2.47	1.59	2.47	1.59	0	0
16	2.68	0.99	2.68	0.99	0	0
17	4.36	0.34	4.92	0.44	−0.56	−0.1
18	3.09	0.32	1.4	0.15	1.69	0.17

表 6.13　典型井停机前后压力及渗透率变化 2

井　号	停机前储层压力/MPa	停机前储层渗透率/($10^{-3}\mu$m)	见气储层压力/MPa	见气储层渗透率/($10^{-3}\mu$m)	储层压力变化/MPa	渗透率变化/($10^{-3}\mu$m)
1	4.23	0.63	2.39	0.42	1.84	0.21
2	1.07	1.29	1.3	1.6	−0.23	−0.31
3	3.82	0.47	2.29	0.38	1.53	0.09
4	1.8	0.33	1.68	0.43	0.12	−0.1
5	3.49	1.08	1.59	0.6	1.9	0.48
6	3.31	1.85	1.51	0.95	1.8	0.9
7	3.76	0.31	2.54	0.32	1.22	−0.01
8	4.01	0.6	2.26	0.42	1.75	0.18
9	1.42	1.18	2.13	1.81	−0.71	−0.63
10	1.74	0.3	2.46	0.5	−0.72	−0.2
11	3.14	1.98	1.33	1	1.81	0.98
12	1.73	4.34	0.57	2.7	1.16	1.64
13	2.13	2.37	0.76	1.4	1.37	0.97
14	4.07	1.44	1.74	0.64	2.33	0.8
15	2.47	1.67	1.15	1.05	1.32	0.62
16	2.68	1.07	1.04	0.65	1.64	0.42
17	4.36	0.42	2.62	0.34	1.74	0.08
18	3.09	0.4	1.3	0.33	1.79	0.07

由图 6.19 和 6.20 可知,在单相水流阶段停机时间越长,对储层压力及渗透率的影响程度越大。长时间停机所造成的储层压力下变化在 0～1 MPa,渗透率变化主要在 0～0.4×$10^{-3}\mu$m²,开机后储层压力和渗透率下降幅度加剧,储层渗透率变化趋势与停机时长呈正相关关系。

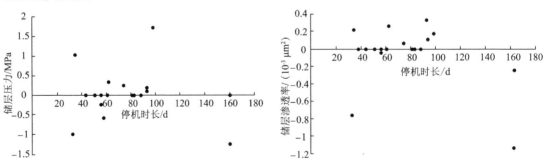

图 6.19　停机前后储层压力及渗透率变化散点图

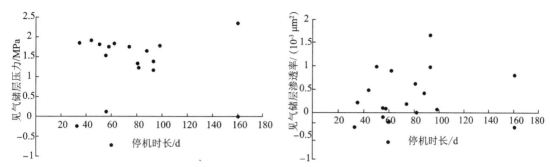

图 6.20 停机至见气阶段储层压力及渗透率变化散点图

二、气水两相流阶段排采不连续对煤层气产能影响

当排采进行到气水两相流阶段,由于储层压力小于临界解吸压力,煤层气井开始有气产出。气体黏度系数小,在同样压差和裂隙下更容易发生流动。在煤层气井排采过程中,由于停电、卡泵等外界因素造成停机现象,导致煤层气井排采的不连续,对煤储层物性会产生很大的影响。通过对气水两相流阶段煤层气不连续排采过程中煤储层损害机理进行研究,对排采制度的制定和提高煤层气产能具有重要意义。

(一)气水两相流阶段排采不连续对储层的影响

1. 煤粉堵塞伤害

煤粉的产出是煤储层的物性特征、储层改造和排采综合作用的结果。煤岩的力学性质比较脆弱,在对煤储层进行压裂施工的过程中,煤储层由于通过外力和煤岩表面的剪切磨损作用,发生变形破坏,从而产生一定量的煤粉及一些细小的碎屑煤颗粒。在排采阶段,这些煤粉将大量聚集、沉降,堵塞储层的孔裂隙系统,若煤粉长期聚集并且得不到有效的处理,会严重影响煤层气排采的连续性。

在排采过程中投产初期或产气初期,由于水动力及气体张力作用易携带煤粉产出,此间若出现停抽现象,可能导致煤粉在近井地带聚集,堵塞水和气体运移通道,导致后期产水及产气量的变化,进而影响煤层气井产能。

2. 煤储层气锁伤害

在煤层气排采初期,由于停机时间过长或者频繁停机,煤层气井筒内的动液面不断上升,井底流压升高。此时,在近井筒附近由于压差逐渐大于临界解吸压力,煤层气不再发生解吸,由于压力传播速率比较慢,远离井筒的储层中煤层气仍处于解吸状态,压力差逐渐变小,游离在煤储层孔裂隙中的小气泡会不断聚集成大气泡,地层的排驱压力较小,大气泡无法排出,从而堵塞孔裂隙喉道,发生气锁现象。

煤层气在煤储层运移过程中主要受煤储层的排驱压力及毛细管阻力影响,在气水两相流阶段,煤层气运移过程中所存在的阻力主要表现为 3 种形式。

1)气泡处于静止状态的阻力(图 6.21)

$$p'_c = \frac{2\sigma}{R} = \frac{2\sigma\cos\theta}{r} \tag{6.32}$$

$$p''_{cz} = \frac{\sigma}{r} \tag{6.33}$$

$$p_1 = \frac{2\sigma\cos\theta}{r} - \frac{\sigma}{r} = \frac{2\sigma}{R}(\cos\theta - 0.5) \qquad (6.34)$$

式中，p_c' 为气柱两端的球面所受的毛细管力，MPa；p_{cz}'' 为毛细管轴心的毛管力，MPa；p_1 为孔内外压差，MPa；σ 为表面张应力，MPa；R 为气柱两端球面半径，m；θ 为静接触角，(°)；r 为气孔的横切半径，m。

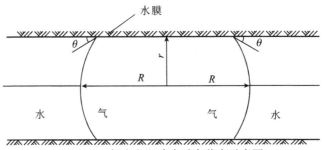

图 6.21　气泡在空隙中赋存状态示意图

当气泡处于静止状态时，主要受两端球面所对应的毛细管力及与孔隙相连部分的黏滞力作用[57]。当处于平衡状态时，气膜表面所受的水平方向的毛细管力相互抵消，但可以将其施加在孔裂隙表面，由于液体压强传递定律，薄膜壁变薄。因此，若使气柱在孔裂隙中移动，必须施加足够的外界压力，克服摩擦阻力促其运移。

2）气泡沿孔隙运移时所受的阻力（图 6.22）

当外界压力足够大时，气柱在移动的过程中会产生阻力，由于气柱两端受力不均匀，容易产生形变。气柱两端会产生两个不同的毛细管力及随之产生的附加阻力，如果气柱要发生运移，则施加的力需要大于这 3 个力以及气柱上水膜所受的摩擦力之和。

$$p' = \frac{2\sigma}{R'} \qquad (6.35)$$

$$p'' = \frac{2\sigma}{R''} \qquad (6.36)$$

$$p_H = p'' - p' = \frac{2\sigma}{r}(\cos\theta'' - \cos\theta') \qquad (6.37)$$

式中，p'，p'' 分别为球泡后端、前端施于管壁的球面毛管力，MPa；p_H 为形变压差，MPa；R'，R'' 分别为后端、前端球面半径，m；θ'，θ'' 分别为后端、前端动接触角，(°)。

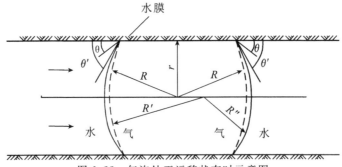

图 6.22　气泡处于运移状态时示意图

3）当气泡运移到窄口孔时（图 6.23）

煤储层中孔隙都是不均一的，煤层气在排采过程中，当气泡运移到孔径较小的孔隙时，由于阻力的作用,气泡会发生变形,会导致气泡的前后曲率不同。由于压强传递定律,这时会出现第3种毛细阻力,又称贾敏效应。

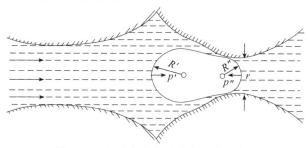

图 6.23 气泡在较窄孔隙中运移示意图

在煤层气的排采过程中,气水两相流阶段经常会出现这种现象。这主要是压裂改造后煤储层中的孔裂隙系统发生改变,孔裂隙变成一个不规则的连通网络,当煤层气在空隙中运移时会导致气堵现象。在气水两相流阶段,煤储层中有大量煤层气排出,大量气泡会使毛管效应叠加,产生阻力,导致煤层的渗透率降低,对煤层气的连续排采有很大的影响[57,62]。

(二)多次停机造成的排采不连续对煤层气直井产能影响

1. 气水两相流阶段典型井筛选

选取沁水盆地柿庄南区块在气水两相流阶段具有多次停机的典型不连续排采特征的 12 口典型井,具体数据见表 6.14。

表 6.14 气水两相流阶段典型井统计

井　号	煤层顶板/m	累计停机天数/d	停机次数/次	停机频率
1	761.41	110	6	0.05
2	693.99	61	7	0.11
3	769.63	95	15	0.16
4	762.50	71	9	0.13
5	705.97	41	17	0.41
6	759.63	11	4	0.36
7	765.27	263	12	0.05
8	769.28	40	18	0.45
9	639.12	42	7	0.17
10	788.04	99	16	0.16
11	762.25	118	24	0.20
12	829.13	59	12	0.20

2. 典型井参数变化

在气水两相流阶段,煤层气井的排采需要控制的参数为套压和动液面下降速率,产气速率过快容易导致携带出大量煤粉。该阶段应着重关注停机前后相关数据的变化情况。

1)动液面变化

通过统计停机前后动液面的变化量和停机后恢复稳产时的变化量来探究停机对动液面

的影响程度,并绘制散点图。数据见表 6.15 和表 6.16,散点图如图 6.24 所示。其中,$\Delta_{动液面1}$＝开机后动液面－停机前动液面,$\Delta_{动液面2}$＝稳定产气动液面－停机前动液面。

表 6.15　气水两相流阶段典型井参数统计 1

井　号	停机前套压/MPa	停机前动液面/m	停机前井底流压/MPa	开机后套压/MPa	开机后动液面/m	开机后井底流压/MPa	$\Delta_{动液面1}$/m	$\Delta_{井底流压1}$/MPa	$\Delta_{套压1}$/MPa
1	0.1	660	1.19	0.09	593	1.87	−67	0.68	−0.01
2	0.08	694	0.15	0.07	633	0.77	−61	0.62	−0.01
3	0.1	625	1.62	0.09	558	2.3	−67	0.68	−0.01
4	0.04	725	0.49	0.01	639	1.34	−86	0.85	−0.03
5	0.04	700	0.17	0.05	693	0.27	−7	0.1	0.01
6	0.04	756	0.15	0.05	734	0.4	−22	0.25	0.01
7	0.14	733	0.54	0.11	699	0.87	−34	0.33	−0.03
8	0.1	645	1.42	0.11	617	1.73	−28	0.31	0.01
9	0.23	640	0.285 8	0.24	596	0.755 8	−44	0.465 8	0.01
10	0.09	768	0.37	0.14	753	0.59	−15	0.22	0.05
11	0.09	787	0.09	0.13	582	2.029 5	−205	1.939 5	0.04
12	0.16	821	0.13	0.01	778	0.1	−43	−0.03	−0.15

表 6.16　气水两相流阶段典型井参数统计 2

井　号	停机前套压/MPa	稳定产气套压/MPa	停机前动液面/m	稳定产气动液面/m	停机前井底流压/MPa	稳定产气井底流压/MPa	$\Delta_{动液面2}$/m	$\Delta_{井底流压2}$/MPa	$\Delta_{套压2}$/MPa
1	0.1	0.08	660	591	1.19	1.86	−69	0.67	−0.02
2	0.08	0.06	694	631	0.15	0.76	−63	0.61	−0.02
3	0.1	0.08	625	556	1.62	2.29	−69	0.67	−0.02
4	0.04	0	725	637	0.49	1.33	−88	0.84	−0.04
5	0.04	0.04	700	691	0.17	0.26	−9	0.09	0
6	0.04	0.04	756	732	0.15	0.39	−24	0.24	0
7	0.14	0.2	733	731	0.54	0.62	−2	0.08	0.06
8	0.1	0.4	645	759	1.42	0.58	114	−0.84	0.3
9	0.23	0.23	640	594	0.285 8	0.75	−46	0.4642	0
10	0.09	0.13	768	751	0.37	0.58	−17	0.21	0.04
11	0.09	0.16	787	700	0.09	0.859 5	−87	0.769 5	0.07
12	0.16	0.12	821	713	0.13	0.09	−108	−0.04	−0.04

由图 6.24 可知,停机频率在在 0～0.2 区间动液面波动幅度比较大,但基本未高于 100 m,而且动液面基本处于下降趋势,频率越大对动液面产生的波动越小。其中,部分煤层气井的

停机虽然对动液面造成一定的影响,但并未使产气量发生变化。

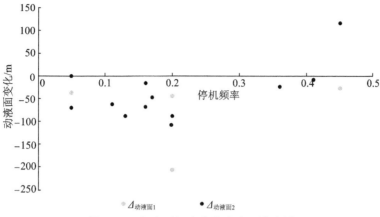

图 6.24 气水两相流阶段动液面波动图

2）套压变化

通过统计停机前后套压变化和停机后恢复稳产时变化来探究停机对套压的影响程度。其中,$\Delta_{套压1}$＝开机后套压－停机前套压;$\Delta_{套压2}$＝稳定产气套压－停机前套压。

由图 6.25 可以看出,停机频率 0.2 后套压基本不再发生波动,波动幅度趋近于 0,停机频率小于 0.2 时套压在 0～0.1 MPa。其中,多口井两次套压的变化量大小相同,表示停机后虽然套压产生波动,但未对产气量造成影响。

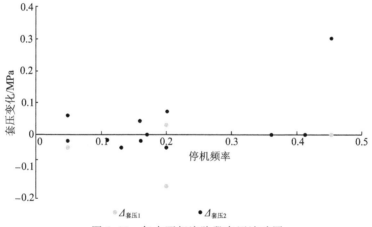

图 6.25 气水两相流阶段套压波动图

3）井底流压变化

通过统计停机前后井底流压变化和停机后恢复稳产时变化来探究停机对井底流压的影响程度,根据表 6.15 和表 6.16 制作散点图。其中,$\Delta_{井底流压1}$＝开机后井底流压－停机前井底流压;$\Delta_{井底流压2}$＝稳定产气井底流压－停机前井底流压。

由图 6.26 可以看出:停机频率在 0～0.5 时,井底流压变化为 0～1 MPa;停机频率越高,波动越小。由于停机频率越小越趋近于单次停机对井底流压的影响,停机频率越大越趋近于短时间多次停机对储层造成的影响总和,这表明储层对停机频率具有一定的承受能力。

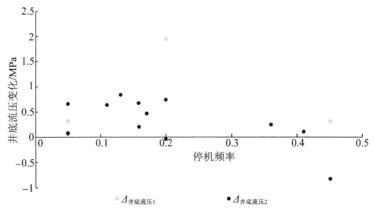

图 6.26　气水两相流阶段井底流压波动图

3. 产水量和产气量变化

1）产水量

表 6.17 为气水两相流阶段频繁停机对产水量影响的统计表。其中，$\Delta_{产水量1}$＝开机后产水量－停机前产水量，$\Delta_{产水量2}$＝稳定产气产水量－停机前产水量。绘制散点图如图 6.27 所示。

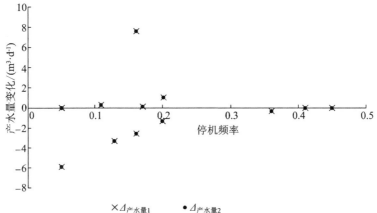

图 6.27　气水两相流阶段产水量波动图

在气水两相流阶段，产水量波动范围在 $0\sim8$ m³/d，频繁停机会使产水量下降。停机频率越低，波动幅度越大；停机频率越高，波动幅度越小。

表 6.17　气水两相流阶段典型井产水量

井　号	停机前产水量/(m³·d⁻¹)	停机前累计产水量/m³	开机后产水量/(m³·d⁻¹)	开机后累计产水量/m³	$\Delta_{产水量1}$/m³	稳定产气产水量/(m³·d⁻¹)	累计产水量/m³	$\Delta_{产水量2}$/(m³·d⁻¹)
1	6.1	4 063.32	0.21	4 204.9	−5.89	0.21	4 204.8	−5.89
2	0.3	734.22	0.51	756.7	0.21	0.51	756.6	0.21
3	2.1	5712.22	9.61	6 083	7.51	9.61	6 082.9	7.51
4	4.1	715.92	0.81	766.7	−3.29	0.81	769.9	−3.29
5	0.3	629.12	0.21	673.8	−0.09	0.21	673.7	−0.09
6	0.7	402.52	0.31	410.7	−0.39	0.31	410.6	−0.39
7	0.3	926.42	0.31	946.2	0.01	0.31	948.8	0.01

井　号	停机前产水量 /(m³·d⁻¹)	停机前累计产水量/m³	开机后产水量 /(m³·d⁻¹)	开机后累计产水量/m³	$\Delta_{产水量1}$ /m³	稳定产气产水量 /(m³·d⁻¹)	累计产水量 /m³	$\Delta_{产水量2}$ /(m³·d⁻¹)
8	0.1	2 321.32	0.11	2 321.5	0.01	0.11	2 323.2	0.01
9	0.7	1 490.92	0.71	1 505.3	0.01	0.71	1 513	0.01
10	4.1	2 568.62	1.41	2 920	−2.69	1.41	2 919.9	−2.69
11	1.4	2 026.02	0.11	3 092.1	−1.29	0.11	3 129.6	−1.29
12	0.1	1 851.52	1.11	2 092.9	1.01	1.11	2 158.8	1.01

2）产气量

表6.18为气水两相流阶段典型井产气量统计表。绘制散点图如图6.28所示。

表6.18　气水两相流阶段典型井产气量

井　号	停机前产气量 /(m³·d⁻¹)	停机前累计产气量/m³	开机后产气量 /(m³·d⁻¹)	开机后累计产气量/m³	$\Delta_{产气量1}$ /m³	稳定产气产气量 /(m³·d⁻¹)	累计产气量 /m³	$\Delta_{产气量2}$ /(m³·d⁻¹)
1	170	274 435	80	298 135	−90	80	298 135	−90
2	270	102 810	80	120 520	−190	80	120 520	−190
3	210	42 560	80	63 250	−130	80	63 250	−130
4	90	3 020	0	3 020	−90	50	3 150	−40
5	50	20 920	40	26 720	−10	40	26 720	−10
6	80	25 470	70	28 690	−10	70	28 690	−10
7	150	85 520	100	119 400	−50	300	120 760	150
8	210	324 405	100	335 805	−110	400	339 255	190
9	410	342 652	400	352 452	−10	480	357 812	70
10	540	274 611	154	353 434	−386	154	353 434	−386
11	610	272 749	384	348 639	−226	450	360 953	−160
12	1 010	816 935	0	101 6745	−1 010	600	1 017 345	−410

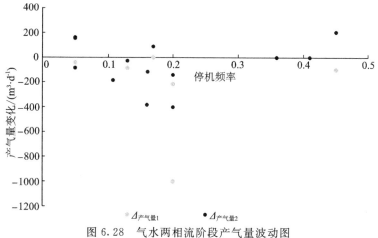

图6.28　气水两相流阶段产气量波动图

由图6.28可知,在选取的12口典型井中,大多数井的产气量随停机影响有所下降,且下降区间多为−200～0 m³。

4. 停机前后储层压力和渗透率变化计算

利用物质平衡方程,根据累计产水量和累计产气量进行平均储层压力反演计算。

气水两相流阶段渗透率主要受有效应力、基质收缩和滑脱效应耦合影响。研究中忽略滑脱效应的影响因素,则相关渗透率的计算适用如下公式:

$$K = \begin{cases} K_0 \mathrm{e}^{-C_{\mathrm{f}}\left(\frac{1+\nu}{1-\nu}\right)(p_{\mathrm{e}}-p)} & (p > p_{\mathrm{d}}) \\ K_0 \left\{ \dfrac{\pi S_{\mathrm{v}}^3 \rho_{\mathrm{e}}^3 [R^3(p_{\mathrm{e}}) - R^3(p)]/162 + \phi_0}{\phi_0} \right\}^3 + K_0 \mathrm{e}^{-C_{\mathrm{f}}\left(\frac{1+\nu}{1-\nu}\right)(p_{\mathrm{e}}-p)} & (p < p_{\mathrm{d}}) \end{cases}$$

(6.38)

式中,ν 为泊松比;r_0 为基质颗粒半径,m;C_{f} 为孔隙压缩系数,MPa;p 为煤层力压力,MPa;p_{e} 为原始储层压力,MPa;p_{d} 为临界解析压力,MPa;K 为裂缝渗透率,$10^{-3}\ \mu\mathrm{m}^2$;K_0 为原始裂缝渗透率,$10^{-3}\ \mu\mathrm{m}$;S_{v} 为煤比表面积,m^2/g;ρ_{e} 为煤密度,$\mathrm{g/cm}^3$;ϕ_0 为孔隙度,%;R 为等效基质颗粒半径,m。

$$R(p) = r_0 + \frac{10^{-3} \rho_{\mathrm{e}} V_{\mathrm{e}} V_{\mathrm{L}} p/(p_{\mathrm{L}} + p)}{S_{\mathrm{t}}}$$

(6.39)

式中,S_{t} 为基质颗粒总表面积,m^2;V_{e} 为煤体积,m^3;V_{L} 为兰氏体积,m^3/t;p_{L} 为兰氏压力,MPa。

典型井停机前后压力及渗透率变化见表 6.19 和表 6.20,绘制散点图如图 6.29 所示。其中,$\Delta p_1 =$ 开机后储层压力−停机前储层压力;$\Delta p_2 =$ 恢复稳产后储层压力−停机前储层压力;$\Delta K_1 =$ 开机后储层渗透率−停机前储层渗透率;$\Delta K_2 =$ 恢复稳产后储层渗透率−停机前储层渗透率。

表 6.19　典型井停机前后压力及渗透率变化 1

井　号	停机前储层压力/MPa	停机前储层渗透率/($10^{-3}\ \mu\mathrm{m}^2$)	开机后储层压力/MPa	开机后储层渗透率/($10^{-3}\ \mu\mathrm{m}^2$)	Δp_1/MPa	ΔK_1/($10^{-3}\ \mu\mathrm{m}^2$)
1	3.122	0.08	3.044	0.04	−0.078	−0.04
2	2.743	0.5	2.678	0.15	−0.065	−0.35
3	3.331	0.23	3.243	0	−0.088	−0.23
4	2.269	0.2	2.269	0	0	−0.2
5	2.075	0.299	2.054	0.297	−0.021	−0.002
6	2.292	0.373	2.28	0.371	−0.012	−0.002
7	2.788	0.269	2.661	0.2	−0.127	−0.069
8	2.384	0.22	2.35	0.105	−0.034	−0.115
9	1.414	1.82	1.39	1.76	−0.024	−0.06
10	3.055	0.299	2.803	0.086	−0.252	−0.213
11	1.949	0.51	1.742	0.001	−0.207	−0.509
12	1.394	0.91	1.062	0	−0.332	−0.91

表 6.20 典型井停机前后压力及渗透率变化 2

井 号	停机前储层压力/MPa	停机前储层渗透率/(10^{-3} μm^2)	恢复稳产后储层压力/MPa	恢复稳产后储层渗透率/(10^{-3} μm^2)	Δp_2/MPa	ΔK_2/(10^{-3} μm^2)
1	3.122	0.08	3.044	0.04	−0.078	−0.04
2	2.743	0.5	2.678	0.15	−0.065	−0.35
3	3.331	0.23	3.243	0.001	−0.088	−0.229
4	2.269	0.2	2.268	0.01	−0.001	−0.19
5	2.075	0.299	2.054	0.297	−0.021	−0.002
6	2.292	0.373	2.28	0.367	−0.012	−0.006
7	2.788	0.269	2.656	0.57	−0.132	0.301
8	2.384	0.22	2.34	0.45	−0.044	0.23
9	1.414	1.82	1.377	2.08	−0.037	0.26
10	3.055	0.299	2.803	0.086	−0.252	−0.213
11	1.949	0.51	1.711	0.37	−0.239	−0.14
12	1.394	0.91	1.062	0.539	−0.332	−0.371

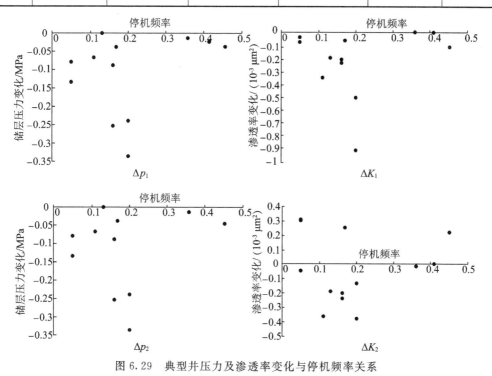

图 6.29 典型井压力及渗透率变化与停机频率关系

由图 6.29 可知，在气水两相流阶段，短时间频繁停机造成储层压力下降幅度在 0～

0.35 MPa,渗透率下降幅度在$(0\sim0.4)\times10^{-3}$ μm^2。对比停机前后和恢复稳产后的压降和渗透率变化,储层压力有所回升,渗透率也有所上升,但是渗透率恢复在0.2×10^{-3} μm^2 以内。

5. 实例分析

选取沁水盆地柿庄南区块典型井进行实例分析。该井排采曲线如图 6.30 所示。

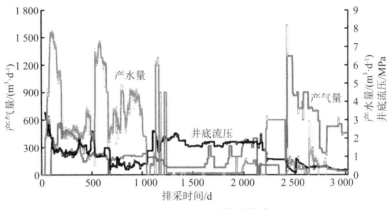

图 6.30 SZ-290 井排采曲线

该井主要目标煤层为 3# 煤层,储层含气量为 10.52 m³/t,储层压力为 3.34 MPa,解吸压力为 2.03 MPa,含气饱和度为 76.39%。该井于 2011 年 4 月 27 日开始生产,历时 93 d 见气,经过初期产气波动后产气量稳定在 200 m³/d。在经历目标段多次停机后产气量下降至 80 m³,稳定生产至 2015 年 9 月 29 日,产气量产生剧烈波动,于 2017 年 5 月 27 日停产。目标研究段始于 2014 年 7 月 5 日,止于 2015 年 3 月 1 日,共 109 d,期间停机 5 次。动液面和井底流压随停机次数产生波动,但套压基本保持稳定。其中,井底流压上升约 1 MPa,动液面先快速下降,后期有所上升。采用数值模拟得到未停机下的煤层气井产量为 110 m³/d,与实际产能相比,产能损失 27%。

(三)长时间停机造成的不连续排采对煤层气直井产能的影响

1. 气水两相流阶段典型井筛选

从柿庄南区块选取 13 口典型井,见表 6.21。通过各阶段停机数据对比分析可知,相同阶段所选典型井停机频率中,短时间多次停机的停机频率比长时间停机的停机频率要高一个数量级。因此,在研究长时间停机对产能影响时,对停机频率参数忽略不计。

表 6.21 气水两相流阶段典型井统计

井　号	煤层顶板/m	累计停机天数/d	停机次数/次	停机频率
1	769.76	173	2	0.012
2	655.71	117	3	0.026
3	739.81	19	2	0.105
4	754.01	258	2	0.008
5	702.21	258	2	0.008

井 号	煤层顶板/m	累计停机天数/d	停机次数/次	停机频率
6	840.01	130	2	0.015
7	774.01	382	4	0.010
8	748.7	369	2	0.005
9	749.21	253	4	0.016
10	747.31	143	3	0.021
11	762.74	280	4	0.014
12	710.01	426	3	0.007
13	775.35	108	2	0.019

2. 典型井参数变化

典型井基本参数见表 6.22 和表 6.23。

表 6.22 气水两相流阶段典型井参数统计 1

井号	停机前套压/MPa	停机前动液面/m	停机前井底流压/MPa	开机后套压/MPa	开机后动液面/m	开机后井底流压/MPa	Δ动液面1/m	Δ井底流压1/MPa	Δ套压1/MPa
1	0.16	743	0.34	0	653	1.31	-90	0.97	-0.16
2	0.28	565	1.1	0.04	425	2.5	-140	1.4	-0.24
3	0.28	682	0.67	0	671	0.42	-11	-0.25	-0.28
4	0.38	730	0.53	0.28	639	1.55	-91	1.02	-0.1
5	0.22	695	0.2	0.12	623	1.03	-72	0.83	-0.1
6	0.54	837	0.48	0.38	653	2.37	-184	1.89	-0.16
7	0.24	702	0.87	0.22	627	1.81	-75	0.94	-0.02
8	0.16	700	0.55	0	574	1.88	-126	1.33	-0.16
9	0.15	711	0.44	0	600	1.63	-111	1.19	-0.15
10	0.24	717	0.451	0.11	609	1.6	-108	1.149	-0.13
11	0.16	758	0.1153	0.12	635	1.52	-123	1.4047	-0.04
12	0.21	620	1.0301	0	514	2.11	-106	1.0799	-0.21
13	0.27	738	0.5635	0.16	570	2.32	-168	1.7565	-0.11

表 6.23　气水两相流阶段典型井参数统计 2

井号	停机前套压/MPa	停机前动液面/m	停机前井底流压/MPa	稳定产气套压/MPa	稳定产气动液面/m	稳定产气井底流压/MPa	Δ动液面2/m	Δ井底流压2/MPa	Δ套压2/MPa
1	0.06	744	0.34	0.22	654	1.43	90	1.09	0.16
2	0.18	566	1.1	0.1	454	2.19	112	1.09	−0.08
3	0.18	683	0.67	0.16	678	0.83	5	0.16	−0.02
4	0.28	731	0.53	0.36	732	0.63	−1	0.1	0.08
5	0.12	696	0.2	0.22	704	0.25	−8	0.05	0.1
6	0.44	838	0.48	0.46	661	2.3	177	1.82	0.02
7	0.14	703	0.87	0.3	686	1.23	17	0.36	0.16
8	0.06	701	0.55	0.14	692	0.75	9	0.2	0.08
9	0.05	712	0.44	0.2	751	0.23	−39	−0.21	0.15
10	0.14	718	0.451	0.18	610	1.6	108	1.149	0.04
11	0.06	759	0.1153	0.22	636	1.53	123	1.414 7	0.16
12	0.11	621	1.0301	0.22	684	0.54	−63	−0.490 1	0.11
13	0.17	739	0.5635	0.25	574	2.32	165	1.756 5	0.08

1) 动态面变化

通过统计停机前后动液面变化和停机后恢复稳产时变化来探究停机对动液面的影响程度。其中，Δ动液面1＝开机后动液面－停机前动液面，Δ动液面2＝稳定产气动液面－停机前动液面。根据表 6.22 和表 6.23 制作散点图如 6.31 所示。

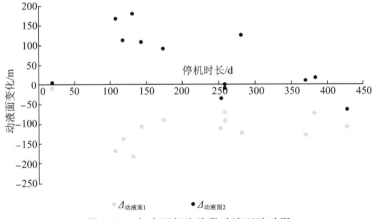

图 6.31　气水两相流阶段动液面波动图

由图 6.31 可知，当停机时长大于 100 d 时，动液面开始大幅度下降，下降幅度为 0～200 m。其中，半数井在恢复稳产时动液面会恢复到原来的程度甚至有所上升，另外半数井则恢复少许甚至不恢复，不会超出开机时的动液面。

2）套压变化

通过统计停机前后套压变化和停机后恢复稳产时变化来探究停机对套压的影响程度。其中,$\Delta_{套压1}$＝开机后套压－停机前套压,$\Delta_{套压2}$＝稳定产气套压－停机前套压。

由图 6.32 可知,大部分井在经过长时间停机后,经过一段时间的恢复,能使套压恢复至停机前的水平。

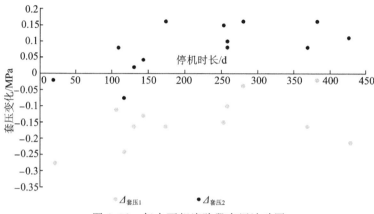

图 6.32　气水两相流阶段套压波动图

3）井底流压变化

通过统计停机前后井底流压变化和停机后恢复稳产时变化来探究停机对井底流压的影响程度。其中,$\Delta_{井底流压1}$＝开机后井底流压－停机前井底流压,$\Delta_{井底流压2}$＝稳定产气井底流压－停机前井底流压。

由图 6.33 可知,气水两相流阶段井底流压上升,但大多数井不能恢复至停机前井底流压的水平。

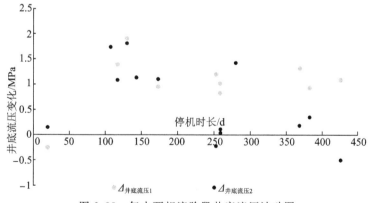

图 6.33　气水两相流阶段井底流压波动图

3. 产水量和产气量变化

1）产水量

表 6.24 为气水两相流阶段长时间停机对产水量影响的统计。其中,$\Delta_{产水量1}$＝开机后产水量－停机前产水量,$\Delta_{产水量2}$＝稳定产气产水量－停机前产水量。绘制散点图如 6.34 所示。

表 6.24　气水两相流阶段典型井产水量

井　号	停机前产水量 /(m³·d⁻¹)	停机前累计产水量/m³	开机后产水量 /(m³·d⁻¹)	开机后累计产水量/m³	Δ产水量1 /m³	稳定产气产水量 /(m³·d⁻¹)	稳定产气累计产水量/m³	Δ产水量2 /m³
1	2.1	2 864.81	0.2	2 865.1	−1.9	1.2	3 034.03	−0.9
2	6.1	11 585.81	0.3	11 606.9	−5.8	13.1	11 824.83	7
3	0.1	1 819.71	0.2	1 820	0.1	1.6	1 848.53	1.5
4	0.8	510.81	0.2	511.1	−0.6	2.3	633.73	1.5
5	1.4	865.61	0.2	865.9	−1.2	4.1	1 020.43	2.7
6	1.2	1 317.01	0.2	1 317.3	−1	1	1 318.03	−0.2
7	0.8	703.91	1	807.4	0.2	1.5	831.83	0.7
8	0.4	1 699.11	1.1	1 700.3	0.7	3.3	1 715.13	2.9
9	3.3	2 211.71	3.4	2 215.2	0.3	0.3	2 572.33	−3
10	3.4	3 163.11	0.8	3197	−2.6	0.7	3 196.83	−2.7
11	1.6	2 237.41	1	2 238.5	−0.6	0.9	2 749.73	−0.7
12	2.1	1 783.61	2.2	1 785.9	0.1	7.5	2 313.03	5.4
13	1.8	2 095.91	1.9	2 097.9	0.1	1.8	2 097.73	0

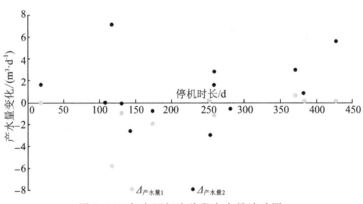

图 6.34　气水两相流阶段产水量波动图

　　分析数据可知:长时间停机会造成产水量的下降,$\Delta_{产水量1}$基本分布在零刻度线以下,代表长时间停机会使产水量下降;当$\Delta_{产水量2}$大于 0 时,表明恢复稳定产气时的产水量比停机前的产水量要高,$\Delta_{产水量2}$小于 0 且小于$\Delta_{产水量1}$时,表示在恢复产气过程中,产水量在继续下降。

　　2) 产气量

　　表 6.25 为气水两相流阶段典型井产气量的统计。绘制散点图如 6.35 所示。

表 6.25 气水两相流阶段典型井产气量

井 号	停机前产气量/(m³·d⁻¹)	停机前累计产气量/m³	开机后产气量/(m³·d⁻¹)	开机后累计产气量/m³	Δ产气量1/(m³·d⁻¹)	稳定产气产气量/(m³·d⁻¹)	累计产气量/m³	Δ产气量2/(m³·d⁻¹)
1	160	99 402	0	99 411	160	270	99 652	110
2	370	237 597	110	275 396	260	110	278 977	−260
3	90	143 782	50	144 311	40	410	145 372	320
4	490	131 517	490	253 087	0	944	294 298	454
5	110	139 163	120	166 222	−10	211	173 924	101
6	990	112 708	1 050	501 861	−60	1 050	503 922	60
7	150	60 015	280	170 263	−130	410	177 379	260
8	90	34 533	0	40 092	90	60	40 123	−30
9	70	46 707	0	46 716	70	310	47 147	240
10	260	374 432	170	37 4601	90	170	374 582	−90
11	120	172 037	220	172 676	−100	360	212 397	240
12	100	22 883	0	22 892	100	597	28 955	497
13	290	264 618	290	264 907	0	290	264 888	0

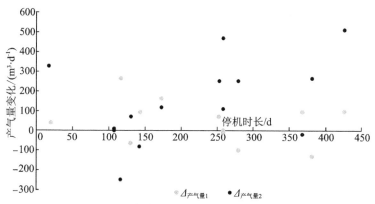

图 6.35 气水两相流阶段产气量波动图

分析数据可知:多数煤层气井在气水两相流阶段长时间停机后产气量有所下降,但下降程度一般小于 100 m³/d。停机过后,再次开机仍能恢复到原有的产气量。

4. 停机前后储层压力和渗透率变化计算

表 6.26 和表 6.27 为典型井停机前后压力及渗透率变化的统计。绘制散点图如 6.36 所示。

表 6.26　典型井停机前后压力及渗透率变化 1

井　号	停机前储层压力/MPa	停机前储层渗透率/($10^{-3}\ \mu m^2$)	开机后储层压力/MPa	开机后储层渗透率/($10^{-3}\ \mu m^2$)	Δp_1/MPa	ΔK_1/($10^{-3}\ \mu m^2$)
1	2.44	0.61	2.45	0.01	0.01	−0.60
2	2.58	0.60	2.48	0.01	−0.11	−0.59
3	2.91	0.23	2.92	0.07	0.01	−0.16
4	2.98	0.78	2.57	0.64	−0.41	−0.14
5	2.77	0.28	2.69	0.20	−0.08	−0.08
6	2.39	3.36	1.36	0.01	−1.03	−3.35
7	2.86	0.42	2.47	0.02	−0.39	−0.40
8	2.66	0.39	2.64	0.01	−0.02	−0.38
9	2.63	0.31	2.64	0.01	0.01	−0.30
10	1.87	0.67	1.88	0.05	0.01	−0.62
11	2.16	0.51	2.17	0.02	0.01	−0.49
12	3.48	0.22	3.49	0.01	0.01	−0.21
13	3.03	0.32	3.03	0.20	0	−0.12

表 6.27　典型井停机前后压力及渗透率变化 2

井　号	停机前储层压力/MPa	停机前储层渗透率/($10^{-3}\ \mu m^2$)	恢复稳产后储层压力/MPa	恢复稳产后储层渗透率/($10^{-3}\ \mu m^2$)	Δp_2/MPa	ΔK_2/($10^{-3}\ \mu m^2$)
1	2.44	0.61	3.64	0.90	1.20	0.29
2	2.58	0.60	2.97	0.20	0.39	−0.40
3	2.91	0.23	3.46	0.63	0.55	0.40
4	2.98	0.78	2.93	1.35	−0.05	0.57
5	2.77	0.28	3.35	0.40	0.58	0.12
6	2.39	3.36	2.33	2.15	−0.06	−1.21
7	2.86	0.42	3.34	0.92	0.48	0.50
8	2.66	0.39	3.90	0.22	1.24	−0.17
9	2.63	0.31	3.87	1.05	1.24	0.74
10	1.87	0.67	2.68	0.09	0.81	−0.58
11	2.16	0.51	3.21	0.06	1.05	−0.45
12	3.48	0.22	3.95	0.80	0.47	0.58
13	3.03	0.32	3.02	0.24	−0.01	−0.08

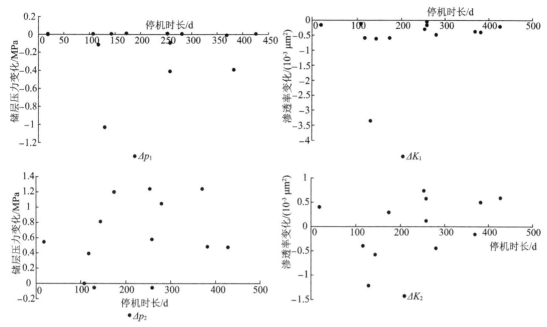

图 6.36　典型井压力及渗透率变化与停机时长关系

　　由图 6.36 可知,在气水两相流阶段长时间停机造成储层压力下降幅度在 0～1 MPa,渗透率下降幅度在(0～0.5)×10^{-3} μm。对比停机前后和恢复稳产后的压降和渗透率变化,储层压力和渗透率都有所回升,但较难完全恢复至原始情况。

5. 实例分析

　　图 6.37 所示为气水两相流阶段长时间停机的典型井排采曲线。

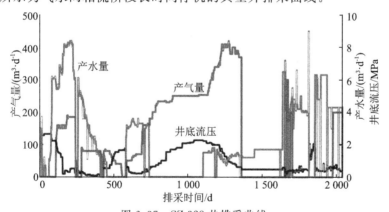

图 6.37　SZ-328 井排采曲线

　　该井主要目标煤层为 3# 煤层,储层含气量为 18.04 m^3/t,储层压力为 3.63 MPa,解吸压力为 1.54 MPa,含气饱和度为 71.09%。于 2012 年 11 月 11 日开始生产,历时 107 d 见气,见气时产气量为 120 m^3/d。由于生产前期出现多次排采不连续现象,在长时间产气波动后产气量稳定在 250 m^3/d。经目标段长时间停机,产气量开始产生波动,产气峰值达到 420 m^3/d,并上升至 2016 年 8 月 3 日后产气骤停,于 2017 年 9 月 23 日停产。目标研究段始于 2014 年 11 月 19 日,止于 2015 年 11 月 11 日,共 367 d,期间停机 1 次。与同阶段短时间多次停机相比,井底流压变化幅度更大,变化幅度为 $0.5\sim2$ MPa,动液面呈直线下降趋势,停机阶段中没有动液面回流现象,动液面下降速度较缓,下降幅度较大。套压上升幅度在 0.08 MPa。采用数值模拟得到未停机下的煤层气井产气量为 255 m³/d,与实际产能相比,产能损失 30%。

第四节 煤粉运移对储层的影响

一、煤本身属性及介质对煤粉运移的影响分析

煤层气井排采时煤粉运移、产出的影响因素众多,既有煤粉本身属性,如密度、成分、形状及粒径等方面的影响,又有外界条件,如地应力、排采介质、流速等方面的影响。单一因素影响下煤粉运移过程已比较复杂,若将多种因素进行耦合,煤粉的运移将更加复杂。受时间、条件等限制,本节主要从煤粉本身特征、运移煤粉的孔/裂隙通道、运移煤粉的介质差异等方面入手,分别利用 $ZnCl_2$ 重液浮选法、煤粉沉降实验、煤粉驱替实验、显微观测等多种方法,分析煤本身属性及介质对煤粉运移的影响,为后期煤粉运移实验模拟奠定基础。

(一)煤粉特征对运移的影响

煤中含有镜质组、惰质组、壳质组、黏土矿物、碳酸盐矿物等,不同的含量导致其密度、遇水膨胀性等的差异,同时煤粉的形状也有区别,这些差异导致煤粉产出、运移规律也有所区别[119-122]。因此,下面主要从煤的显微组分特征和煤粉颗粒的形貌特征两方面分析其对煤粉运移的影响。

1. 显微组分特征对煤粉运移的影响

1)显微组分分离的方法

煤粉运移、产出除受外界裂隙、介质等参数的影响,还受自身成分、密度的影响。其中,显微组分的差异是造成煤粉密度乃至运移、产出结果差异的重要因素之一。不同采集源下煤粉显微组分会存在差异,依据煤中不同显微组分密度的差异进行显微组分的分离。收集柿庄南区块排采液中煤粉并对其进行分析。浮选实验采用 $ZnCl_2$ 重液分离法进行显微组分的分离,重液配置参数见表 6.28。

表 6.28 不同密度重液中 $ZnCl_2$ 含量对应关系

重液密度/(g·cm⁻³)	1.25	1.30	1.35	1.40	1.45
$ZnCl_2$ 含量/%	29.13	31.16	36.19	41.23	46.26

重液分离是最简易常用的显微组分分离方式。其基本原理是:煤样在 $ZnCl_2$ 重液中,显微组分密度大于重液密度的矿物在离心机离心力作用下下沉;显微组分密度小于重液密度的矿物在离心机离心力的作用下上浮;显微组分密度等于重液密度的矿物在离心力作用下悬浮[123-126]。基于此,按表 6.28 中的密度与含量关系分别配制 1.25 g/cm³,1.35 g/cm³,1.45 g/cm³ 重液,进行 $ZnCl_2$ 比重液浮选。基本流程如图 6.38 所示。

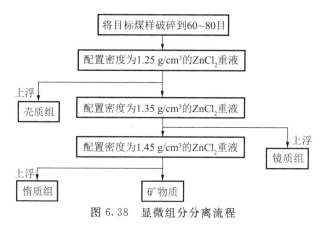

图 6.38　显微组分分离流程

2）显微组分对煤粉运移的影响

忽略该过程中水化反应对煤粉的影响，排采液中的煤粉主要在液相环境中存在物理性质方面的变化，如煤粉颗粒在强度方面的含水弱化，含不同矿物成分的煤粉遇水后的膨胀性、崩解性等，煤粉颗粒在运移过程中发生碰撞、打磨，或因煤粉颗粒成分、大小、形状造成煤基质孔、裂隙的筛选效应，以及不同相态的排采介质对煤粉颗粒的运移差异等各方面因素的综合作用下，使煤粉在运移规律存在复杂而多变的情况[202]。分别对现场排采过程中收集的煤粉与在实验室破碎后制备的煤粉进行显微组分含量的分离与测定，得出显微组分差异对煤粉运移的影响。

3）不同采集源的煤粉显微组分含量测定

A. 现场收集煤粉的显微组分含量测定

选用柿庄南区块 4 组排采产出的煤粉样品，用筛子筛选出 60～80 目的煤粉样品备用，将粒径大于此范围的煤粉利用破碎机进行重新破碎。按图 6.38 所示流程，利用离心浮沉实验进行煤岩显微组分的分选研究，结果见表 6.29。

表 6.29　排采液中煤岩样品显微组分分离

样品编号	煤岩显微组分的含量/%		
	镜质组	惰质组	矿物质（含少许壳质组）
1-1	77.2	18.0	4.8
2-1	66.8	16.1	17.1
3-1	72.8	17.9	9.3
4-1	82.2	17.1	0.7
均　值	74.75	17.275	7.95

上述重液分离实验后，可知现场收集的煤粉中镜质组含量较高，含量最少的是含黏土矿物的壳质组。

B. 实验室破碎煤粉的显微组分含量测定

在柿庄南区块附近矿井选取同一层位煤岩样品，利用破碎机将样品破碎至 60～80 目。用浮选法在测定显微组分时，煤粉粒径会对实验结果造成一定影响，故需严格控制煤样破碎时间。将破碎后的煤粉利用 $ZnCl_2$ 再一次进行分选实验，分选结果见表 6.30。

表 6.30 实验室破碎煤岩样品显微组分分离

样品编号	煤岩显微组分的含量/%		
	镜质组	惰质组	矿物质(含少许壳质组)
1-2	61.2	20.9	17.9
2-2	63.7	12.7	23.6
3-2	67.1	17.1	15.8
4-2	54.4	16.5	29.1
均 值	61.6	16.8	21.6

C. 不同采集源的煤粉显微组分含量测定结果分析

煤粉中的各显微组分尤其是黏土矿物具有强大的遇水特性(如膨胀性、黏结性、结块性等),故黏土矿物与煤粉相比较,前者在运移过程中更容易附着、封堵煤基质内部孔、裂隙结构,物质成分不同,封堵效果显示一定的差异性。

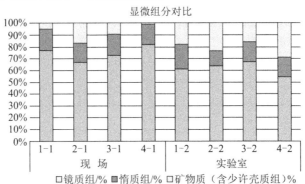

图 6.39 煤粉物质含量对比

由图 6.39 可以看出,分别选用现场煤粉和实验室破碎后的煤粉进行浮选实验,对比两者显微组分所测得的黏土矿物含量,人工破碎后煤粉中的黏土矿物含量较高。分析认为:在实际的排采过程中,煤粉(含黏土矿物的煤粉)中黏土矿物的受膨胀性、黏结性、结块性等水化特性的影响,使其在排采液的作用下更容易在煤的裂隙系统中堆积、滞留,使得实验室黏土矿物整体含量高于实际排采液中黏土矿物含量。

2. 煤粉颗粒形状

煤粉从煤基质上脱离、剥落下来时为不规则且棱角较为鲜明的块状结构,如图 6.40 所示。排采过程中,煤粉经历沉降、搬运、摩擦、聚集等复杂过程后,煤粉颗粒由大变小和形状由棱角形向椭圆形、圆形转变,均发生了不同程度的变化[139-142]。

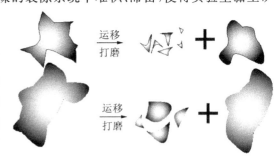

图 6.40 煤粉颗粒运移打磨示意图

(二) 裂隙通道对煤粉运移的影响

煤的裂隙是煤粉运移的通道,不同尺度裂隙通道对不同粒径煤粉运移的难易程度不同。下面借助光学显微镜、扫描电镜及自制的煤粉驱替装置,对比驱替煤粉前后裂隙通道的封堵情况,探讨煤的裂隙尺度对煤粉运移的影响。

1. 裂缝形态观测

从现场采集块状煤样,按《煤和岩石物理力学性质测定方法》(GB/T 23561—2009)要求,采用锯、钻和磨工序加工成小块后,抛光制成 10 mm×10 mm×5 mm 的煤砖和直径 50 mm、高约 100 mm 的煤柱。煤砖进行毫米级、微米级等不同尺度裂隙的观测,在光学显微镜、扫描电镜下的观测结果如图 6.41 和图 6.42 所示。

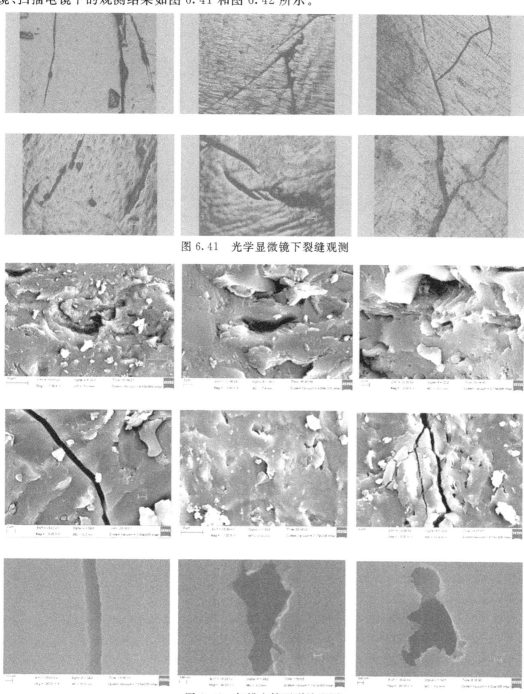

图 6.41 光学显微镜下裂缝观测

图 6.42 扫描电镜下裂缝观测

2. 裂隙、煤粉尺度关系及存在状态

查明不同尺度的裂隙对不同粒径煤粉运移的影响能为煤粉防治奠定基础。如图 6.43 所示,利用实验室自制的煤粉驱替装置对柱样煤进行驱替。

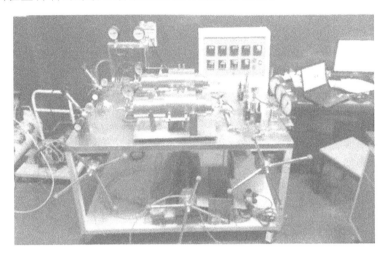

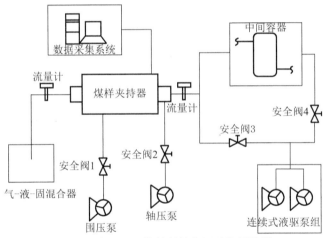

图 6.43　煤粉驱替装置及装置简图

具体操作步骤为:

(1)进行盐酸、超声波清洗,先将目标驱替煤样放入超声波清洗仪中清洗 60~80 min(图 6.44)。

(2)将目标煤样放入夹持器中,设置围压 2 MPa、轴压 3 MPa,仪器温度设置为 25 ℃,入口端压力为 1 MPa,出口端压力为 0.1 MPa(大气压)。

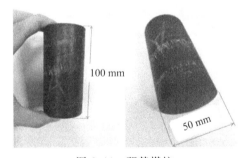

图 6.44　驱替煤柱

将煤粉(含矿物)驱替后的直径 50 mm、高约 100 mm 的柱状煤样进行切片制样,制样尺寸近似为 10 mm×10 mm×5 mm 的煤砖,如图 6.45 所示。分别利用光学显微镜和扫描电镜进行观测,对已封堵孔、裂隙内煤粉颗粒大小及成分进行尺度观测(图 6.46 和图 6.47)。

图 6.45　煤砖制样

图 6.46　煤粉驱替后光学显微镜观测

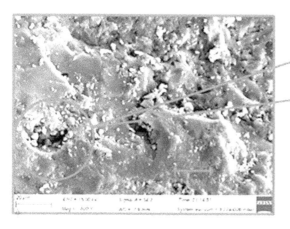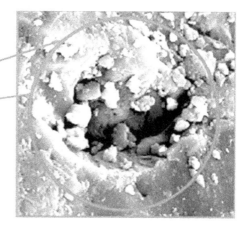

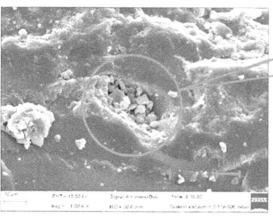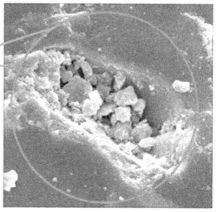

图 6.47　煤粉驱替后扫描电镜观测

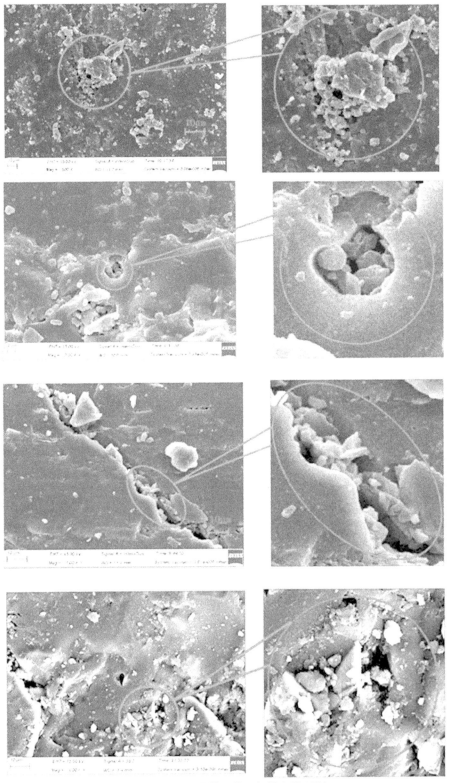

图 6.47(续)　煤粉驱替后扫描电镜观测

由图 6.46 和图 6.47 可知,毫米级裂隙的封堵主要是由于粒径与裂隙宽度差别不大的煤粉嵌入而导致的,而微米级裂隙裂缝封堵较为严重,导致运移煤粉通道的数目的减少和裂缝长度的缩短。当煤粉尺度小于裂缝尺度或与裂缝尺度相近时,微米级裂缝堵塞最严重[157-163]。

(三) 驱替介质对煤粉运移的影响

以沁水盆地东南部煤层气井为研究对象,对地表水和煤层水进行矿化度及离子含量测试,测试结果见表 6.31。排采阶段的差异会导致排采介质物性成分的差异,排采液的物理性质如排采液密度、浓度会影响煤粉沉降时浮力的大小,而排采液的黏度则影响煤粉在同一压差下的搬运速度、搬运阻力以及煤粉颗粒的碰撞频率(图 6.48 和图 6.49)。

表 6.31　煤层水和地表水主要离子测试结果

	区块	总矿化度/(mg·L^{-1})	主要离子含量/(mg·L^{-1})								
			K$^+$＋Na$^+$	Mg^{2+}	Ca^{2+}	Cl$^-$	SO$_4^{2-}$	HCO$_3^-$	CO$_3^{2-}$	Ba^{2+}	I$^-$
地表水	郑庄	396.82	33.18	13.5	65.14	40	80	165	0	0	0
	安泽	560	59.69	29.61	101.70	35.52	142.49	320.72	13.20	0	0
	长治	530.0	34.64	26.85	122.70	35.52	90.95	400.90	6.57	0	0
煤层水	沁14-4	1114.0	459.2	2.30	6.32	186.48	0.00	885.32	6.57	0	0
	沁14-9	2 008.0	806.37	3.84	5.06	674.90	27.28	668.17	65.72	0	0

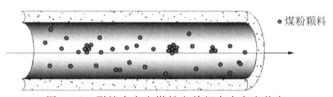

图 6.48　裂缝内自由煤粉在单相水中存在状态

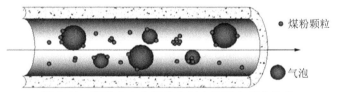

图 6.49　裂缝内自由煤粉在气水两相中存在状态

1. 介质相态差异对煤粉运移的影响

为简化实验条件,假设:

(1) 广义煤粉中的黏土矿物不会与水产生水化反应或改变水黏度等状况,即煤粉为狭义煤粉。

(2) 无论是单相水介质条件还是气水两相介质条件,煤粉运移过程都会碰撞孔、裂隙壁体,从而产生摩擦阻力。为简化假想条件,暂不考虑摩擦阻力。

由图 6.48 和图 6.49 可知,在单相水流状态下,煤粉以单一颗粒或多颗粒聚集物的形式在煤基质的孔、裂隙通道内进行沉降、搬移运动,煤粉颗粒主要受自身重力、排采水流的浮力及排采过程中的压差力;气水两相流驱替过程煤粉颗粒不仅受自身重力、水流浮力和排采中的压差力,且受气水表面的张力、因气泡存在而形成的气体浮力以及张力和浮力所导致的其他复杂的力。

2. 悬浮、沉降特性对煤粉运移的影响

将煤样粉碎至小于 60 目、60～80 目、80～100 目、100～150 目、150～200 目及 200 目以上的颗粒,开展矿井水的悬浮、沉降实验。由于水分子在热运动的前提下发生碰撞的频率与概率有所差异,故设置实验温度在 25～28 ℃的恒温水浴中进行。

具体操作为:用电子天平称取不同粒径的煤粉颗粒 5 g 置于烧杯中,并加入 30 mL 水搅拌均匀,匀速搅拌 15～20 min 后,将含不同粒径煤粉的混合液分别倒入 15 mL 小试管中,为使混合液中煤粉有较大的上浮、沉降行程,倒入 12 mL 最佳,并拍照记录初始状态,随后置于恒温水浴锅中,静置,并每隔 4～8 h 缓慢取出进行拍照记录,累计观测记录 48 h,如表 6.32 和图 6.50 所示。

表 6.32 煤粉与水混合液参数

筛子目数/目	<60	60～80	80～100	100～150	150～200	>200
对应粒径大小/μm	>250	180～250	150～180	106～150	75～106	<75
称取质量/g	0.592 0	0.601 6	0.637 2	0.613 8	0.616 4	0.607 2
质量浓度/%	4.701	4.774	5.042	4.866	4.886	4.762
体积浓度	2.991	3.038	3.212	3.098	3.110	3.065

注:表中每组所用蒸馏水为 12 mL。

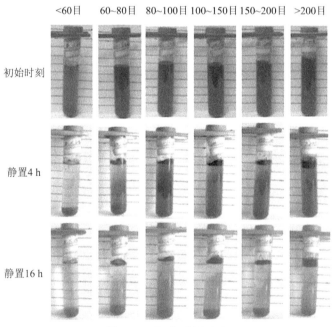

图 6.50 沉降时刻对比

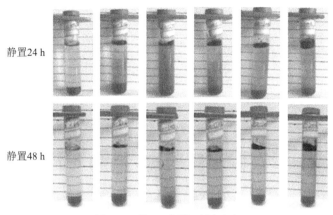

图 6.50(续)　沉降时刻对比

待水浴恒温锅内的煤粉与水混合液静置 48 h 后缓慢取出,并将同一粒径煤粉混合液的上浮物和下沉物分别倒入至两个不同的装有干燥滤纸的布氏漏斗内,过滤前需对干燥滤纸进行称重标定。随后,对附着有不同粒径的上浮物、沉淀物的滤纸置于 70 ℃ 的恒温干燥箱内干燥 18 h 后,取出称重并记录。每隔 1 h 称重一次,待称重质量变化不大于 0.01 g 即可认定干燥完成,并把最后一次称重质量认定为最终质量。将过滤前、后滤纸质量作差即可得出上浮物与沉淀物的质量,称重结果见表 6.33。

表 6.33　不同粒径煤粉沉降参数

类　别	质量/g					
	＜60 目	60～80 目	80～100 目	100～150 目	150～200 目	＞200 目
初始煤粉	0.592 0	0.601 6	0.637 2	0.613 8	0.616 4	0.607 2
沉淀物	0.436 5	0.391 2	0.386 0	0.335 9	0.399 1	0.298 6
悬浮物	0.155 5	0.210 4	0.251 2	0.277 9	0.217 3	0.308 6

利用如下公式可得出不同粒径下的煤粉悬浮率:

$$w = \frac{m_1 - m_2}{m_1} \times 100\% \tag{6.53}$$

式中,m_1 为煤粉总质量,g;m_2 沉淀煤粉质量,g;w 为悬浮率,%。

从图 6.51 可知,煤粉悬浮率受煤粉粒径的影响。总体而言,煤粉粒径越小,悬浮率越大。在排采过程中,针对同一尺度大小的孔、裂隙来说,具有高悬浮率的小粒径煤粉较低悬浮率的大粒径煤粉更容易排出,不易堵塞煤基质的孔、裂隙通道。

在煤粉颗粒粒径差异条件下,粒径越小上部悬浮物越多。原因可能为:相同质量的煤粉破碎至不同粒径,会导致煤粉颗粒与内部附着或胶结的黏土矿物脱落,破碎的粒径越小,悬浮物越多,黏土矿物脱落越多,黏土矿物与小颗粒的煤粉在范德华力的作用下重新形成的聚集物越多。用光学显微镜对驱替液前、后不同粒径的煤粉颗粒进行观察,以 100～150 目的煤粉干燥物为例,如图 6.52 所示。

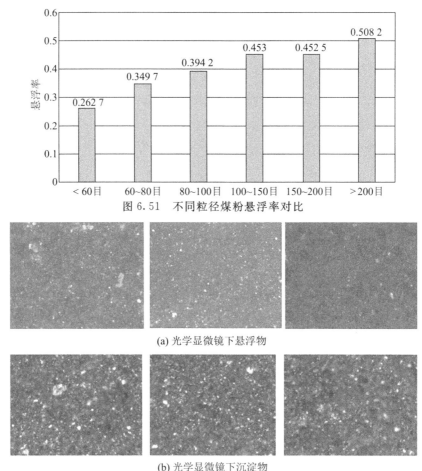

图 6.51　不同粒径煤粉悬浮率对比

(a) 光学显微镜下悬浮物

(b) 光学显微镜下沉淀物

图 6.52　光学显微镜下沉淀物和悬浮物对比

　　从图 6.52 可知,沉降物中由于含有较高含量的黏土矿物的原因,在光学显微镜下采用反射光观测时会有较明显的凸起。

二、不同介质驱替煤粉的运移规律及裂隙导流衰减特征研究

　　不同排采阶段中(即单相水流、气水两相流状态下)所排出的煤粉在浓度、粒径等有所不同,也会导致运移煤粉的通道形成不可逆的封堵。下面利用自主研发的煤粉驱替装置,首先开展排采阶段中单相流、气水两相流过程的实验室模拟,对实验过程中有无煤粉、煤粉粒径、驱替压力及累计流量等实验参数进行差异性对比。同时,以单相水流驱替为例,将驱替过程划分为裂缝扩张区、恒定稳流区及导流衰减区[203-204]。通过对单相水流阶段和气水两相阶段煤粉启动、运移、滞留的对比分析,得出单相水流和气水两相流驱替煤粉运移规律及裂隙导流衰减特征。

(一) 实验方法

1. 实验材料

　　驱替实验为自制的树脂-煤芯柱样,即用树脂和 10 mm×10 mm×5 mm 的小煤砖制成含 Φ25 mm×50 mm 碎煤芯的 Φ50 mm×50 mm 柱样。

制作方法:首先在烧杯内按照 3:1 的比例依次分别倒入 75 mL 的环氧树脂 A 胶和 25 mL 的 B 胶,为避免胶内产生气泡,缓慢倒入后用搅拌棒顺时针或逆时针单方向缓慢搅拌 A 胶和 B 胶 3～5 min;利用透明胶带块煤煤样均匀缠绕至近似 $\Phi25$ mm×50 mm 碎煤芯,并放置于内壁涂有高级润滑脂的钢制模具($\Phi50$ mm×100 mm)内,尽可能使其位于模具正中间部位,随后将搅拌均匀的环氧树脂混合胶倒入模具中,待树脂胶液面与煤芯高度一致时停止倾倒,并将其置于通风良好处静置;待 60～72 h 后,用橡胶锤轻敲模具壁体,由于模具内壁涂有高级润滑脂,故树脂-煤芯柱样可完整脱落下来,随后利用砂纸将树脂-煤芯柱样的上下圆形平面打磨平整,待用即可。所制作煤样如图 6.53 所示。

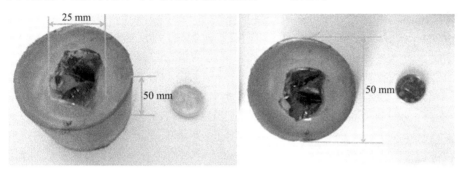

图 6.53 树脂-煤芯柱样

2. 实验仪器

实验室采用自制的气-固-液三相驱替模拟装置进行含煤粉的单相水流及气水两相状态的驱替实验,如图 6.54 所示。实验器材主要由内径为 3 mm 的硬制钢管作为连接管路,可同时在高压状态下传输气流和水流;连接管路上装有压力表、流量计、减压阀及安全阀等各种表、阀,且加压阀、流量计等表、阀都连接有传感器,可实时将实验装置内主要腔室、出入口的读数显示并记录。

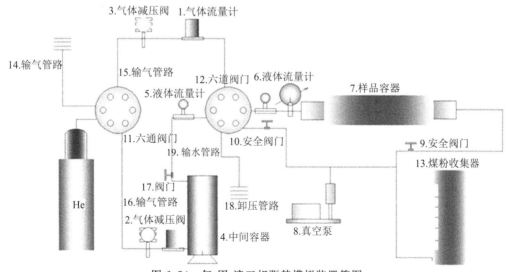

图 6.54 气-固-液三相驱替模拟装置简图

气-固-液三相驱替模拟装置的驱替原理为:液-固驱替时,将目标驱替的含煤粉的悬浊液装入中间容器 4 内,关闭六通阀门 11 上部的输气管路 15,打开六通阀门 11 下部的输气管路

16,将气瓶内的高压气体通过减压阀 2 从中间容器 4 的底部进入,将中间容器 4 内的携煤粉的高压水通过上部出水口经阀门 17、输水管路 19、液体流量计 5、六通阀门 12、液体流量计 6、样品容器 7、安全阀门 9,最后进入煤粉收集器 13。

气-液-固驱替时,先按照上述操作进行液-固驱替,同时打开六通阀门 11 上部的输气管路 15,高压气体通过气体减压阀 3、气体流量计 1,并通过六通阀门 12 与液-固相流体混合,并一起注入样品容器 7 内。

(二) 不同驱替介质下煤粉运移及导流衰减模拟

1. 单相水流不含煤粉驱替实验

1) 实验测试步骤

(1) 装样。在中间容器内注入 500 mL 的矿井水,打开样品容器,将 Φ50 mm×50 mm 树脂-煤芯柱样装入容器内。由于目标柱样的高度为 50mm,相对于样品容器内腔 200 mm 的长度较短,加载过程中容易造成样品侧面与样品容器内橡胶套的接触不良,在实际的水相驱替过程中会直接形成滑脱效应,在装填样品时需在样品两端用两块 Φ50 mm×50 mm 的钢制夹块夹持,且钢制夹块中部有内径为 3 mm 的通道可供驱替流体通过。由于目标实验柱样为 Φ50 mm×50 mm 树脂-煤芯柱样,其初始渗透率不会随实验次数的增加而发生较大的变化,在进行含煤粉的单相水驱替测试实验时优先进行不含煤粉的单相水驱替测试。

(2) 气密性检查。利用上述原理准备和安装好实验材料及器材后,对装置进行气密性检查。首先打开除氦气瓶处安全阀外的所有阀门,开启真空泵,向装置内抽真空至 −0.1 MPa 并维持此状态 15～20 min,然后打开各通道阀门,开始由氦气瓶向装置内注入带压气体,带压气体通过中间容器,将气压转变为装置内部的水压并传输至装置内各个部位的表、阀。气密检查水压设置 2 MPa,待装置内压力表趋于稳定时关闭管路内各个阀门,进行憋压,同时利用滴肥皂水的方法在管路连接处进行检查。憋压 50～60 min 后,若各压力表、流量计基本不发生变化,即可认定装置气密性良好;反之,应进行调换和维修。

2) 实验结果与分析

首先进行单相水流不含煤粉测试,测试结果如图 6.55 所示。

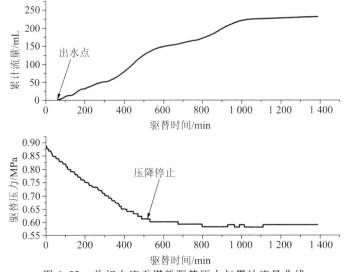

图 6.55　单相水流无煤粉驱替压力与累计流量曲线

由图 6.55 可知,当初始压力为 0.89 MPa 时,在单相水流无煤粉驱替样品的情况下驱替过程可分为两个阶段。

第一阶段,在初始的 40 min,矿井水填充样品内部裂隙直至出水点,驱替进行至 40～520 min 时,入口端压力基本不再下降,表明在驱替过程中内部裂缝在水压作用下不断生长、扩展、延伸,同时因围压加载而闭合的原生裂缝重新张开。

第二阶段,继续驱替时压力不再明显下降,从压降停止至驱替过程结束,样品内部不再产生裂缝,出口端流量基本不发生变化。从出水点至驱替完成,出口处累计流量基本呈线性增加,表明用单一的矿井水对不含煤粉样品驱替时,样品内不存在裂缝闭合或裂缝封堵的情况。

2. 单相水流含煤粉驱替实验及导流衰减模拟

1) 实验方案与步骤

单相水流不含煤粉驱替完成后,进行含煤粉条件下的单相水流驱替实验。首先,利用矿井水配制 6 组不同粒径(小于 60 目、60～80 目、80～100 目、100～150 目、150～200 目及大于 200 目)下质量浓度为 4.7％～4.8％的煤粉-矿井水混合液 300 mL,搅拌均匀后倒入中间容器内待用。参照上述不含煤粉的实验过程,依次对不同颗粒大小(小于 60 目、60～80 目、100～150 目、150～200 目及大于 200 目)进行驱替实验,每次驱替完成后需对驱替样品进行 3～5 h 或以上的超声波清洗,以除去前面实验所造成的封堵残留。

2) 实验结果与分析

单相水流状态下含不同颗粒大小煤粉驱替实验结果如图 6.56 所示。

由图 6.56 可知,在含煤粉驱替至一定时间后,累计流量曲线会趋于水平,表明实验装置出口端不再出水,目标驱替柱样内部的裂隙被完全封堵;当入口处流量恒定时,若驱替柱样内部裂隙被封堵时,驱替压力会随之增加。对比图 6.55 和图 6.56 可知,对于同一目标柱样,在同一初始压力下驱替时,有无煤粉及煤粉粒径大小是影响驱替效果的关键。

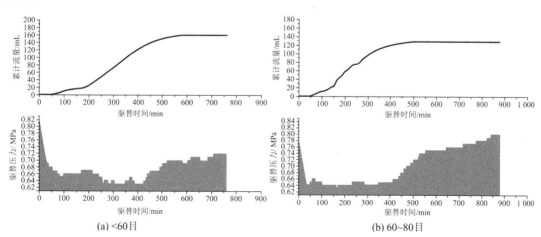

(a) <60目　　　　　　　　　　　　　(b) 60～80目

图 6.56　不同粒度条件下单相水流驱替煤样驱替压力与累计流量曲线

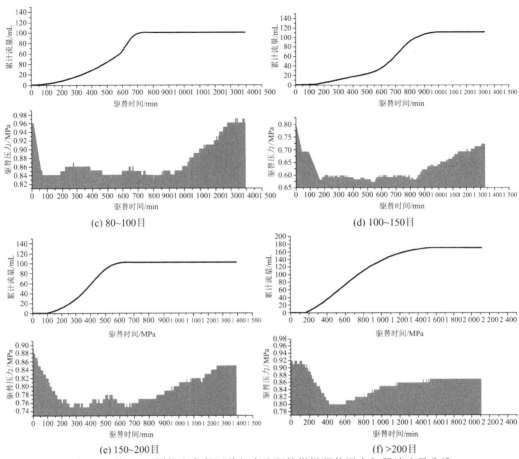

(c) 80~100目   (d) 100~150目

(e) 150~200目   (f) >200目

图 6.56(续) 不同粒度条件下单相水流驱替煤样驱替压力与累计流量曲线

对不同粒径的驱替压力和瞬时流量进一步分析,将驱替过程分为 A 区(裂缝扩张区)、B 区(恒定稳流区)和 C 区(导流衰减区)。粒径是影响 A 区、B 区和 C 区面积与长度的主要因素。A 区,液体携煤粉进入裂缝内部,在驱水压力作用下裂缝延伸扩张;B 区,主裂缝形成,水流携煤粉驱替对裂缝造成一定影响,但不影响水流通过,驱替过程中主要裂缝处于贯通状态,裂缝形态特征基本不发生变化;C 区,煤粉的沉降、搬运、滞留导致裂缝流通性发生变化(图 6.57)。

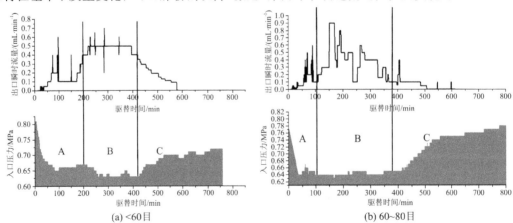

(a) <60目   (b) 60~80目

图 6.57 颗粒尺度为<60 目和 60~80 目的煤样驱替压力与瞬时流量曲线

综合对比 6 组不同粒径条件下单相水流驱替结果见表 6.34。

表 6.34　含煤粉条件下单相水流驱替参数对比

驱替目数	<60 目	60~80 目	80~100 目	100~150 目	150~200 目	>200 目
驱替时长/min	760	878	1 391	1 331	1 390	2 108
累计流量/mL	159.59	128.55	100.43	110.88	102.56	169.76
初始压力/MPa	0.80	0.77	0.96	0.79	0.89	0.92
最低压力/MPa	0.63	0.63	0.83	0.58	0.75	0.79
开始出水时间/min	24	15	41	78	66	35
平均流量/(mL·min^{-1})	0.209 99	0.146 41	0.072 20	0.083 31	0.073 78	0.080 53
驱替前质量浓度/(g·mL^{-1})	4.83%	5.09%	4.81%	4.60%	4.77%	4.75%
驱替后质量浓度/(g·mL^{-1})	0.12%	0.26%	0.35%	0.29%	0.39%	0.69%

从表 6.34 可知,随着煤粉目数的增加,累计流量先减少后增加,当煤粉目数小于 100 目时,出水时间随着煤粉粒径的减小呈增大趋势。对比驱替前、后排出液中煤粉的质量浓度,初始驱替液中大部分煤粉都无法通过驱替柱样随液体排出。当煤粉粒径为 100~200 目时,驱替排出液浓度最低,该粒径范围与驱替柱样主裂缝尺度相近,较其他粒径更容易造成封堵;当粒径大于 200 目时,粒径相对于较大尺度的裂缝较难造成滞留和封堵。

3. 气水两相流不含煤粉驱替实验

1) 实验方案与步骤

按照相同实验步骤对不含煤粉条件下气水两相流开展驱替实验。驱替前需将驱替样品进行超声波清洗,清洗完成后进行装样并加载围压 2 MPa,轴压 3 MPa,设置温度 25 ℃。

2) 实验结果与分析

气水两相流不含煤粉驱替测试结果如图 6.58 所示。

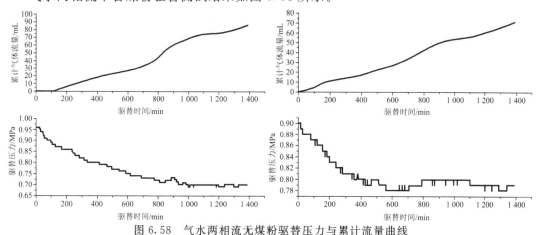

图 6.58　气水两相流无煤粉驱替压力与累计流量曲线

由图 6.58 可知,在气水两相流驱替过程中,在初始压力、入口流量一定的条件下,入口液体压力较气体压力下降速率较缓慢,且都在下降至一定程度后基本趋于某稳定范围而不再发生变化;同时,出口端累计流量与累计气体流量基本成线性增长(较难实现驱替完成后的气水分离及流量记录,故液体流量计安装与出口处,在驱替初期不会有驱替的矿井水流出,而气体流量计安装在单向阀的末端的入口处,在驱替初期会有气体流量显示)。

4. 气水两相流煤粉运移及导流衰减模拟

1）实验方案与步骤

用矿井水配制 6 组不同粒径（＜60 目、60～80 目、80～100 目、100～150 目、150～200 目以及大于 200 目）下的煤粉-矿井水混合液 300 mL，搅拌均匀后倒入中间容器内待用。装置气密性检查完毕后，同时旋开输气管路和中间容器处的减压阀，进行气水两相流含煤粉驱替实验。

2）实验结果与分析

含煤粉条件下气水两相流驱替实验结果如图 6.59 所示。

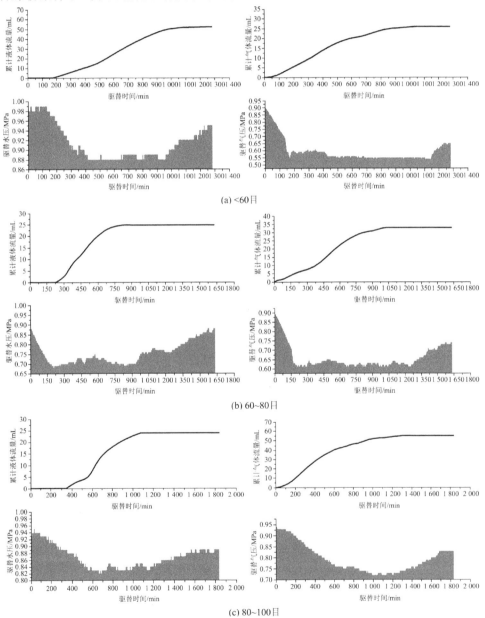

图 6.59　不同粒径条件下气水两相流煤样驱替压力与累计流量曲线

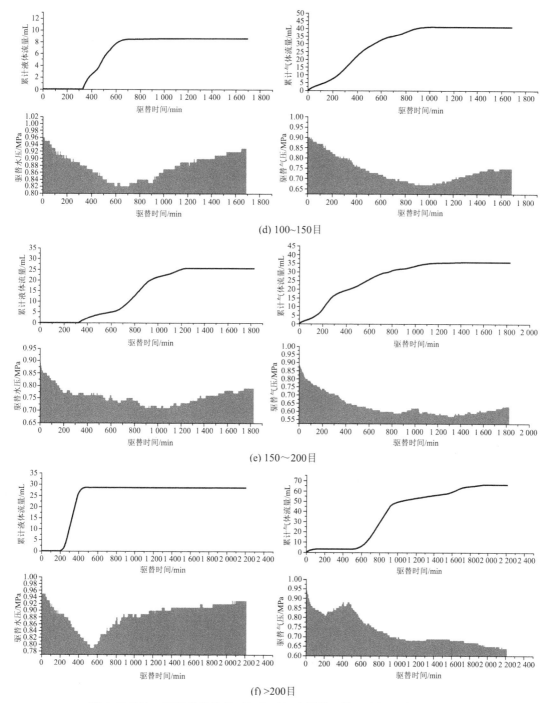

(d) 100~150目

(e) 150~200目

(f) >200目

图 6.59(续)　不同粒径条件下气水两相流煤样驱替压力与累计流量曲线

由图 6.59 可知,与单相水流驱替实验结果相似,煤粉会影响气水两相流驱替过程中,气体、矿井水的运移与排出;在含煤粉驱替至一定时间后,累计流量曲线也会趋于稳定,即目标驱替柱样内部的裂隙被完全封堵;在入口气体、液体流量恒定的条件下,当驱替柱样内部裂隙被完全封堵时驱替压力增加。对比图 6.58 和图 6.59 发现,对于同一目标柱样,在近似同一初始压力(水压、气压)下驱替时,有无煤粉及煤粉粒径大小也会影响驱替效果。

综合对比 6 组不同粒径条件下气水两相流驱替结果见表 6.35。

表 6.35　含煤粉条件下气水两相流驱替参数对比

驱替目数		<60 目	60~80 目	80~100 目	100~150 目	150~200 目	>200 目
驱替时长/min		1 282	1 630	1 835	1 689	1 824	2 213
累计流量/mL	液　体	52.30	24.75	23.99	8.59	25.65	28.73
	气　体	25.82	32.83	54.93	41.23	35.65	66.27
初始压力/MPa	液　体	0.98	0.88	0.93	0.96	0.89	0.95
	气　体	0.90	0.89	0.93	0.90	0.88	0.96
最低压力/MPa	液　体	0.89	0.69	0.82	0.83	0.71	0.79
	气　体	0.54	0.69	0.72	0.66	0.57	0.64
开始出水时间/min		183	228	354	306	224	192
平均流量 /(mL·min^{-1})	液　体	0.040 79	0.015 18	0.013 07	0.005 08	0.014 06	0.012 98
	气　体	0.020 14	0.020 14	0.029 93	0.024 41	0.019 54	0.029 94
驱替前质量浓度/(g·mL^{-1})		5.13%	4.79%	4.96%	4.87%	5.17%	4.95%
驱替后质量浓度/(g·mL^{-1})		0.13%	0.21%	0.19%	0.38%	0.29%	0.55%

由表 6.35 可知,随着煤粉颗粒的减小,累计矿井水流量呈先减小后增大趋势,但煤粉颗粒大小在 100~150 目(即粒径在 106~150 μm)范围内时,累计产出的矿井水最少,表明在该粒径范围内样品封堵最严重;同样,随着煤粉粒径减小,气体累计流量增大。主要原因是气体分子直径相对于液体分子直径较小,小粒径煤粉在将封堵但未完全封堵孔、裂隙喉道时,气体分子可自由通过,而水分子由于毛细管阻力并不能通过。

与单相水流驱替对比,同样煤粉粒径范围为 100~200 目(对应尺度 75~150 μm)时驱替排出液浓度最低,较其他粒径更容易造成封堵,而粒径大于 200 目(对应尺度小于 75 μm)时,本身粒径相对于较大尺度的裂隙较难造成滞留和封堵。

5. 粒径影响下不同介质驱替煤粉运移规律差异性对比

1) 无煤粉驱替

无论单相水流驱替还是气水两相流驱替,整个实验过程中初始驱替压力、轴压、围压、温度及目标驱替的树脂-煤芯柱样(反复的超声波清洗)全部一致,故可采用控制变量的思路对单相水流和气水两相流两种驱替方式进行对比分析,如图 6.60 所示。

由图 6.60 可知,无论单相水流驱替还是气水两相流驱替,当驱替初始条件(围压、轴压、温度等)及目标驱替样品一致时,累计流量和时间呈线性变化,且线性拟合相关性系数 $R^2 \approx 1$,即回归方程拟合良好。

2) 含煤粉驱替

由于驱替介质相态和携煤粉颗粒大小的差异性,故含煤粉条件下单相水流驱替和气水两相流驱替在起始出水时间、压力增加起始时间以及液体累计流量等参数上有所不同,如表6.36、表 6.37 和图 6.61 所示。

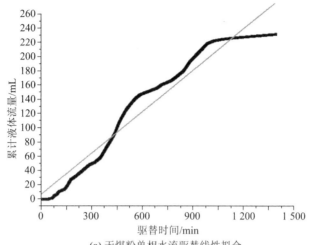

(a) 无煤粉单相水流驱替线性拟合

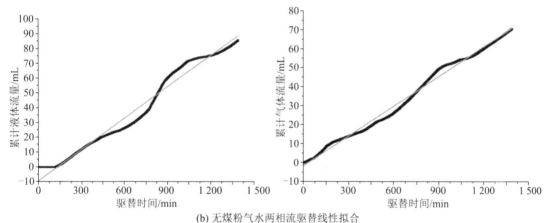

(b) 无煤粉气水两相流驱替线性拟合

图 6.60　无煤粉驱替线性拟合

表 6.36　单相水流驱替参数

驱替目数	<60目	60~80目	80~100目	100~150目	150~200目	>200目
起始出水时间/min	24	15	41	78	66	35
压力增加起始时间/min	427	349	868	851	667	1 779
累计液体流量/mL	159.59	128.55	100.43	110.88	102.56	169.76
驱替前液质量浓度/$(g \cdot mL^{-1})$	4.83%	5.09%	4.81%	4.60%	4.77%	4.75%
驱替完成质量浓度/$(g \cdot mL^{-1})$	0.72%	0.56%	0.85%	0.59%	0.39%	1.09%

表 6.37　气水两相流驱替参数

驱替目数	<60目	60~80目	80~100目	100~150目	150~200目	>200目
起始出水时间/min	183	228	354	306	224	192
压力增加起始时间/min	1149	1049	1221	786	1 118	606

驱替目数	<60目	60～80目	80～100目	100～150目	150～200目	>200目
累计液体流量/mL	52.3	24.75	23.99	8.59	25.65	28.73
驱替前液质量浓度/(g·mL⁻¹)	5.13%	4.79%	4.96%	4.87%	5.17%	4.95%
驱替完成液质量浓度/(g·mL⁻¹)	0.52%	0.61%	0.72%	0.38%	0.29%	1.22%

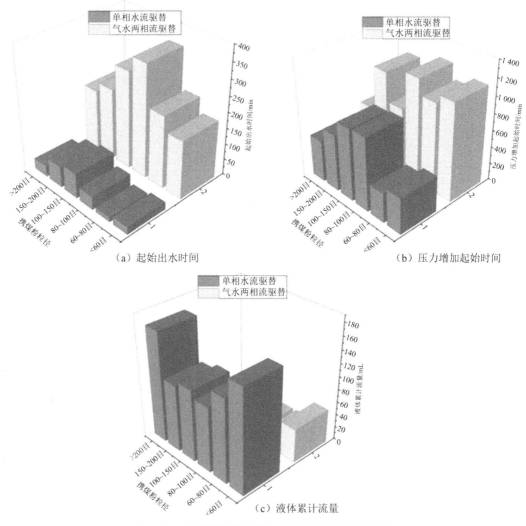

图 6.61　含煤粉条件下单相水流和气水两相流对比

　　结合表 6.36、表 6.37 和图 6.61 可知,粒径对不同介质驱替煤粉运移有重要影响。单相水流阶段相较于气水两相流阶段,前者具有更强的携粉能力,在两种相态下,煤粉粒径在 80～200 目时最容易对目标驱替柱样造成封堵;对比驱替前和驱替完成液中煤粉浓度,发现较大颗粒的煤粉在单相水阶段更容易排出,故煤层气排采前期更易携带煤粉且携带煤粉颗粒较大。

（三）不同介质驱替下煤粉启动/运移机理

1. 孔、裂隙中煤粉受力分析

煤层中的煤粉一部分充填在煤岩空隙中,能够随着液体流动而流动;另一部分煤粉是煤颗粒从煤骨架脱落未发生运移。根据煤岩力学特性,煤层气井煤粉剥落主要包含剪切破坏、压实破坏、滑移破坏3种破坏机理。煤粉产出过程是在多种综合因素作用下的产物。

煤层孔、裂隙表面产生的煤粉在流体介质中发生沉降、运移,需建立相应的物理力学模型对其进行阐述。煤岩所受应力包括上覆岩层压力、流体流动时对煤层颗粒的携带力、温差或采动影响所引起的形变力、煤储层孔隙压力和生产压差形成的作用力等。煤粉运移是在多种力相互耦合作用下产生的。

1）煤岩受力分析

煤储层未受工程扰动或工程扰动影响可忽略不计时,在重力应力、构造应力和流体压力等多个作用力下保持平衡。其中,重力应力可分为垂向主应力和水平主应力,其表达式为:

$$\sigma_{gz} = \rho g H \tag{6.54}$$

$$\sigma_{gh} = \sigma_{ghx} = \sigma_{ghy} = \sigma_{gz} \left(\frac{\nu}{1-\nu} \right)^{\frac{1}{n}} \tag{6.55}$$

式中,σ_{gz} 为垂向主应力,MPa;σ_{gh} 为垂向应力在水平方向上的主应力,MPa;σ_{ghx} 为垂向主应力在 x 方向上的水平主应力,MPa;σ_{ghy} 为垂向主应力在 y 方向上的水平主应力,MPa;ρ 为上覆岩层平均密度,g/cm^3;H 为埋深,m;g 为重力加速度,m/s^2;ν 为岩石的泊松比;n 为与煤岩非线性压缩相关系数。

对于深部煤层气井,构造应力在其垂向上的力一般为0,而水平主应力主要有两个方向,即沿挤压构造力 s_c 或拉张构造力 s_t 的作用方向。水平应力可表示为:

x 方向水平主应力:

$$\sigma_{cx} = s_c, \quad \sigma_{tx} = s_t \tag{6.56}$$

y 方向水平主应力:

$$\sigma_{cy} = s_c \, (\nu)^{\frac{1}{n}}, \quad \sigma_{ty} = s_t \, (\nu)^{\frac{1}{n}} \tag{6.57}$$

式中 σ_{cx},σ_{cy} 为 x 方向和 y 方向的挤压构造应力,MPa;σ_{tx},σ_{ty} 分别为 x 方向和 y 方向的拉张构造应力,MPa。

煤储层的孔、裂隙被流体介质充填,故存在静态流体压力。煤储层中流体压力 p_x 使煤岩产气、产煤粉通道张开,其可表示为:

$$p_x = 10^{-6} D_f g H \tag{6.58}$$

式中,D_f 为由上到下流体平均密度,kg/m^3。

煤岩所受主要应力为上覆岩层重力作用下的最大压应力:

$$\sigma_\theta = 2 \left[\left(\frac{\nu}{1-\nu} \right) (10^{-6} \rho g H - p_{wf}) + (p_s - p_{wf}) \right] \tag{6.59}$$

式中,σ_θ 为最大压应力,MPa;ν 为泊松比;ρ 上覆岩石平均密度,kg/cm^3,H 为煤层埋深,m;p_s 为流体压力,MPa;p_{wf} 为井底流压,MPa。

利用岩石破坏理论,当煤岩石所受最大应力大于煤岩抗压强度时,煤岩骨架发生破坏,煤粉从煤骨架体上剥落。煤粉剥落条件为:

$$2 \left[\left(\frac{\nu}{1-\nu} \right) (10^{-6} \rho g H - p_{wf}) + (p_s - p_{wf}) \right] > [C] \tag{6.60}$$

式中,$[C]$ 为煤岩抗压强度,MPa。

结合上式,可得:

$$p_{wf} < \frac{\frac{\nu}{1-\nu}10^{-6}\rho g H + 10^{-6}D_f g H - \frac{1}{2}[C]}{1+\frac{\nu}{1-\nu}} \qquad (6.61)$$

于是临界井底压力 $p'_{wf} < \dfrac{\frac{\nu}{1-\nu}10^{-6}\rho g H + 10^{-6}D_f g H - \frac{1}{2}[C]}{1+\frac{\nu}{1-\nu}}$,即当井底流压小于临

界井底压力时,煤层骨架破裂剥落产生煤粉。

2) 煤层骨架颗粒受力分析

由于流体在煤层裂隙中的渗流作用,裂隙表面煤层颗粒受冲刷和剥蚀产生煤粉。若煤粉产生运移,需对裂隙表面煤层颗粒开展力学分析,煤层裂隙内煤颗粒受一定压差和流体运动的携带作用共同引起的拖拽力和骨架颗粒之间的附着力而发生运移。

拖拽力 ΔF 与流体相态、流体黏度、流速、生产压差和颗粒直径有关。流体在裂缝内流动时产生的拖拽力的大小为:

$$\Delta F = k\Delta p A + \frac{\mu A \upsilon}{d} \qquad (6.62)$$

式中,k 为拖拽系数,与流体相态有关且单相流取 $k=1$;Δp 为生产压差,MPa;A 为渗流面积,m^2;μ 为流体黏度,MPa·s;υ 为流体速度,m/s;d 为颗粒直径,m。

由拖拽力产生的应力 $\sigma_p = \Delta p + \dfrac{\mu \upsilon}{d}$。

煤层骨架颗粒之间的附着力使煤层颗粒之间黏合,阻止煤颗粒脱落,可用煤层抗拉强度表示。

3) 煤层裂隙通道自由煤粉受力分析

研究煤粉颗粒在液体自由沉降运动规律,将其等价为等径圆形颗粒,在流体作用下煤粉颗粒主要受表面力、压力梯度力、附加质量力、Basset 力、Magnus 力、Saffman 力、浮力、热泳力、体积力、静电力、液体桥力、碰撞力、摩擦力、其他黏性力等多力作用。从研究的直接性与适用性角度,着重考虑惯性力、重力、浮力、压差力、表面力等。

惯性力为:

$$F_i = -\frac{1}{6}\pi d_p^3 \rho_p \frac{d\mu_p}{dt} \qquad (6.63)$$

式中,F_i 为固体颗粒所受惯性力,N;d_p 为固体颗粒直径,m;ρ_p 为固体密度,kg/m^3;μ_p 为固体表观速度,m/s。

重力为:

$$F_g = -\frac{1}{6}\pi d_p^3 \rho_p g \qquad (6.64)$$

式中,F_g 为固体颗粒所受重力,N;g 为重力加速度,m/s^2。

浮力为:

$$F_b = \frac{1}{6}\pi d_p^3 \rho_f g \qquad (6.65)$$

式中,F_b 为固体颗粒所受浮力,N;ρ_f 为气体密度,kg/m^3。

某一压力梯度下所受的压差力为：

$$F_{\rm p} = \int_0^\pi \Big[p_0 + \frac{d_{\rm p}}{2}(1-\cos\theta)\nabla p \Big] \cdot 2\pi \left(\frac{d_{\rm p}}{2}\right)^2 \sin\theta\cos\theta{\rm d}\theta$$

$$= 2\pi \left(\frac{d_{\rm p}}{2}\right)^2 \left(p_0 + \frac{d_{\rm p}}{2}\nabla p \right)\int_0^\pi \sin\theta\cos\theta{\rm d}\theta - 2\pi \left(\frac{d_{\rm p}}{2}\right)^3 \nabla p \int_0^\pi \sin\theta\cos^2\theta{\rm d}\theta$$

$$= -\frac{1}{6}\pi d_{\rm p}^3 \nabla p \tag{6.66}$$

式中，$F_{\rm p}$ 为固体颗粒所受压力，N；p_0 为颗粒中心所处位置的压力，N；∇p 为通道中的压力梯度，MPa/m；θ 为分离角，(°)。

当固体颗粒在通道中运动时，由于固态颗粒存在相对运动，故固体颗粒受到气流的表面力为：

$$F_{\rm R} = \frac{1}{8}\pi d_{\rm p}^2 \rho_{\rm f} C_{\rm D} \mid \mu_{\rm f} - \mu_{\rm p} \mid (\mu_{\rm f} - \mu_{\rm p}) \tag{6.67}$$

式中，$F_{\rm R}$ 为固体颗粒所受表面力，N；$C_{\rm D}$ 为颗粒的表面力系数；$\mu_{\rm f}$ 为气体表观速度，m/s；$\mu_{\rm p}$ 为固体表观速度，m/s。

无论何种排采阶段，煤粉颗粒所受力 F 均可用合力平衡公式表示：

$$F = F_{\rm i} + F_{\rm g} + F_{\rm b} + F_{\rm p} + F_{\rm R} \tag{6.68}$$

在单相水流阶段储层流体内有极少或基本不存在气泡，故表面力的可忽略不计，则单相水流阶段煤粉主要受惯性力、重力、浮力、压差力的影响，如图 6.62 所示。其中，压差力和惯性力作为动力加速了煤粉的运移，而重力和浮力使得煤粉颗粒与孔、裂隙壁产生摩擦和碰撞，作为阻力减缓了煤粉的运移。

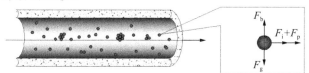

图 6.62 煤粉单相水流受力分析

如图 6.63 所示，气水两相流过程中，煤粉颗粒与气泡发生碰撞和附着，表面力起重要作用。当表面力方向与煤粉运移方向成锐角时，表面力作为动力加速煤粉的运移；当表面力方向与煤粉运移方向成钝角时，表面力作为阻力减缓煤粉的运移。根据不同粒径尺度驱替后煤粉的浓度对比，当驱替煤粉粒径较小时，表面力具有携粉正效应；反之，表面力具有携粉负效应。

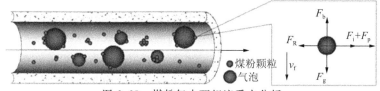

图 6.63 煤粉气水两相流受力分析

2. 单相水流驱替下煤粉启动及滞留分析

影响煤粉运移的主要有惯性力、重力、浮力、压差力 4 种。根据实验室测试结果，不同相态下煤粉运移能力不同的本质是气相流体和液相流体的启动压力梯度差异引起的，因此压差力在煤层气不同排采阶段起主要作用。

主要对单相水流状态下的启动压力梯度进行测试，为简化分析过程，把煤粉启动近似看成矿井水启动的过程。当驱替介质为单相水流状态时，若不考虑启动压力梯度，则矿井水渗

流速度 v_w 为：

$$v_w = \frac{k_w(p_1 - p_2)}{u_w L} \tag{6.69}$$

式中，k_w 为矿井水驱替下的渗透率，$10^{-3}\ \mu m^2$；p_1 为入口处压力，Pa；p_2 为出口处压力，Pa；u_w 为矿井水黏度，Pa·s；L 为驱替柱样长度，m。

若考虑启动压力梯度的存在，则有：

$$v_w = a(p_1 - p_2) - b \tag{6.70}$$

式中，a，b 为常数。

当 $v_w = 0$ 时，有：

$$p_1 = \frac{b}{a} + p_2 \tag{6.71}$$

单相水状态下煤粉的启动压力梯度 λ_w 可表示为：

$$\lambda_w = \frac{b}{aL} \tag{6.72}$$

3. 气水两相流驱替下煤粉启动/运移机理

根据对单相水流驱替过程的启动压力梯度分析，气水两相流驱替应考虑气相流体的启动压力梯度。

当不存在启动压力梯度时，气体渗流速度 v_g 可表示为：

$$v_g = \frac{K_g(p_1^2 - p_2^2)}{2u_g p_0 L} \tag{6.73}$$

式中，K_g 为氮气渗透率，$10^{-3}\ \mu m^2$；p_1 为入口处气压，Pa；p_2 为出口处气压，Pa；u_g 为氮气黏度，Pa·s；p_0 为大气压力，取 101 325 Pa。

当存在启动压力梯度时，气体渗流速度可表示为：

$$v_g = a(p_1^2 - p_2^2) - b \tag{6.74}$$

式中，a，b 为常数。

当 $v_g = 0$ 时，有：

$$p_1 = \sqrt{\left(\frac{b}{a} + p_2^2\right)} \tag{6.75}$$

气相状态的启动压力梯度 λ_g 可表示为：

$$\lambda_g = \frac{p_1 - p_2}{L} = \frac{\sqrt{\left(\frac{b}{a} + p_2^2\right)} - p_2}{L} \tag{6.76}$$

4. 不同介质驱替启动分析

根据实验结果和上述机理分析可知，当启动压力梯度大于气相或水相的实际压力梯度时，气体不再渗流，仅以扩散的方式运移，而矿井水则停止流动，此时煤粉不发生运移。氮气、矿井水的渗流方程可表示为：

$$\begin{cases} v_w = \dfrac{K_f K_{rw}}{u_w}(\nabla p_w - \rho_w g - \lambda_w) \\ v_g = \dfrac{K_f K_{rg}}{u_g}(\nabla p_g - \rho_g g - \lambda_g) \end{cases} \tag{6.77}$$

式中，K_f 为表示树脂-煤芯柱样的绝对渗透率，m^2；K_{rw}，K_{rg} 分别为矿井水、氮气的相对渗透率；∇p_w，∇p_g 分别为矿井水和氮气的实际压力梯度，Pa/m；ρ_w 和 ρ_g 分别为矿井水和氮气的密度，kg/m^3；g 为重力加速度，取 9.8 m/s^2；λ_w，λ_g 分别为矿井水和氮气的启动压力梯度，Pa/m。

1）线性渗流

当启动压力梯度 $\lambda_w = 0$ 或 $\lambda_g = 0$ 时，上述方程组中的启动压力梯度项为 0，则方程变为线性渗流方程，即符合达西定律。

2）低速非线性渗流

当启动压力梯度 $\lambda_w \neq 0$ 或 $\lambda_g \neq 0$，且实际的气相或水相压力梯度大于启动压力梯度时，上述渗流方程组表示低速非线性渗流。

3）气相扩散

当启动压力梯度 $\lambda_w \neq 0$ 或 $\lambda_g \neq 0$，且实际的气相或水相压力梯度小于或等于启动压力梯度时，上述渗流方程组失效，矿井水停止携粉运移，仅以氮气气相扩散的方式运移，符合 Fick 定律。

三、不同尺度裂隙煤粉封堵性定量评价

煤中既有毫米级及其以上的裂隙，也有微米级裂隙，煤中裂隙尺度的差异，导致不同粒径的煤粉在不同尺度裂隙中堵塞程度有所区别。为查明不同尺度裂隙、裂隙长度、裂隙数目等裂隙参数下煤粉的堵塞程度，本节利用光学显微镜、扫描电镜对毫米级、微米级裂隙进行观测统计，根据蒙特卡罗模拟思想，结合 Matlab 软件编程对裂缝进行模拟，构建毫米级、微米级裂隙网络模型及单相流状态下的渗流模型。基于调参原理分别对不同裂隙数目、裂隙长度、裂隙宽度等条件下煤粉的封堵性进行评价，以为不同尺度裂隙的煤粉封堵性定量评价提供新的方法[203]。

（一）煤粉对裂隙参数特征的影响

借助光学显微镜、扫描电镜对煤表面毫米级、微米级孔裂隙进行观测，利用 AutoCAD 软件对所观测的不同尺度的裂隙进行重新描绘。以毫米级裂隙为例（图 6.64），在重描后的裂隙网格内对裂隙所在网格进行颜色加深，然后对加深颜色的网格的数目进行计量，加深网格所占的裂隙面积即为裂隙，取不少于 5 幅图内的裂隙取平均值，从而得出对应尺度内的裂隙面积和裂隙占比[204]。

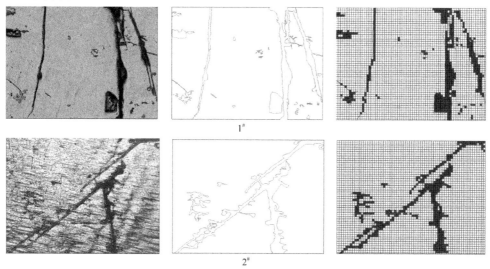

$1^{\#}$

$2^{\#}$

图 6.64　毫米级裂隙统计图

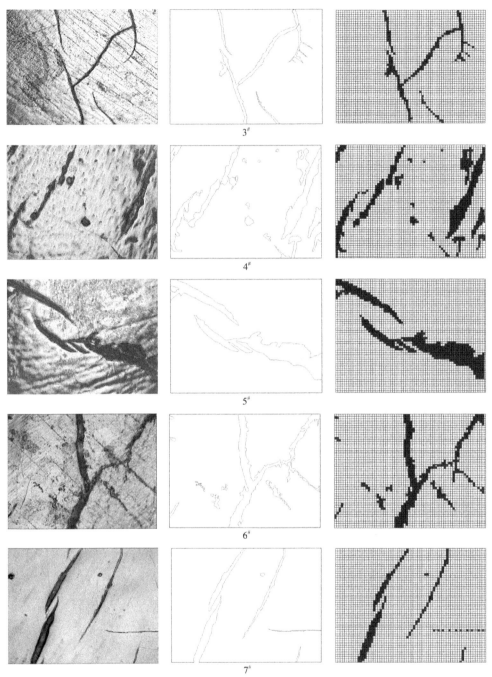

$3^\#$

$4^\#$

$5^\#$

$6^\#$

$7^\#$

图 6.64(续)　毫米级裂隙统计图

　　基于样本统计原理对裂缝参数进行统计。对两组样品先应用光学显微镜对目标煤样进行毫米级及以上孔裂隙的观察,并对裂隙参数进行统计。具体方法为:利用显微镜在样品表面选择裂隙分布较均匀、具有代表性的区域作为调查对象,所选区域面积不大于 1 mm × 1 mm。同理,利用扫描电镜进行微米级裂隙的观测、统计并记录。

　　通过图 6.64 的方法可确定不同状态下不同尺度裂隙面积参数,根据如下公式可知裂隙面积主要由裂隙数目、裂隙长度及裂隙宽度决定。

$$S_0 = Nld \tag{6.78}$$

式中，S_0 为裂隙面积，mm^2；N 为裂隙数目，条；l 为裂隙长度，mm；d 为裂隙宽度，mm。

通过光学显微镜和扫描电镜观测，发现煤粉封堵裂隙主要体现在改变裂隙长度、裂隙数目及裂隙宽度三方面，故在后续的裂隙重构时主要对裂隙长度、裂隙数目及裂隙宽度进行模拟。通过调整参数，最终得到表 6.38。

表 6.38　驱替前不同尺度裂隙几何参数

分　组	不同尺度裂隙	走向/(°)		裂隙长度		裂隙宽度		密度/(条·mm⁻²)	生成域尺寸
		均　值	标准差	均　值	标准差	均　值	标准差		
驱替前	毫米级裂隙	86.5～128.6	12.60	17.66 mm	2.86 mm	0.25 mm	0.000 2 mm	0.016	50 mm×50 mm
	微米级裂隙	56.8～166.6	2.10	132.82 μm	12.7 μm	1.75 μm	0.02 μm	0.001 6	500 μm×500 μm
驱替后（改变迹长）	毫米级裂隙	86.5～128.6	12.60	12.28 mm	1.86 mm	0.25 mm	0.000 2 mm	0.016	50 mm×50 mm
	微米级裂隙	56.8～166.6	2.10	93.67 μm	5.8 μm	1.75 μm	0.02 μm	0.001 6	500 μm×500 μm
驱替后（改变数目）	毫米级裂隙	86.5～128.6	12.60	17.66 mm	2.86 mm	0.25 mm	0.000 2 mm	0.015	50 mm×50 mm
	微米级裂隙	56.8～166.6	2.10	132.82 μm	12.7 μm	1.75 μm	0.02 μm	0.001 5	500 μm×500 μm
驱替后（改变裂隙宽度）	毫米级裂隙	86.5～128.6	12.60	17.66 mm	2.86 mm	0.15 μm	0.001 5 mm	0.016	50 mm×50 mm
	微米级裂隙	56.8～166.6	2.10	132.82 μm	12.7 μm	0.5 μm	0.015 μm	0.001 6	500 μm×500 μm

（二）蒙特卡罗思想下的裂隙重构与渗流模拟

1. 裂隙网络重构

基于蒙特卡罗模拟思想，利用 Matlab 软件编程进行模拟。根据表 6.38 可知封堵毫米级裂隙长度均值为 17.66 mm，据此可确定出裂隙网络生成域尺寸为 50 mm×50 mm，分析域尺寸为 25 mm×25 mm。由式(6.79)和式(6.80)可得每组裂隙条数为 40 条。同理，根据表 6.38 可得出毫米级、微米级封堵前裂隙网络模型如图 6.65 和图 6.66 所示。

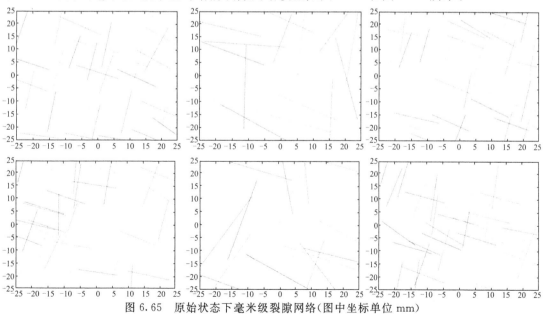

图 6.65　原始状态下毫米级裂隙网络(图中坐标单位 mm)

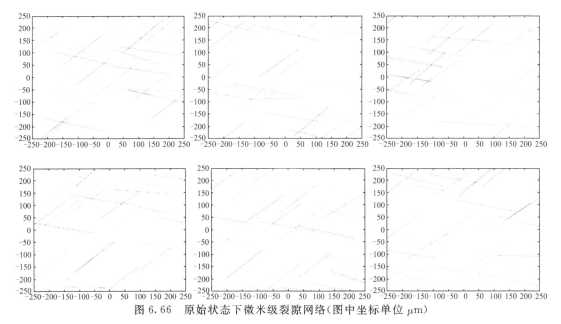

图 6.66 原始状态下微米级裂隙网络（图中坐标单位 μm）

应用蒙特卡罗法重构裂隙网络时,首先需确定生成域及裂隙表征。步骤为:

(1) 裂隙网络的生成域由裂隙长度确定。如裂隙平均长度为 l,则裂隙的生成域尺寸为 $3l \times 3l$。

(2) 设裂隙都是直线。裂隙的中心点坐标为 (x,y),裂隙长度为 s,走向角度为 α（定义为自 x 轴逆时针旋转到裂隙的角度）,则裂隙的端点坐标如下。

起点坐标:

$$\begin{cases} x_0 = x - \left(\dfrac{s}{2}\right)\cos \alpha \\ y_0 = y - \left(\dfrac{s}{2}\right)\sin \alpha \end{cases} \tag{6.79a}$$

终点坐标:

$$\begin{cases} x_0 = x + \left(\dfrac{s}{2}\right)\cos \alpha \\ y_0 = y + \left(\dfrac{s}{2}\right)\sin \alpha \end{cases} \tag{6.79b}$$

(3) 每组裂隙的条数由以下公式计算:

$$N = S\rho \tag{6.80}$$

式中, N 为裂隙的条数; ρ 为裂隙的面密度; S 为生成域的面积。

然后,编写计算机程序,对几何参数特征进行编程,构建二维平面随机裂隙网络模型。

2. 构建渗流模型

孤立裂隙对流体流动没有贡献,需要剔除。根据孤立裂隙在裂隙网络中的几何位置关系,借助 Matlab 编制程序,将孤立裂隙剔除,构建渗流模型。具体做法为:运用 Matlab 求出裂隙相互之间的交点,并存于一个下三角矩阵之中,将不相交裂隙在矩阵相应位置赋 0（即剔除孤立裂隙),并与原矩阵相加得到一个对称矩阵。求出裂隙与边界的交点,同样置于另一交点矩阵之中,不相交或交点在边界延长线,则在交点矩阵的相应位置赋 0,此矩阵行数为 4,列数为裂隙个数,将边界交点矩阵置于内交点矩阵以下组合成新的总交点矩阵[205]。

计算渗透率时,为简化模拟过程,假设:设裂隙中流体的流动是单向的;假设煤岩内的裂隙宽度不发生变化;忽略裂隙渗流场与应力场的耦合作用。

假设裂隙网络模型四周边界均为流体边界,建立计算矩阵方程式分析裂隙网络中流体的渗流,具体公式见第四章式(4.1)至式(4.3)。

以毫米级裂隙模拟为例,分析域尺寸 25 mm×25 mm 的正方形,根据达西定律可得渗透系数 k 为:

$$k = \frac{Q}{\nabla H} \tag{6.81}$$

式中,Q 为流量;∇H 为水头损失。

根据渗透系数 k 与渗透率 K 的关系可得:

$$K = \frac{k\eta}{\rho g} \tag{6.82}$$

式中,η 为流体的动力黏滞系数,Pa·s;ρ 为流体的密度,kg/m³;g 为重力加速度,9.8 m/s²;K 为渗透率,10^{-3} μm²;k 为渗透系数,m/s。

渗透系数降低率为:

$$\lambda = \frac{k_1 - k_2}{k_1} \times 100\% \tag{6.83}$$

式中,λ 为渗透系数降低率,%;k_1 为原始渗透系数,m/s;k_2 为封堵后渗透系数,m/s。

利用上述方法,进行封堵前后毫米级、微米级裂隙渗流模型的重构和渗透系数的计算。不同尺度裂隙封堵前渗流模型如图 6.67 和图 6.68 所示。

为使模拟计算结果更可靠,尽量消除模型生成的随机性,利用控制变量的方法分别进行不同裂隙迹长、数目及宽度的模拟计算。

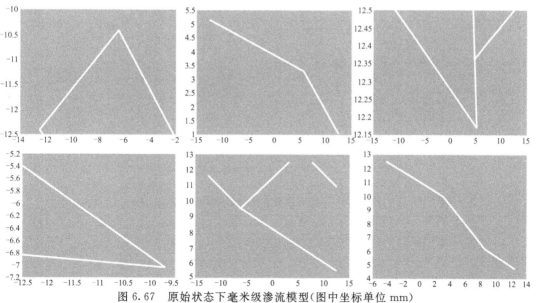

图 6.67　原始状态下毫米级渗流模型(图中坐标单位 mm)

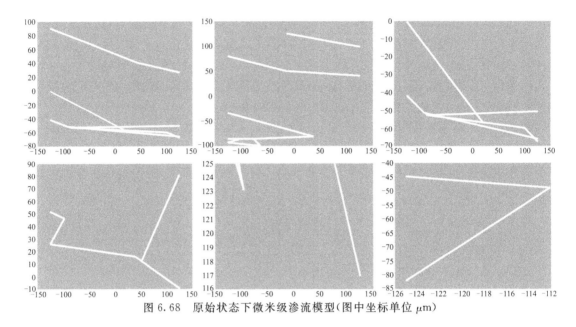

图 6.68　原始状态下微米级渗流模型(图中坐标单位 μm)

3. 尺度分级下的变裂隙数目模拟

为尽量消除模拟结果的随机性的影响,对不同尺度(毫米级、微米级)的裂隙进行不少于 30 次(编号)的渗透系数计算,计算结果如图 6.69 所示。图中每一点即一次计算结果。

从图 6.69 可知,经过 30 次模拟计算后,不同尺度裂隙封堵后的渗透系数大多小于封堵前的渗透系数,说明模拟计算结果是可靠的。

裂隙数目调参后,对不同尺度渗透系数降低率(即封堵率)进行计算,结果见表 6.39。

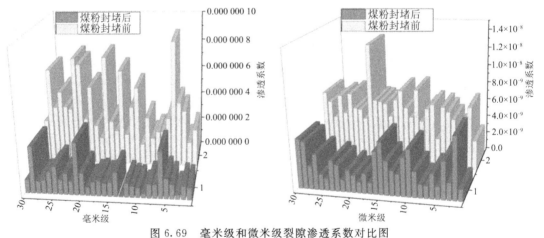

图 6.69　毫米级和微米级裂隙渗透系数对比图

表 6.39　不同尺度裂隙渗透系数降低率对比

编号(变裂隙数目)	渗透系数降低率	
	毫米级	微米级
1	0.693 5	0.606 1

编号（变裂隙数目）	渗透系数降低率	
	毫米级	微米级
2	0.456 1	0.028 6
3	0.922 4	0.500 0
4	0.779 3	0.088 9
5	0.843 4	0.750 4
6	0.058 4	0.578 1
7	0.620 2	0.796 8
8	0.605 4	0.545 5
9	0.843 3	0.606 7
10	0.801 3	0.227 3
11	0.480 5	0.192 3
12	0.825 4	0.726 5
13	0.981 1	0.517 9
14	0.225 5	0.441 9
15	0.850 9	0.331 6
16	0.626 8	0.384 2
17	0.659 1	0.779 8
18	0.874 2	0.694 9
19	0.675 4	0.833 3
20	0.447 9	0.749 2
21	0.351 2	0.820 9
22	0.705 4	0.750 0
23	0.792 9	0.532 3
24	0.864 9	0.472 0
25	0.508 4	0.835 2
26	0.626 6	0.701 8
27	0.816 3	0.501 2
28	0.787 2	0.519 2
29	0.518 0	0.258 2
30	0.689 4	0.316 5

通过对表 6.39 的分析,将上述模拟结果分成封堵率小于 30%,封堵率在 30%~60% 以及封堵率大于 60% 三组,并对封堵率在不同范围内的占比进行对比,如图 6.70 所示。

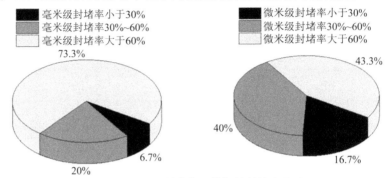

图 6.70　基于裂隙数目模拟的封堵率占比

从图 6.70 可知,裂隙数目变化后,不同尺度裂隙的封堵率也是不同的。毫米级裂隙的封堵率小于 30% 的占 6.7%,封堵率介于 30%~60% 的占 20%,而封堵率大于 60% 的占 73.3%;微米级裂隙封堵率小于 30% 的占 16.7%,封堵率介于 30%~60% 的占 40%,而封堵率大于 60% 的占 43.3%。

4. 尺度分级下的变裂隙迹长模拟

为尽量消除模拟结果的随机性的影响,对不同尺度(毫米级、微米级)的裂隙通过改变裂隙迹长进行不少于 30 次(编号)的渗透系数计算,结果如图 6.71 所示。图中每一点即一次计算结果。

从图 6.71 可知,经过 30 次模拟计算后,不同尺度裂隙封堵后的渗透系数大多小于封堵前的渗透系数,说明模拟计算结果是可靠的。

依据式(6.83)进行不同尺度下的渗透系数降低率(即封堵率)计算,封堵前后不同尺度裂隙渗透系数降低率计算结果见表 6.40。

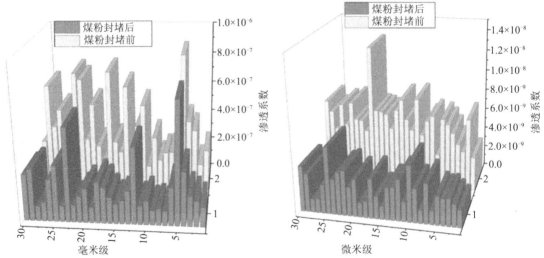

图 6.71　毫米级和微米级裂隙渗透系数对比

表 6.40　不同尺度裂隙渗透系数降低率对比

编号（变裂隙迹长模拟）	渗透系数降低率	
	毫米级	微米级
1	0.525 4	0.484 8
2	0.048 4	0.685 7
3	0.518 5	0.294 7
4	0.252 3	0.422 2
5	0.129 0	0.500 9
6	0.294 3	0.781 3
7	0.624 5	0.432 5
8	0.564 7	0.606 1
9	0.516 2	0.536 5
10	0.553 6	0.181 8
11	0.203 0	0.623 1
12	0.134 7	0.538 1
13	0.492 9	0.426 8
14	0.321 1	0.531 0
15	0.814 8	0.847 1
16	0.313 5	0.708 2
17	0.266 0	0.321 4
18	0.662 2	0.770 8
19	0.464 8	0.805 6
20	0.222 2	0.506 8
21	0.700 0	0.791 0
22	0.664 4	0.173 1
23	0.173 4	0.338 7
24	0.865 2	0.461 0
25	0.105 4	0.188 8
26	0.352 7	0.510 5
27	0.767 1	0.817 0
28	0.763 9	0.750 0
29	0.512 8	0.463 8
30	0.029 6	0.443 0

　　通过对表 6.40 的分析，将上述模拟结果分成封堵率小于 30%，封堵率在 30%～60% 以及封堵率大于 60% 三组，并对封堵率在不同范围内的占比进行对比，如图 6.72 所示。

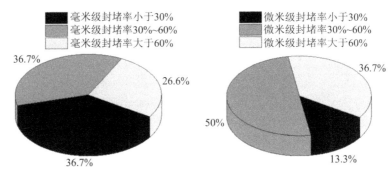

图 6.72　基于裂隙迹长模拟的封堵率占比

从图 6.72 可知,裂隙迹长变化后,不同尺度裂隙的封堵率也是不同的。毫米级裂隙的封堵率小于 30% 的占 36.7%,封堵率介于 30%~60% 的占 36.7%,而封堵率大于 60% 的占 26.6%;微米级裂隙封堵率小于 30% 的占 13.3%,封堵率介于 30%~60% 的占 50%,而封堵率大于 60% 的占 36.7%。

5. 尺度分级下的变裂隙宽度模拟

为尽量消除模拟结果的随机性的影响,对不同尺度(毫米级、微米级)的裂隙进行不少于 30 次(编号)的渗透系数计算,结果如图 6.73 所示。图中每一点即一次计算结果。

从图 6.73 可知,经过 30 次模拟计算后,不同尺度裂隙封堵后的渗透系数大多小于封堵前的渗透系数,说明模拟计算结果是可靠的。

依据式(6.83)进行不同渗透系数下的渗透系数降低率(即封堵率)计算,封堵前后不同尺度裂隙渗透系数降低率计算结果见表 6.41。

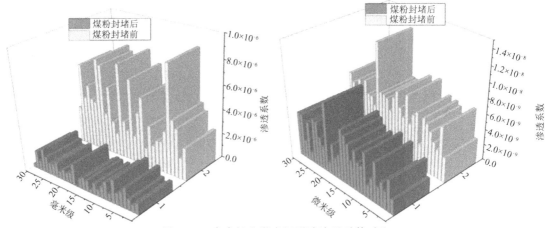

图 6.73　毫米级和微米级裂隙渗透系数对比

表 6.41　不同尺度裂隙渗透系数降低率对比

编号(变裂隙数目)	渗透系数降低率	
	毫米级	微米级
1	0.675 7	0.400 0
2	0.647 1	0.400 0

续表

编号(变裂隙数目)	渗透系数降低率	
	毫米级	微米级
3	0.772 5	0.352 6
4	0.629 3	0.262 0
5	0.856 7	0.572 2
6	0.718 4	0.171 9
7	0.222 1	0.579 1
8	0.720 8	0.449 7
9	0.238 9	0.199 4
10	0.718 5	0.441 1
11	0.633 6	0.263 3
12	0.829 5	0.409 0
13	0.926 0	0.371 4
14	0.561 9	0.183 1
15	0.848 3	0.266 7
16	0.667 3	0.089 7
17	0.974 5	0.410 7
18	0.770 4	0.641 8
19	0.499 6	0.430 6
20	0.727 9	0.7945
21	0.830 7	0.326 1
22	0.802 7	0.403 8
23	0.824 6	0.359 7
24	0.867 2	0.073 1
25	0.755 2	0.252 2
26	0.664 3	0.771 9
27	0.624 7	0.329 4
28	0.798 8	0.544 5
29	0.770 7	0.176 6
30	0.899 4	0.278 5

通过分析表 4.41,将上述模拟结果分成封堵率小于 30%,封堵率在 30%～60% 以及封堵率大于 60% 三组,并对封堵率在不同范围内的占比进行对比,如图 6.74 所示。

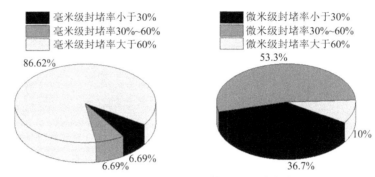

图 6.74　基于裂隙宽度模拟的封堵率占比

从图 6.74 可知,裂隙宽度变化后,不同尺度裂隙的封堵率也是不同的。毫米级裂隙的封堵率小于 30% 的占 6.69%,封堵率介于 30%~60% 的占 6.69%,而封堵率大于 60% 的占 86.62%;微米级裂隙封堵率小于 30% 的占 36.7%,封堵率介于 30%~60% 的占 53.3%,而封堵率大于 60% 的仅占 10%。

(三)裂缝尺度分级下的封堵性评价

封堵率占比的差异能够表明不同尺度裂隙受到封堵的难易程度。如某一尺度裂隙,其封堵率小于 30% 的占比较高,说明该尺度下的裂隙不容易被封堵;反之,如果封堵率大于 60% 的占比较高,则说明该尺度下的裂缝容易被封堵[206]。

按照上述原理,如果将三个不同封堵率区间(小于 30%、介于 30%~60% 和大于 60%)对应划分为三个等级,即一、二、三级,且对每一等级分别评分为 20,30 及 50,则可利用如下公式进行封堵评价:

$$N = MS \tag{6.84}$$

式中,N 为综合评分;M 为标准评分,其中封堵率小于 30% 的划分为一级,且 $M=20$,封堵率介于 30%~60% 的划分为二级,且 $M=30$,而封堵率大于 60% 的划分为三级,且 $M=50$;S 为各封堵率区间范围的占比。

综合评分越高说明越容易封堵,综合评分越低说明越难造成封堵。对照式(6.84)可对不同变参结果进行封堵难易性评价,如图 6.75 所示(图中 1,2 和 3 表示不同变参数)。

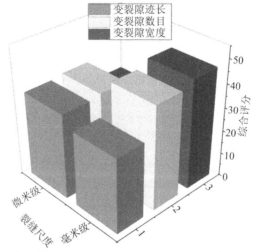

图 6.75　不同变参条件下封堵难易性综合评分

从图 6.75 可知,同一裂隙尺度在不同的变参条件下呈现出不同的封堵难易程度。毫米级裂缝在改变裂隙宽度时较微米尺度更容易造成封堵,毫米级裂隙甚至更大尺度的裂隙作为渗流的主要通道,除对小颗粒煤粉基本不造成滞留影响外,能让较大颗粒在其中发生运移。当裂隙宽度发生改变时,与裂缝宽度相近的大颗粒煤粉会造成明显滞留,故随着时间累积效应的增加,最后形成封堵;而微米级裂隙因本身尺度较小,裂隙宽度改变时,较小颗粒煤粉对微米级裂隙的封堵效果不明显。从图中还可发现,改变裂隙迹长和裂隙数目最容易影响微米尺度的裂隙,对于与微米尺度相近的小颗粒煤粉来说,只要有相近尺度的裂隙,煤粉进入裂隙后极易造成封堵,且造成封堵的时间累积效应极短。

四、煤层气井煤粉堵塞伤害分析

为使研究结果能与现场实际相结合,下面以柿庄南区块典型排采煤层气井为例,对不同排采阶段排出煤粉的煤层气井在出煤粉前后的产水量、产气量进行对比分析,并根据产水量、产气量情况对其伤害程度进行评估。在此基础上,结合现场实际,提出不同情况下控制煤粉的措施,以为现场排采管控、提高煤层气井的产气量、延长检泵修井作业提供指导。

(一)典型煤粉堵塞伤害井分析

煤层气井不同的产水量、产气量导致煤粉产出难易程度,以及煤粉产出引起的产水量、产气量的差异;同时,排采阶段不同,对煤粉产出影响也不同。以柿庄南区块 4 口典型的不同产水、产气特征的井进行排采分析和煤粉跟踪监测,并结合实际产水和产气状况将目标典型井划分为单相水流阶段的煤粉封堵井和气水两相流阶段的煤粉封堵井两种。

1. 产水量大、产气量高的煤粉封堵井监测与分析

以 SN-001 井为例,介绍单相水流阶段煤粉堵塞井的产水、产气及煤粉产出特征。其产水量、产气量曲线如图 6.76 所示。该井从开始排采到排采 882 d 的整个过程,产气量几乎为 0,但在该过程中产水量经历了由小增大再减小至几乎为 0。开始排采时,煤层气井的压降漏斗逐渐扩大,地层供液能力逐渐提高。随着压降漏斗的扩大,影响半径增量在逐渐减少,通过调整排采工作制度,煤层气井的产水量迅速增加。排采 300 d 后,地层的供液能力趋于稳定,产水量也趋于稳定。当排采到 660 d 左右时,产水量急剧下降,这是由于煤层中开始产气,在水和气共同作用下,煤粉在煤的裂隙中发生运移并部分堵塞了裂隙通道,因该井有围岩水的补给,堵塞裂隙的煤粉主要发生在近井筒地带。随着煤粉积聚量的增多,产水量几乎为 0,无法再进行有效排采。

排采第 882～890 d 进行检泵操作,煤层气井停止排采,动液面上升。当再次开始排采时,由于压差相对较大,近井地带的煤粉被携带到井筒中,煤储层中裂隙通道慢慢疏导,产气量也逐渐增加。由于该井煤储层渗透率较高,储层导流能力较高,当煤粉堵塞解除后,产气量升高幅度较大。

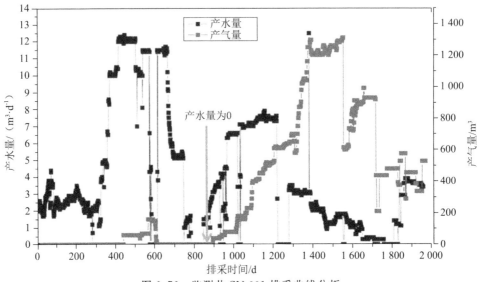

图 6.76　监测井 SN-001 排采曲线分析

收集 SN-001 井排采初期单相水流阶段排采液中煤粉并进行分析,如图 6.77 所示。该阶段以较大颗粒煤粉为主,大颗粒煤粉或聚集于井底口袋内,或吸入排采泵容易造成卡泵,该阶段煤层气井井底压力高于临界解吸压力,仅产水,不产气。当煤储层导流能力较强时,排采工作制度不合理时,容易产生较大颗粒的煤粉对裂隙通道形成堵塞,影响煤层气井产水量和产气量。通过改变压差、改变排采工作制度等方法可以让近井地带的煤粉冲刷到井筒中,解除其对裂隙通道的堵塞。对比实验结果,论证了单相水流驱替相较于气水两相流驱替,前者对较大颗粒的煤粉具有更强的携带能力。

图 6.77　单相水流阶段收集的煤粉

2. 产水量大、产气量小的煤粉封堵井监测与分析

以 SN-002 井为例进行阐述和分析,其排采曲线如图 6.78 所示。该井在排采的前 250 d 左右,地层供液能力逐步趋于稳定。排采 250 d 后产水量稍有下降,但该过程中已经有部分煤粉堵塞裂隙通道。当煤层气井开始产气后,对近井地带的煤粉具有一定的冲刷作用,产水量大幅度增加。随着产出气的进行,冲刷出的煤粉量开始增加,近井地带有更多的煤粉部分堵塞裂隙通道,产水量开始下降。随着排采的进行,煤粉越来越多,严重加剧裂隙通道堵塞,最终产水量几乎为 0。从开始排采到排采时间 1 238 d 的整个过程,产气量经历了 3 个阶段,这一过程的产水量同样经历了由小增大再减小至几乎为 0 的过程,此过程煤粉在气水两相流状态下发生运移。产水量下降的原因是,近井端裂隙由于煤粉运移、堆积而发生封堵,导致产水量下降至几乎为 0;随后的第 1 238~1 240 d,煤层气井进行检泵操作,排采停止,动液面上升,近井端裂隙煤粉被冲刷出来,裂隙重新导通,故检泵完成后出现较大范围的产水量提升。

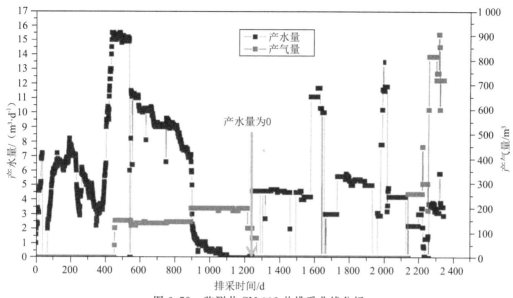

图 6.78　监测井 SN-002 井排采曲线分析

产水量大的煤层气井的煤粉堵塞容易发生在产水量急剧升高段或产气升高段。当产水量急剧增加时,会对煤层裂隙壁面的冲刷作用增强,增加煤粉产出量,煤粉发生运移,尤其容易在近井地带发生堆积,堵塞裂隙通道。当产气量急剧增加时,一方面产气会引起煤粉的脱落,另一方面气体的产出,携煤粉能力增强,增加煤粉运移的可能性,造成裂隙的堵塞。

3. 产水量小、产气量高的井的煤粉封堵井监测与分析

以 SN-003 井为例,其排采曲线如图 6.79 所示。从开始排采到排采时间为 1 170 d 的整个过程,该井产气量经历了较大幅度的波动,且在第 908～1 221 d 的过程中呈现了下降的趋势,该过程产水量也经历了较大幅度的波动,且在第 921～1 175 d 的过程中产水量几乎为 0,说明了气水两相流状态下的煤粉在近井端裂隙内运移、堆积的过程中发生了滞留、封堵,产水量下降至几乎为 0。随后的第 1 170～1 173 d 进行检泵操作,排采停止,动液面上升,近井端裂隙中的煤粉部分被冲刷出来。随着排采的继续进行,滞留在煤层裂隙中的煤粉越来越多,对裂隙的封堵作用越来越明显,导致产水量也开始急剧下降,从排采 2 200 d 的产水量可看出,煤粉再次堆积封堵裂隙。因此,如果仅靠检泵操作无法使滞留的煤粉完全冲刷出来,需要地面加循环泵的方式,加大排采强度,使近井地带的煤粉能被冲刷出来,否则会影响后期的产水量和产气量。

4. 产水量小、产气量小的煤粉堵塞井的监测与分析

以 SN-004 井为例进行分析,其排采曲线如图 6.80 所示。从开始排采到排采时间为 1 208 d 的整个过程,该产气量出现了较小幅度的波动且呈现缓慢下降的趋势。类似的,该过程中产水量也呈现同样的规律,煤粉在气水两相流状态下发生运移。产水量和产气量下降的原因是近井端裂隙在煤粉运移、堆积过程中发生了封堵;随后的第 1 208～1 210 d 进行检泵操作,排采停滞导致动液面上升,近井端裂隙煤粉在此过程中被冲刷出来,裂隙重新导通,故检泵完成后,较大范围的产气量和产水量均得到了提升。

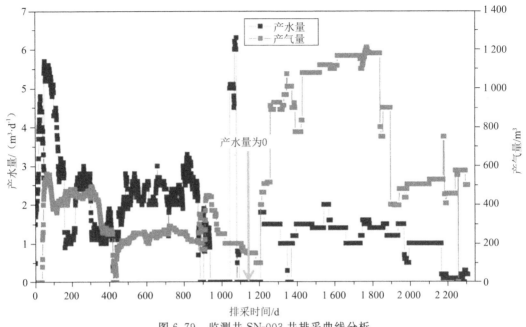

图 6.79　监测井 SN-003 井排采曲线分析

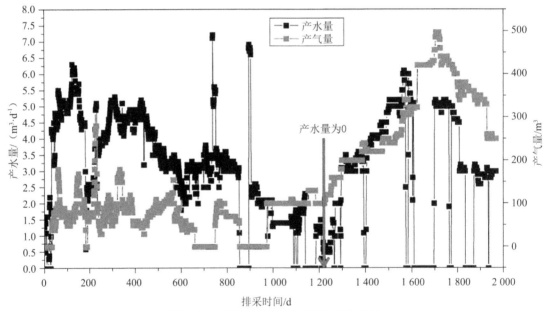

图 6.80　监测井 SN-004 井排采曲线分析

对上述具有不同产水、产气特征的典型井 SN-002 井、SN-003 井和 SN-004 井在排采过程中的煤粉进行收集与对比,如图 6.81 所示。在气水两相流阶段,排采过程中携带煤粉以较小颗粒为主,且小颗粒的煤粉浓度较高,细颗粒煤粉以悬浮液形式排出井筒,由于产水量下降,高浓度煤粉往往造成卡泵,或煤粉在井底口袋内聚集造成埋泵。该阶段煤层气井井底压力处于临界解吸压力附近波动,产水、产气量波动较大,同样对比实验室气水两相流模拟结果,确定气水两相流驱替对小颗粒煤粉具有更强的携带效果的论证的正确性。

图 6.81 气水两相流阶段收集的煤粉

通过现场的不同排采阶段粒径产出规律和实验室内单相水和气水两相流驱替完成液中不同粒径的煤粉浓度规律的对比,发现二者规律是一致的,也证明了实验模拟的可靠性。

(二)煤粉运移、产出规律分析

综合分析可知,柿庄南区块现场煤粉产出规律表现为:煤粉产出浓度呈现先增后减的大趋势,产出的煤粉粒度呈现下降的趋势,整个过程依次可划分为裂隙扩张期——煤粉剥落、裂隙筛选期——自由煤粉运移、裂隙变窄期——自由煤粉滞留、裂隙封堵期——煤粉堆积封堵 4 个阶段。

(1)裂隙扩张期——煤粉剥落。在建井初期钻井、压裂施工以及工程扰动促使应力释放等一系列综合作用,导致煤体发生剪切、拉张、摩擦等破坏,在不同尺度的孔、裂隙内等弱面、空腔内剥落形成粒径、形状差异的煤粉颗粒。

(2)裂隙筛选期——自由煤粉运移。工程扰动所剥落下的煤粉随着远、近井端水压差的驱动以各尺度裂隙为通道向近井端运移。

(3)裂隙变窄期——自由煤粉滞留。煤体骨架破坏产生的煤粉随着压降漏斗的扩展,一方面井筒附近煤体骨架承受的有效应力逐步增加,致使煤体破坏并产生煤粉向井端运移,另一方面距离井端较远处的煤粉继续向近井端运移,此过程中煤粉颗粒由于自身粒径与运移通道存在差异,部分煤粉开始滞留于裂隙通道内,导流能力开始下降。

(4)裂隙封堵期——煤粉堆积封堵。在压差驱动下,远井端煤粉源源不断向近井端运移,在有限宽度的孔、裂隙内随着时间的累积效应不断地滞留、堆积,一部分煤粉在压差作用下随气、水流动进入井筒,剩余部分残留在裂隙通道内。随着产水量逐步下降,大部分煤粉残留在裂隙通道内,仅有少量煤粉以粉尘形式随气产出。由于大量气体已经产出,煤基质中解吸的气体开始逐渐减少,煤层气井产水量逐步降至 0,产气量不断下降。该阶段时间一般较长。

第七章 煤层气低效井成因评价体系及综合治理技术对策

煤层气低效井成因类型多样,查明煤层气低效井成因类型能为其治理技术对策奠定基础。本章主要采用层次分析与模糊评价相结合的方法,建立低效井成因评价体系,并针对不同的产气潜力区,确定不同低效井区低产类型。在此基础上,针对不同的低产主控类型,提出相应的增产提产技术对策,以实现煤层气高效开发。

第一节 煤层气低效井成因评价体系

煤层气井产气量是由地质储层产气潜力和人为工程共同决定的。煤层气井产气潜力大小对其产气量具有重要影响。本节首先构建煤层气产气潜力评价体系,在此基础上构建低效井综合治理技术体系,并进行实例分析。

一、煤层气产气潜力等级

煤层气产气潜力采用层次分析法与模糊评价相结合的方法,通过该方法建立煤层气产气潜力评价体系。该体系包含 3 个一级指标和 9 个二级指标。其中,一级指标分别为资源条件、产出动力、开发条件。资源条件又包括煤层厚度和含气量;产出动力条件包括渗透率、临储压力比、流体势、含气饱和度和储层压力;开发条件包括煤体结构和主应力差。煤层气产气潜力评价体系如图 7.1 所示。

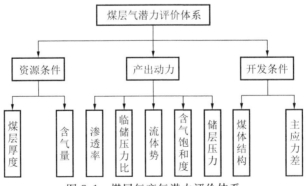

图 7.1 煤层气产气潜力评价体系

同样,采用模糊矩阵计算和专家打分的方式确定各参数的权重值。为消除数量级误差,按式(3.7)对各地质参数进行归一化处理。

根据潜力评价结果,将低产井区划分为 4 类潜力区,Ⅰ类为高潜力区、Ⅱ类为较高潜力区、Ⅲ类为中等潜力区、Ⅳ类为一般潜力区。为保证煤层气潜力等级划分的准确性与合理性,采用数值模拟方法对其进行产能预测和评价。

二、低效井治理体系构建

明确低效井低产原因能为制定增产改造措施指明方向,下面对可改造区域中低效井的工程实施效果和排采管理工作进行深入分析,在此基础上提出低效井综合治理体系和具体的增产改造措施。

为快速盘活低效井区,改造区域可优先在Ⅰ类、Ⅱ类和Ⅲ类改造地质单元上进行。影响煤层井低产的因素主要包括工程和排采两大类。按照"递阶分析、一票否决和多类型组合"的方法,降低主控类型维数,建立低效井主控因素评价体系。

对煤层气井工程施工效果进行综合分析,将其分为效果好、一般和差 3 个级别。其中,工程施工效果好或一般,则排采与工程效果的匹配程度决定了煤层气井产气效果。工程施工效果好的井,排采效果是低产的主控因素。影响排采效果的主要因素包括排采压降速率、排采不连续、煤粉堵塞及 3 种因素综合作用类型。工程施工效果一般、排采效果好的井,工程为其低产主控性;工程效果差的井不再考虑排采的影响,其低产类型直接归结为工程主控型,具体包括钻完井工程、压裂改造、裂缝沟通含水层和储层污染伤害等。工程效果和排采效果均一般的情况,低产类型归为工程+排采主控型。为便于分析,将其划分为工程效果差+排采速率、工程效果差+排采不连续、工程效果差+煤粉堵塞 3 种类型(图 7.2)。

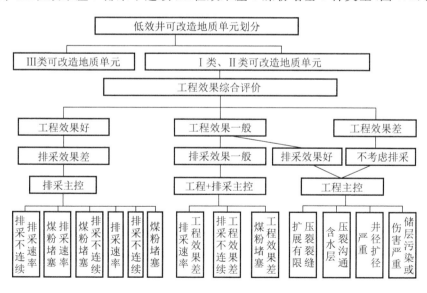

图 7.2　低效井主控因素综合评价体系

三、实例分析

（一）煤层气产气潜力等级划分

由前文可知，采用层次分析法对煤层气井产气潜力进行评价，选取的参数指标及权重见表7.1。根据研究区潜力评价结果，结合关键参数临界值特征，将研究区划分出4类潜力类型（图7.3）。Ⅰ类为高潜力区，主要分布在研究区的中部，中北部地区，该区域中储层各参数条件较好，整体产气效果较好，存在少数部分低产井；Ⅱ类为较高潜力区，整体沿着Ⅰ类潜力区呈环状分布，东北部和西北部零星分布，该区域整体地质条件较好，但煤层气井产气存在较大的差距，因此需进一步分析造成产气差异的原因；Ⅲ类为中等潜力区，主要位于北部断层区、中东部及南部地区，该区域整体地质条件较好，但存在某一个或几个地质条件较差，加之工程施工过程中未对较差的地质参数提出针对性的措施，因此造成产气差异较大；Ⅳ类为潜力较差区域，主要分布在研究区的中南部及东北部，该区域内地质条件整体较差，尤其是资源量较低，因此该区域内的井产气较低。综合分析，为快速盘活低效井区，提高低效井区煤层气产量，需优先将Ⅰ类、Ⅱ类和Ⅲ类潜力类型区作为工程分析和增产工作重点区域，对该区域的低效井进行重点分析，并作出相应的增产改造措施。

表7.1 产气潜力指标体系及相应权重

一级指标	权 重	二级指标	权 重
资源条件	0.6	煤层厚度	0.30
		含气量	0.70
产出动力	0.40	临储压力比	0.20
		渗透率	0.30
		流体势	0.10
		含气饱和度	0.20
		储层压力	0.20

（二）不同产气潜力区产能预测

针对不同的潜力单元，应用产能数值模拟软件，选取典型井进行历史拟合产能预测。一方面，验证潜力单元划分的准确性；另一方面，对不同地区井的产能进行合理的预估，进而指导具体增产改造重点区域的部署[20]。

模拟结果表明，低效井区产气潜力类型划分结果准确性高。其中，Ⅰ类改造区产气潜力为2 000～5 000 m^3/d，Ⅱ类改造区产气潜力为1 500～2 000 m^3/d，Ⅲ类改造区产气潜力为800～1 500 m^3/d，Ⅳ类改造区产气潜力为400～1 000 m^3/d。同时，模拟结果表明，研究区井间干扰形成时间晚，产生井间干扰后各井出现产气高峰（图7.4）。

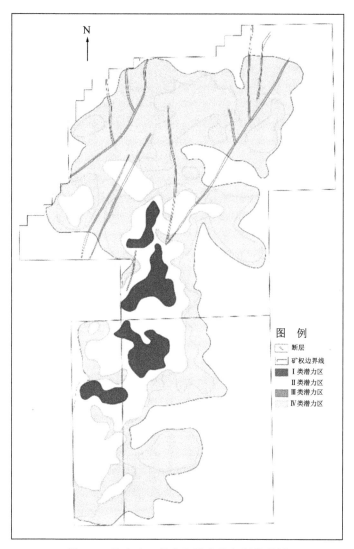

图 7.3　柿庄南区块产气潜力等级划分结果

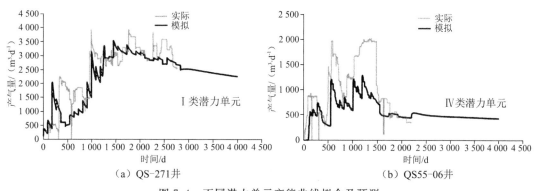

（a）QS-271井　　　　　　　　　　　（b）QS55-06井

图 7.4　不同潜力单元产能曲线拟合及预测

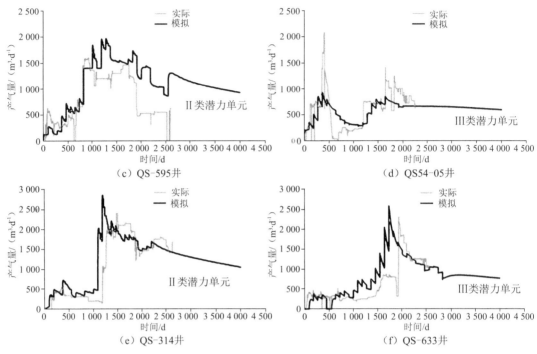

（c）QS-595井　　　　　　　　　　　　（d）QS54-05井

（e）QS-314井　　　　　　　　　　　　（f）QS-633井

图 7.4（续）　不同潜力单元产能曲线拟合及预测

（三）低产成因类型划分结果

基于大量排采井数据的处理和分析，发现研究区低效井主要受井径扩径严重、钻井液伤害严重、压裂裂缝扩展有限、压裂沟通含水层、排采压降速率较快、排采不连续和煤粉堵塞等因素影响[20]。研究区 QS-299 井，钻井污染合压裂效果较差，导致产气量较低；QS34-01 井，产气过快导致后期煤层气井产液受到影响；QS55-06 井，频繁停机和煤粉堵塞导致产气不佳；QS-151D4 井，压裂沟通含水层导致产气不佳；QS07-1D 井，单纯停机频繁导致低产；QS-297 井，煤粉堵塞导致产气困难（图 7.5）。

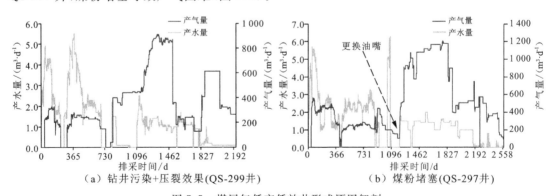

（a）钻井污染+压裂效果(QS-299井)　　　（b）煤粉堵塞(QS-297井)

图 7.5　煤层气低产低效井形成原因解剖

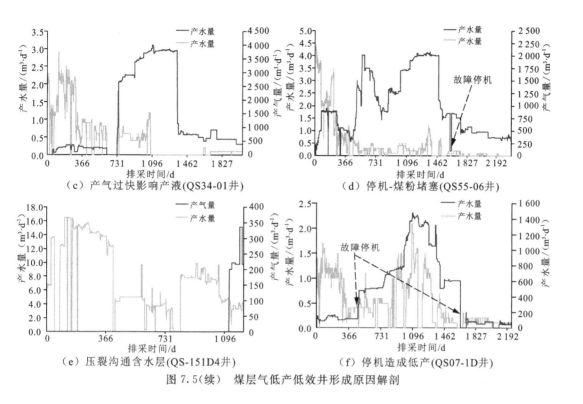

（c）产气过快影响产液(QS34-01井)

（d）停机-煤粉堵塞(QS55-06井)

（e）压裂沟通含水层(QS-151D4井)

（f）停机造成低产(QS07-1D井)

图 7.5(续)　煤层气低产低效井形成原因解剖

第二节　低效井综合治理技术对策

一、压裂主控型治理技术对策

基于低效井成因主控类型划分结果,深入分析钻井、压裂施工和排采工作,对压裂主控类型和排采主控类型的井提出相应的治理措施,在此基础上进一步提出低效井综合治理体系对策。

（一）压裂施工技术

1. 有效起裂技术

1）水力喷射煤层气压裂技术

通过下入煤层的套管进行喷砂射孔,油管中的流体通过地面加压将压力能转化为流体的动能,高能流体射穿套管并在储层中形成小孔道,后续的高能流体进入孔道持续增压。当孔道内压力大于煤层破裂压力时在煤层形成裂缝,随着压裂液持续注入,储层形成的裂缝逐渐延伸扩展,打通储层之间的空间。在压裂过程中环形空间之间的流体控制井底压力小于储层延伸压力,当一个层位压裂结束,环形空间流体封隔已经压裂层位,起到封隔器的作用。该技术已成功应用于赵庄区块,表明水力喷射分段压裂技术在相似的煤层气开发地质条件下具有较好的应用前景。

2）高能气体煤层气压裂技术

通过点燃储放在目的层位的火药或燃烧剂促使产生大量高温高压气体,该气体能够在目的层附近形成多条不规则裂缝,从而改善目的层渗透率,达到增产的目的。该技术在云南恩洪盆地煤层气开发中曾试验应用。

3）间接煤层气压裂技术

通过对煤层顶板压裂,在顶板形成裂缝沟通与储层孔隙通道,改善煤层渗透率,达到对煤层改造的目的。阜新区块现场的应用充分证实该项技术在煤层气开发中的可行性。

4）连续油管煤层气压裂技术

将压裂液或支撑剂通过油管或环形空间注入煤层,对煤层进行压裂改造,改善煤层渗透率,达到增产的目的。重庆松藻矿区构造煤煤气层开发成功应用此项压裂技术,增产效果较为显著。

5）水力波及压裂技术

水力波及压裂工艺可增加裂缝网络与煤岩基质接触面积、扩大煤层气藏增产改造体积波及范围,在一定条件下把煤层"切割"成各级大小的煤块,增大煤层泄压面积,加快煤层气解吸扩散的速度,降低煤层中气体流向井筒的运移距离,从而提高煤层气单井的产量。沁水盆地南部柿庄北区块优选若干口煤层气井进行了水利波及压裂现场试验,现场应用效果良好。

6）体积压裂技术

在进行压裂时,该技术借鉴微地震监测技术,利用大规模滑溜水压裂,在储层中形成人工裂缝,此裂缝与天然裂缝交织,储层形成复杂裂缝网络,提高储层改造体积。华北煤层气分公司在郑村区块顺利实施了煤储层体积压裂改造技术。

7）同步压裂技术

该技术指在煤层压裂时通过多井同步压裂,以开启更多裂缝,并最终实现井间相互沟通的目的。沁水盆地柿庄北区块对该技术进行了现场试验,在一定程度上能够起到相应的效果。

8）脉冲爆燃压裂技术

以不同燃速推进剂为动力源,通过装药结构特征优化压裂设计,精确地控制压力上升时间、压力峰值和压力作用过程,对多段煤层可同时压裂改造产生多条裂缝,并与煤层内的天然裂缝相互沟通。该技术在中石油华北油田某煤层气区块选择部分井进行了探索性试验,施工后 HBMCQ1002 井、HBMCQ-1003 井恢复并增加了产气量;而 HBMCQ1007 井产气量从 500 m^3/d 提高到 1 500 m^3/d,产能增加了 2 倍。

压裂技术对比见表 7.2。

表 7.2　压裂技术对比

压裂技术	优　点	缺　点	适用条件
水力喷射煤层气压裂技术	射孔压裂过程简单,工艺造价低,施工风险低;水力封隔,减少用工成本	流体压力较高,施工过程中要防止高能流体泄漏;环形空间储存大量流体,需实时监控井底压力;施工压力大于压裂过程压力,部分深井不适用	煤储层埋藏浅,机械强度低,力学稳定性差,易坍塌,易污染

压裂技术	优　点	缺　点	适用条件
高能气体煤层气压裂技术	火药点燃之后不会污染储层,不需要过多地面压裂设备、支撑剂等;施工简单,工艺流程少;裂缝形成不受地层地应力影响	高能气体主要压裂储层脆性部分,因此裂缝控制难,比较适用于脆性储层	煤储层渗透率低、水敏性强
间接煤层气压裂技术	煤层层薄,压裂简单,间接压裂效果好	煤层层厚,压裂复杂,间接压裂效果差	煤层层薄
连续油管煤层气压裂技术	适用于层位较多且薄的煤层,小井眼或者薄层分层压裂	工艺复杂,成本高;施工过程需要大直径油管,因此造成油管寿命低;油管尺寸以及强度造成压裂复杂、风险大	适用于层位较多且薄的煤层,小井眼或者薄层分层压裂
水力波及压裂技术	水力波及压裂能够有效降低煤层渗流阻力和区域压降,增强煤层气解析速度和产气量,见气时间短,单井平均产量高,具有较好推广价值		深部煤层基质渗透率低且水平主应力差大
体积压裂技术	可明显改善煤储层的渗流环境,提高单井产量	天然裂缝发育容易产生砂堵现象,给压裂施工操作带来很大的难度	高杨氏模量、低泊松比、脆性大、天然裂缝发育、低渗的煤层
同步压裂技术	与单井压裂相比,该工艺大大提高了裂缝的导流能力,增大了泄压面积和煤层改造体积,有利于提高单井产气量	其应力干扰力学机理有待揭示,且在国内外还没有针对深煤层直井进行大规模同步压裂的现场试验	
脉冲爆燃压裂技术	工艺简单,成本较低,不污染煤层,提高煤层气井开发初期出水量,对所有产层包括厚度0.5 m以下的薄层也能一并处理,恢复产能,增加产气量	产生的裂缝长度有限,对于塑性地层不适用,对泥岩地层可能形成压实作用	施工井场条件要求低,适合井场条件差(不适合大型水力压裂车组摆放)的井,只要作业机可以进入井场即可

2. 控缝高技术

目前国内很少有专门针对煤层气领域开展控缝高压裂技术的机理及工艺研究,需借鉴水力压裂在控缝高方面的研究成果。目前控制缝高技术主要有人工隔层技术、变排量压裂技术、注入非支撑剂技术、调整压裂液密度技术、冷却地层控制缝高技术、二次加砂压裂控制缝高技术等。

1）人工隔层技术

人工隔层控制裂缝高度技术包括用上浮剂和下浮剂控制裂缝向上下延伸,从而在裂缝顶部和底部分别形成一个低渗透和不渗透的人工隔层。人工隔层技术在胜利、吐哈、中原、青海等油田得到广泛应用,现场实践表明该方法增产效果明显。

2）变排量压裂技术

在控制裂缝向下延伸的同时,可增长支撑缝长,增加裂缝内支撑剂铺置浓度从而可有效提高增产效果。变排量技术在美国各大油田和我国长庆油田、江汉油田等均有应用。

3）注入非支撑剂技术

在前置液和携砂液中间注入非支撑剂(由携带液和封堵颗粒组成)的液体段塞,大颗粒形成桥堵,小颗粒填充大颗粒间的缝隙,形成非渗透性阻隔段,达到控制缝高的目的。煤层气现场应用少,在其他类型储层中有应用。

4）调整压裂液密度技术

通过控制压裂液中垂向压力分布来实现,若要控制裂缝向上延伸则采用密度较高的压裂液,若要控制裂缝向下延伸则采用密度较低的压裂液。该技术现场单独应用少,常与其他控缝高技术一起联用。

5）冷却地层控制缝高技术

向温度较高的地层注入冷水,使地层产生热弹性应力,大幅度降低地层应力而将缝高控制在产层范围内。该技术在我国中原、长庆等油田应用效果良好,可降低裂缝高度30%左右。

6）二次加砂压裂控制缝高技术

把需要加砂的总量优化为两部分来完成施工作业。在第一部分的支撑剂完全进入地层后停泵,等待支撑剂充分下沉,接着向井筒注入第二部分支撑剂,完成压裂施工工作。该技术在国外油田和我国大港油田、新疆油田、长庆油田等都有大量应用。

控缝高技术对比见表7.3。

表7.3　控缝高技术对比

控缝高技术	优　点	缺　点	适用条件
人工隔层技术	适应性广,在世界各大油田均有应用	返排不彻底将导致一定的储层伤害,对暂堵剂要求高	适用于绝大多数储层情况
变排量压裂技术	工艺简单,可通过精确的压裂施工程序控制缝高,有效防止底水上窜	对地面设备要求较高,对上下应力差大的储层不适用	适用于上下隔层地应力差值小的薄层;固井质量良好,施工设备能满足排量和砂比变化的要求
注入非支撑剂技术	易形成裂缝网络体系	对返排性要求较高	适用于天然裂缝不发育的储层
调整压裂液密度技术	施工工艺简单,不需要大型设备即可达到要求	不适合用于控制薄互层储层压裂裂缝高度	适用于储层单一且厚度较大的储层
冷却地层控制缝高技术	工艺简单,对设备要求低	对常规地温地层不适用	适用于胶结性较差的地层和不存在清水伤害问题的储层
二次加砂压裂控制缝高技术	对薄层压裂控缝高效果好,能有效改善铺砂剖面及提高裂缝缝导流能力,可降低砂堵的风险	施工工序复杂,需要精确的压裂施工设计	适用于薄层和易水窜储层的压裂,对常规储层也有广泛适用性

3. 有效填砂与支撑技术

1）大排量压裂技术

煤储层中存在着大量的天然割理系统,在压裂施工中使用了活性水压裂液,因此在压裂过程中易出现滤失量大及压裂效率低的情况。为控制液体滤失以保障压裂效率,应当要根据活性水压裂液的特点,选择大排量注入压裂液的施工方式,促使形成有效裂缝。

2）低砂比压裂技术

煤层气压裂的砂比是由多种因素共同决定的,包括煤层本身的特性、压裂液特性、施工排量、支撑剂密度等。首先,煤层具有脆性、易破碎及易滤失等特性,而这些都容易引起压裂过程中煤层出现砂堵;其次,压裂液黏度低也是造成砂堵的一项常见因素。应用低砂比压裂技术能十分有效地预防砂堵现象。

3）脉冲加砂技术

为实现煤层气高效开发,其主要途径之一是尽量增加缝长和沟通天然割理系统。在煤层气的压裂施工过程中,支撑剂的泵入可以选择采用将前置液与携砂液交替注入的方式。这种方法能扩展缝长和沟通天然割理系统,同时能防止砂堵,提高压裂效率。

4）复合支撑技术

该深层煤层气储层的闭合压力小于 20 MPa,支撑剂易以石英砂为宜。由于煤层气储层具有易滤失的特点,加砂前先要处理天然割理,即加入适量的细粒径石英砂,从而降低其滤失;加砂过程中要加入适量的中粒径石英砂,从而延伸裂缝;加砂后期则要加入粗粒径石英砂,以使煤层中的气流畅通。

（二）压裂液技术

1）活性水压裂液

通过混合清水、活性剂、防膨剂和助排剂等形成活性水压裂液。美国黑勇士盆地曾进行一项水力压裂与冻胶压裂效果对比的先导性试验,生产时间超过 1.5 年。试验结果表明,活性水压裂的效果(产气量 $3\ 256.5\ m^3/d$)优于交联冻胶压裂(产气量 $2\ 265.4\ m^3/d$),且其成本仅是后者的 1/2。张高群等在室内研制了由防膨剂、煤粉分散剂、高效减阻剂和助排剂等添加剂组成的新型活性水压裂液[206]。室内评价结果显示,该压裂液对煤岩基质渗透率伤害较常规胍尔胶压裂液低,对支撑裂缝导流能力的伤害低,渗透率保留率为 94.5%。

2）交联冻胶压裂液

该类型压裂液由稠化剂、交联剂、破胶剂、防膨剂、助排剂等组成。在美国圣胡安盆地北部及黑勇士盆地进行压裂处理时,一般采用硼酸盐交联的羟丙基胍尔胶作为压裂液,质量浓度一般为 $3.60\ kg/m^3$。经过交联冻胶压裂的煤层气井产量较高,平均达 $2\ 832\sim7\ 079.3\ m^3/d$[207]。李曙光等对新型交联冻胶压裂液 TD-1 压裂液进行了各项静态试验并应用于 2 口井中。现场试验结果表明:TD-1 压裂液具有较好的携砂性能,摩阻比活性水大幅降低,可以有效提高砂比,达到增产的目的[208]。

3）氮气泡沫压裂液

该类型压裂液是由酸、甲醇和水混合物或是油类与水起泡的一种乳白色乳化液。在沁水盆地南部,对 SX-M 井进行泡沫压裂处理,排采 9 d 后开始见气,产气峰值 $2\ 000\ m^3/d$。与该区块活性水压裂液井相比,泡沫压裂液可降低见气时间,同时在一定程度上提高煤层气井单井产量,实现煤层气高效开采。延长油田进行了多井次泡沫压裂现场试验,其中试验井

Y2 井产气量是 Y237 井产气量的 2 倍以上。现场应用表明,泡沫压裂液具有优良的耐温耐剪切、携砂良好和低摩阻特性,能够满足较大温度范围施工井的压裂需求,施工后破胶液返排率高,措施见效快,增产效果显著。

4)清洁压裂液

清洁压裂液是一种基于黏弹性表面活性剂的溶液,主要成分包括长链的表面活性剂、胶束促进剂和盐。中联煤层气有限责任公司在陕西省韩城地区选用清洁压裂液对煤层进行了压裂试验,共压裂 3 口井、8 层煤层,施工成功率 100%,取得了良好的压裂效果[209]。大庆油田现场试验表明,用清洁压裂液作业增产效果较好。

5)增能流体压裂液

在增能压裂液中,惰性气体或泡沫作为增能流体,压裂液发生化学反应使其能够自动升温增压,在储层内部产生泡沫,达到类似泡沫压裂液的效果。美国境内采用增压压裂作业比例最高的是从新墨西哥州西北部延伸至科罗拉多州西南角圣胡安盆地。受用水量及储层敏感性的影响,圣胡安盆地内约 1/4 的完井都采用增能压裂液,压后效果明显[210]。

6)纳米压裂液

纳米技术是对压裂液原料进行改性,从而提高压裂液各种性能。自 2017 年以来,低伤害纳米增效压裂液在福山油田已经应用了 12 口井,都取得了良好的增产效果。其中,4 口井具有很好的代表性。

7)混合压裂液

混合压裂液采用"清水前置液+交联压裂液加砂"的方式进行压裂,Snyder 等在宾夕法尼亚州西部 Mount Pleasant 煤层气田采用混合交联压裂液体系,结果表明在较低泵入速率下,其具有携砂量大、砂比更高的特征[211]。

8)CO$_2$ 干法压裂液

液态 CO$_2$ 是一种无水压裂体系。苏里格气田成功进行了国内第一口 CO$_2$ 干法加砂压裂现场试验,与采取常规胍胶压裂液技术的邻井相比,该技术增产效果明显。同时,延长油田在鄂尔多斯盆地延长组长 7 层进行了 1 口页岩气井的 CO$_2$ 干法压裂试验,取得了成功。

不同压裂液性能对比见表 7.4。

表 7.4 不同压裂液性能对比

压裂液工艺	优　点	缺　点	适用条件
活性水压裂液	黏度低、伤害低和易返排,不存在破胶,对煤层污染相对较轻,可以在排水采气时随地层水一同采出	高摩阻限制了施工排量和施工规模,进而影响压裂整体效果;压裂施工中产生的煤粉在支撑裂缝中运移、沉积堵塞支撑裂缝的孔喉通道,引起压裂裂缝导流能力降低,影响煤层气的解吸,最终导致气产量的降低	适用于大规模施工的煤层
交联冻胶压裂液	耐温耐剪切、携砂性能好、滤失量低、易破胶、无残渣	存在破胶不彻底和残渣吸附伤害等问题,返排困难,对煤层污染伤害严重	适用于大多数煤层,尤其适用储层敏感、对压裂液适应温度有要求的煤层
氮气泡沫压裂液	泡沫液滤失系数低,液体滤失量小,浸入深度浅,返排速度快,对地层伤害低,摩阻损失小	泡沫压裂液温度稳定性差;黏度不够高,难以适应高砂比要求;同时施工成本较高,准备时间长	适用于低渗、低压、水敏性等需要增能的地层

压裂液工艺	优　点	缺　点	适用条件
清洁压裂液	抗剪切能力强,携砂能力强,易于彻底破胶,破胶后没有任何固相残存物,摩阻较小	配液质量要求高,受环境温度限制;无滤饼形成,滤失量较大,对地层有一定的伤害,压裂增产效果不能得到充分的发挥	适用于低温煤层
增能流体压裂液	具有优良的破胶、携砂、降滤失、助排性能,且兼具泡沫压裂液的技术优点和常规水基压裂液的经济性	稳定性差,黏度不高,施工成本较高	对低压、低渗透、水敏储层具有很好的适应性
纳米压裂液	抗剪切能力强,携砂能力强,低伤害性能,洗油性能	在高温条件下容易导致黏度降低且在裂缝中漏失量很大,纳米材料成本高	适用于大多数煤层
混合压裂液	低伤害、交联压裂液携砂和造缝能力强的特点	摩阻较高,成本较高	适用于大多数煤层
CO_2干法压裂液	无伤害,有助于解吸作用,反排效果好	设备要求高,排量过低,携砂性能差,滤失大,产生的裂缝窄,成本较高	低压、低渗、强水锁伤害的煤层

（三）支撑剂技术

支撑剂的作用是支撑张开裂缝,在停泵和压裂液滤失后能够形成一条通往井筒的有效导流通道。支撑剂和压裂液在压裂施工中配套使用,两者的性能在施工过程中相互关联。选取合适的压裂液后,支撑剂的选择会受到一定的限制。煤层用支撑剂的主要类型为石英砂、陶粒、坚果壳及覆膜支撑剂等。不同支撑剂在煤层应用的优缺点见表7.5。

表 7.5　支撑剂在煤层应用的优缺点

支撑剂类型	视密度/(g·cm^{-3})	优　点	缺　点
石英砂	2.65	地域分布广,货源足,成本低	圆球度差,抗压能力低(小于20 MPa),易嵌入
陶　粒	2.7~3.6	破碎率低,导流能力高	成本高,对施工参数要求高
坚果壳	1.25~1.5	密度低,易携带,成本低	圆球度差,导流能力低
覆膜支撑剂	1.3~3.6	表面光滑,圆球度高,可增加抗破碎能力,具有一定的防吐、防嵌能力	易变性影响导流能力,成本较高

基于煤层压裂成本的考虑,在浅煤层压裂中陶粒和覆膜支撑剂应用较少。坚果壳虽具有密度低、易携带的优点,但圆球度差和长期导流能力低的缺点限制了大范围应用。因此,价格低廉的石英砂是浅煤层压裂常用支撑剂。现场常用的石英砂主要为兰州石英砂和新疆石英砂,主体采用粒径为 $425\sim850~\mu m$(20/40目)和 $850\sim1~700~\mu m$ (12/20目)的石英砂,部分区块为降低压裂液滤量,在段塞阶段采用 $150~\mu m$(100目)的石英砂。但是,随着煤层气开采深度的增加,地应力逐渐增大,石英砂在高于25 MPa闭合压力下的破碎率明显增高,导

流能力急剧下降。因此,当煤层埋深高于 1 000 m 压裂支撑剂宜选择陶粒。石英砂和陶粒的密度分别为 2.65 g/cm³ 和 2.7~3.6 g/cm³,相对比较高,而压裂液的密度一般为 1.0~1.1 g/cm³,故若要实现支撑剂在裂缝内的有效铺置,必须保证压裂液具有良好的携砂性能(黏度和流变性)和压裂施工泵送条件(排量和设备功率)。因此,在现场通常采用高分子交联剂、稠化剂(水基冻胶压裂液)或特殊的表面活性剂(如清水压裂液)来保证压裂液携砂性能,然而大部分化学剂具有成本高、对储层伤害大的特点。

(四) 其他增产技术

1) 注二氧化碳技术

二氧化碳技术原理包含两方面。一方面,二氧化碳与甲烷气体间的竞争吸附。煤岩表面上的分子力场是不饱和力场,具有吸附气体的能力。二氧化碳由于扩散快和吸附强的优势,更牢固的吸附到煤岩的表面,将甲烷气体置换出来。当解吸时处于吸附劣势的甲烷气体会优先解吸,成为游离气从生产井排出。另一方面,二氧化碳的分压作用。注二氧化碳开采煤层气可降低煤层中甲烷的分压,促进甲烷气体解吸,从而提高甲烷的解吸量。1995—2001年,美国圣胡安盆地 Burlington Allison 进行了世界上第一次 CO_2-ECBM 试验。实验中共钻注入井 4 口,生产井 16 口。该井于 1989 年投入生产,并从 1995 年开始注入 CO_2,注入工作一直持续到 2001 年。至此,该井的煤层气产量增加了 150%。中联煤层气公司与加拿大 ARC 公司合作,在沁水盆地南部开展注入二氧化碳提高煤层采收率先导性试验,共向 3 号煤层注入 192.8 t 液态 CO_2。生产和储层模拟评价结果表明,煤层吸附了大部分的 CO_2,显著提高了单井产量和煤层气采收率,同时有效地埋存了二氧化碳气体。

注二氧化碳技术与注氮气技术对比见表 7.6。

表 7.6　注二氧化碳技术与注氮气技术对比

注气采气技术	优　点	缺　点	适用性
注二氧化碳技术	(1) 可有效封存二氧化碳缓解温室效应。 (2) 可较大幅度增加煤层气的采收率。 (3) 提高煤岩孔隙压力:煤层岩芯是强应力敏感性介质。随着煤层气的开采,煤岩孔隙压力下降,煤层裂隙闭合,使煤岩渗透率下降。注入二氧化碳可以缓解了煤层孔隙压力的降低,有利于保持煤层的渗透率。 (4) 增加了系统的能量:在注二氧化碳开采煤层气的过程中,连续注二氧化碳有利于系统压力的保持,可以增加煤层的驱动能量,加快煤层气流向井筒	二氧化碳输送及注入技术不够成熟,具有一定的难度,成本较高	(1) 煤层渗透率较低。 (2) 煤层天然能量较低。 (3) 煤层硬度较软
注氮气技术	(1) 多循环氮气注入有利于煤体的裂隙再次扩展,其增加渗透率效果强于其他气体注入。 (2) 在地应力适中的情况下,较高温度的氮气可导致煤层中渗透率大幅度上升	(1) 瓦斯利用经济性较低。 (2) 回采安全性难以控制,需要更加优化的技术手段	(1) 煤层埋深、地应力较低。 (2) 煤层温度适中,为 50~80 ℃,温度不宜过高

2）注氮气技术

向储层中外加 60～100 ℃氮气,在煤体渗流过程中能与其发生热传递,加快甲烷气体解吸。氮气突破煤层表面的时间随温度的升高而增加,甲烷流量随着时间的推移先增加后减小,但是甲烷摩尔百分比一直下降。氮气温度越高,高浓度甲烷维持时间越长,甲烷的回收率增加越快,回收率越大。外加氮气的注入压力越大,氮气分压越大,越有利于解吸,驱替效果越好,产气量极值随氮气压力的增加而升高。回收率随甲烷摩尔百分比减小而变化缓慢,但氮气压力越大,回收率随时间的增加的速度越快。

3）微波技术

微波通过偶极极化和离子传导的方式对煤岩进行加热,产生不均匀热应力,使煤岩结构破坏,产生更多的孔隙和裂缝,改善煤岩的渗流环境,同时通过热效应促使煤层气的解吸。温志辉等对煤岩进行了微波处理,实验发现随着微波作用时间的增加,煤样在获得热量的同时也改变了自身的孔隙结构,使煤层气解吸,反映了随着温度升高,煤层气将由吸附态解吸为游离态。Liu 等对锡盟褐煤进行微波辐射实验,并对实验前后孔隙结构进行分析,得出微波辐射对煤体的孔隙结构的作用效果为:连通孔隙、热解大分子、疏通孔隙等。李贺等设计了煤岩的循环微波辐射实验,采用红外热成像、超声波探测、核磁共振、CT 扫描等技术研究了煤体孔隙结构在微波处理前后的变化,得出微波辐射增大了煤体的总孔隙体积、改善了连通性,同时在热应力作用下煤产生新的裂缝。

4）微生物技术

通过向煤层注入产甲烷菌等微生物群落及微生物生存所需的营养物质,使厌氧生物降解煤岩中有机质,促进煤层气产出。Luca Technologies 公司在美国粉河盆地成功进行了微生物增产煤层气的现场实验。该公司的 Pfeiffer 等分离培养了降解煤产甲烷菌群,确定了能够促进微生物降解煤的化合物,并提出相应的微生物增产煤层气实施方案[212]。任付平等对山西晋城郑 1 区块煤层气井郑 1-312 开展了微生物矿场先导实验。通过向煤层气井中注入微生物配液水,关井 60 d 后的实验结果为:措施前平均产气量 16.81 m³/d,措施后平均产气量 75.13 m³/d。矿场先导实验验证了微生物具有增产煤层气单井产量的潜力,对提升煤层气井产量起到了指导性作用[213]。

5）超声波技术

通过超声波的机械作用、增温作用、空化作用等,使煤岩骨架产生振动、摩擦,煤岩温度升高,促进甲烷气体在煤岩骨架中的解吸;同时煤岩表面势能增加、色散力产生,甲烷气体吸附概率下降。阳兴洋发现通过超声波作用能使煤层温度升高,且随着温度的升高,煤层气分子的能量增大,其吸附能力下降,有效促进煤层气的解吸。同时,还能促进煤层气的扩散,有效降低煤岩的扩散阻力[214]。赵丽娟等针对山西成庄煤矿以及建业煤矿的下二叠统山西组煤岩进行了模拟实验。通过实验结果表明:在保持围压和煤样两端甲烷气体压力不变的条件下,对煤样施加外加超声波场时,煤样对甲烷气体的渗透率比无外加超声波场时的渗透率要大,而且施加的超声波功率越大,渗透率随之增加。他们通过自行搭建的超声波实验设备对煤层气吸附—解吸过程进行模拟实验,所得到的实验数据与 Langmuir 吸附曲线吻合,进而获得了利用超声波开采煤层气的 Langmuir 常数[215-216]。

6）高压气动力技术

通过高压气流对目标煤层进行切割,产生若干直径较大的孔穴,在高压气流的冲击下排出大量煤层气和一定数量的煤炭,形成一定的卸压、排放煤层气空间。冯立杰等对河南省煤层气开发利用有限公司下属某试验煤矿进行现场实验分析,在该煤矿底板沿巷中段进行了若干组高压气体冲孔实验。实验结果表明,高压气体喷射冲击前,煤体的渗透性低;高压气体喷射冲击后,煤体结构发生变形、破裂,消除了地应力紧张状态,使煤体膨胀变形,导致煤层气的吸附状态、流量、压力等发生变化,渗透能力增加,从而大大提高了煤层气的采出效率[217]。

7）高压水射流技术

高压旋转水射流解堵技术是利用井下可控转速的旋转自控空化射流解堵装置,产生高压水射流,直接冲洗炮眼解堵和高频振荡水力波物理解堵。通过对煤层水平井樊 71 平 3 井进行造穴造缝改造,共实施 12 次憋放压及 3 次射流洗井,611 m 水平煤层段共收集岩屑 19.56 m³;收集煤灰及煤屑共 29.15 m³,折算直径为 264.65 mm,扩径 73.65％,同时在充气射流洗井的后期,持续监测到甲烷气体析出,取得了良好的效果[218]。

其他增产措施对比见表 7.7。

表 7.7　其他增产措施对比

其他技术	优　点	缺　点	适用条件
微波技术	加热速度快、选择性加热、加热效率高、易于控制、安全环保	实现微波井下加热煤岩有较多工程问题需要解决	目标储层需要含水或高含水
微生物技术	绿色、无污染、能产生新的煤层气	对生物降解煤层产生甲烷的机理认识还不足,现阶段的研究多处于实验室模拟研究阶段,现场实验较少	储层中的本源和外源微生物需要具备降解煤岩产生甲烷的能力
超声波技术	无需向储层中注入任何物质,对储层无污染伤害	超声波井下技术存在一定的工程问题	目标储层干燥或低含水
高压气动力技术	技术简单可靠、效果好	对使用地层条件要求严格	松软、低压、高瓦斯、低渗透储层
高压水射流技术	工艺简单、成本低、效果显著,射流能量集中、处理深度大(可达 600 m 以上),可根据堵塞类型和产出程度,选择射流压力、旋转速度、处理层段和时间,选择性好、适应性强、易与其他处理方法结合	该技术不适合地层压降大的易漏失地层,出砂严重的地层,深部污染、堵塞的地层	地层渗透率相对较高,初期吸水能力较高,但在注水过程中由于水质不合格造成后期堵塞的井,在酸化、压裂过程中由于排液不及时造成的近井地带堵塞的井,油层薄、层段小的井

8）酸化增透技术

主要是对煤层中的矿物质及堵塞物进行溶解、溶蚀,促使渗透率进一步提高。对河南焦作地区研究发现,采用酸化法处理比常规压裂有一定的优越性。华北油田采用该技术,同样实现了煤层气增产。

9）泡沫酸化技术

采取加入预前置酸和氮气泡沫压裂的措施。中原石油工程公司在潞安屯留区块将酸化泡沫压裂改造技术应用于煤层气井,平均产气量比单纯采用水力压裂的煤层气井产量高。

10）煤层酸化压裂复合增透技术

水力压裂的物理增透方法与酸化增透的化学增透方法相结合,利用各自的优势,形成一种新的煤层增透技术和工艺,对煤矿开采过程中增加煤层透气性、提高煤层瓦斯的抽采效率具有重要的实用价值。煤层酸化压裂增透技术在晋煤集团寺河矿进行了现场试验,验证了该技术的适用性和可行性。

酸化增产技术对比见表 7.8。

表 7.8　酸化增产技术对比

酸化技术	优　点	缺　点	适用条件
酸化增透技术	岩层酸化增透技术在石油、天然气、页岩气等领域作为一种有效的增产措施而被广泛地应用	煤储层中所含酸蚀矿物质较少,则酸化作用对煤层改造效果甚小	高地应力、高煤层气、高非均质性、低透气性等特征,且一些储层的孔隙裂隙中被大量的矿物质（方解石、白云石等次生矿物质）所充填的煤层
泡沫酸化技术	解决了煤层压裂施工中存在的渗流通道堵塞、压裂液难返排、压裂效果不理想的一些问题,在保证煤层压裂施工成功的同时也可提高煤层气的产量	易对地层造成一定伤害	煤层压力低、渗透率低、临储压力比低、机械强度低、储层温度低、吸附能力强,显微裂隙发育程度比同煤级好,扩散系数比同煤级大,为典型的过渡孔为主低渗低压储层
煤层酸化压裂复合增透技术	突破了传统单一增透方法的局限性。不仅对煤层结构变形、破裂等演化过程,以及揭示煤体中液体、气体的渗流规律具有重要的理论意义,同时对矿山渗流力学、瓦斯抽采技术等学科的发展有巨大的促进作用。酸化压裂增透效果明显优于水力压裂和酸化增透方案	酸化压裂增透技术并不适用于所有煤层,必须具备相应的条件才能适用	煤层强度不太低、孔隙裂隙发育程度适中,且煤层中含有一定量矿物质时,可采用酸化压裂复合增透技术对煤储层进行改造

目前人工隔层技术较为成熟,在油田应用广泛。二次加砂压裂因其工艺简单,应用也较广泛,同时使用的控制缝高压裂技术具有发展潜力。活性水压裂液使用最多,氮气泡沫压裂液具有潜力,纳米压裂液尚在初级阶段。常规水力压裂使用的最多,高能气体压裂和同步压裂有增产的潜力。二氧化碳提高煤层采收率方法应用相对较多,由于二氧化碳相对甲烷的竞争吸附优势以及分压作用,在各方法中具有较大潜力,而注氮气提高低渗煤层气采收率,以及二氧化碳氮气混合注入提高煤层采收率的方法由于其技术研究起步较晚,仍处于初级探索阶段。微波技术、微生物技术、超声波技术以及高压气动力技术均有增产潜力,但基本都处于实验阶段。

二、排采主控型治理技术对策

(一) 井间干扰程度较低型

1. 直井盘活工艺技术模型

直井盘活工艺技术模型的原理是在现有井网的基础上,部署新的直井,以达到缩小井距的目的(图7.6)。煤层气井的开采与常规的天然气藏是有区别的,井间干扰会对煤层气的开采起到积极的作用,合理的井距能够促进储层压降传递,促进储层充分解吸。该模型可配套进行疏导式压裂改造工艺,辅以高效排采方式,能有效促进压降漏斗的扩展,实现协同降压。但是,也应注意到由于直井的泄压范围有限,直井盘活仍然存在一定的局限性。

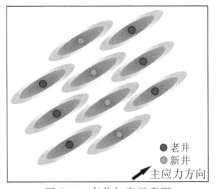

图 7.6　直井加密示意图

一般情况下,选择改造区块应注意:储层埋深较浅,物性相对较好,尽量属于Ⅰ类、Ⅱ类储层。此外,煤储层受力以水平应力为主,这样压裂施工能够取得较好的效果,既能使储层的裂隙得以贯通,提高渗透率,也能促进储层压降的传递,扩大排采半径,促进储层充分解吸,盘活邻近低效井,提高产气效益。

2. 水平井盘活工艺技术模型

与直井盘活工艺技术模型相比,水平井盘活模型突破了地应力场及储层力学性质的限制,根据主、分支有效沟通储层裂缝,有效促进区域协同降压,且能够适用于煤体结构复杂的区域,如图7.7所示。该模型的优势主要在于:水平井能够有效沟通储层的割理系统,渗流通道呈网状分布,促使导流能力得到很大的提升,有效扩大煤层气的供给范围;能够盘活更多的直井,提升煤层气井产气效益;相较于直井钻井,水平井施工工艺可使对储层的伤害降到最低。

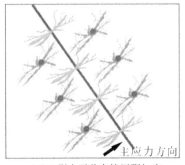

(a) L型水平井套管压裂加密　　　　　(b) 多分支水平井加密

图 7.7　水平井盘活工艺示意图

水平井盘活模式不仅可以实现直井盘活工艺中缩小井距的目的,还能有效沟通储层的裂缝系统,水平井与直井裂缝在空间结构上相互交错,进一步提高储层渗透率,促使压降能够进行有效的传递,煤储层能够充分解吸,提高煤层气井产气量。

（二）煤粉堵塞影响型

基于对试验区域煤层气井煤粉运移、产出规律分析,可将有杆泵排采井煤粉浓度作为预警指标等级,依据卡泵风险分为低度、中度、高度三级:① 煤粉浓度小于 1%,生产井安全;② 煤粉浓度 1%～3%,生产井存在卡泵危险;③ 煤粉浓度高于 3%,生产井卡泵危险性高。

1. 煤粉产出控制措施

裂缝是煤储层中煤层气的主要运移通道。与常规砂岩相比,煤的弹性模量小,泊松比高,抗压强度低,因此在相同外界条件下,煤体比普通砂岩更易受力发生破坏,从而产生煤粉,堵塞煤岩裂隙。同时,煤储层渗透率比普通砂岩渗透率低一个数量级,煤粉堵塞裂缝造成的伤害具有不可恢复的特性,所以煤粉造成煤岩渗透率下降直接影响着煤层气井的产量。为防治煤粉堵塞煤岩裂隙通道,提出极限煤粉浓度管控的排采方法。

1）估算设备安全工作的极限煤粉浓度值

依据区域地质资料、钻井资料以及邻近井或同类井监测数据,预测待排采井的临界解吸压力和气、水、煤粉产出规模,选择具备足够携粉能力的排采设备,使排采管柱内液体流速能够避免煤粉沉淀。计算设备能够安全工作的极限煤粉浓度值。

2）排采管柱合理配置减少卡泵危险

排采管柱下端泵筒吸入口接防砂尾管,防砂尾管筛眼一般选择 5 mm 孔眼。井口预留向油套环空注水的接口,以备煤粉浓度值超过设备能够安全工作的极限煤粉浓度,注水稀释井底煤粉。对于煤粉浓度持续高于预警指标的井建议采用防砂尾管结合油套环空注水稀释煤粉浓度的控制措施,条件具备时采用射流泵进行排采。

3）单相水流阶段根据不同储层渗透率提出合理的排采工作制度

维持排水降压期排采的连续性。依据排采井临界解吸压力预测值,设定排水降压期的时长。该阶段初期用 1 周左右时间低排量排采,维持液面保证地层供液能力,然后以日降液面 1～2 m 的速度排采为宜。另外,不同渗透率的煤层气井应设定不同的日降压(降液面)预警指标,根据现场统计资料对于渗透率大于 $10 \times 10^{-3}\ \mu m^2$ 的储层,日降压预警值可设定为 $0.05 \sim 0.1$ MPa;渗透率 $(1 \sim 10) \times 10^{-3}\ \mu m^2$ 的储层,日降压预警值可设定为 $0.02 \sim 0.05$ MPa;渗透率小于 $1 \times 10^{-3}\ \mu m^2$ 的储层,日降压预警值可设定为 $0.01 \sim 0.02$ MPa。

4）严防控制产气初期的排采

重点管控产气初期的排采,避免出现煤屑和煤粉滞留在裂缝中的孔道内,逐渐降低压裂形成的裂缝导流能力,使煤层气井产能过早出现衰减现象。针对该阶段大量产粉的问题,在产出液煤粉浓度低于设备安全工作的极限煤粉浓度时,维持设备正常排量生产;在产出液煤粉浓度高于设备安全工作的极限煤粉浓度时,提高电机转速,加大排量,同时启动注水系统向油套环空注水,维持储层裂隙系统、水平井筒及油管内气体及含煤粉溶液的正常流动。

5）稳产期及衰减期采用间歇式开泵排采

在稳产期及衰减期储层仅少量产水后,采用间歇性开泵排水的方式维持液面缓慢下降。

2. 合理工作制度的制定标准

针对有杆泵排采井,提出煤粉浓度预警指标体系:

（1）煤粉浓度小于 1%,生产井安全。

（2）煤粉浓度 1%～3%,生产井存在卡泵危险。

（3）煤粉浓度高于 3％，生产井卡泵危险性高，提出极限煤粉浓度管控方法，以有效降低有杆泵卡泵事故。

加大排粉力度，疏导携带煤粉的管控技术，对于煤粉浓度持续高于预警指标的井建议采用防砂尾管结合油套环空注水稀释煤粉浓度的控制措施，条件具备时采用射流泵进行排采。

煤层气水平井煤粉产出是导致检泵作业的主要因素，研究排采过程中煤粉产出规律，以科学合理地制定煤粉防控措施；基于煤层气水平井煤粉产出规律研究，依据煤粉来源分类，提出钻井残留煤粉，井壁失稳产生煤粉，煤基质破裂产生煤粉的机理。基于试验区高阶煤煤层气生产井煤粉产出规律，提出的极限煤粉浓度管控方法，以起到较好的煤粉管控效果，有效减少卡泵事故发生，可推广使用。

三、综合成因治理技术对策

综合治理需从井网部署方式、储层改造适应性技术、高效排采管控方式 3 个方面优化，形成适用的技术系列：一是基于开发动态分析和数值模拟的开发井型井网优化技术和水平井耦合盘活直井技术；二是基于储层特征及煤层气开发机理分析的疏导式储层改造技术；三是基于煤储层气-水赋存流动机理的高效排采管控技术。

综上所述，资源储量是物质基础，井网耦合降压是开发关键，排采管控是开发重要保障。以"疏导＋面积降压"为做好低效井区盘活工程指导思想，低效井区综合治理技术对策包括（图 7.8）：

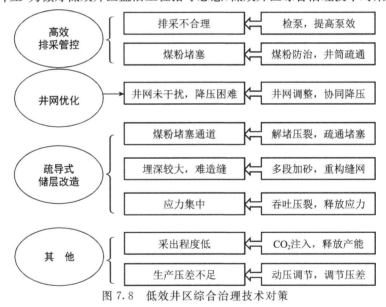

图 7.8　低效井区综合治理技术对策

（1）重点突破、总结经验，Ⅰ类、Ⅱ类潜力区作为优先治理重点，做好工程工艺、工艺配套，推广成熟经验到Ⅲ类、Ⅳ类潜力区。

（2）做好排采管控（高效排采管控、井筒维护、加深泵挂、合理调参）是首选的经济增效对策。

（3）以水平井＋定向井耦合降压开发为主要手段。

（4）在裂缝特征识别及"地质＋工程"综合分析的基础上，"一井一策"地制定有针对性的工艺措施。

参考文献

[1] 习近平. 在第七十五届联合国大会一般性辩论上的讲话[N].人民日报海外版,2020-09-23(2).

[2] 邹才能,熊波,薛华庆,等. 新能源在碳中和中的地位与作用[J].石油勘探与开发,2021,48(2):1-9.

[3] 邹才能,潘松圻,赵群. 论中国"能源独立"战略的内涵、挑战及意义[J].石油勘探与开发,2020,47(2):416-426.

[4] 徐凤银,王勃,赵欣,等. "双碳"目标下推进中国煤层气业务高质量发展的思考与建议[J].中国石油勘探,2021,26(3):9-18.

[5] 庚勐,陈浩,陈艳鹏,等. 第4轮全国煤层气资源评价方法及结果[J].煤炭科学技术,2018,46(6):64-68.

[6] 秦勇,吴建光,李国璋,等. 煤系气开采模式探索及先导工程示范[J].煤炭学报,2020,45(7):2513-2522.

[7] 朱庆忠,杨延辉,左银卿,等. 对于高煤阶煤层气资源科学开发的思考[J].天然气工业,2020,40(1):55-60.

[8] 孙茂远,范志强. 中国煤层气开发利用现状及产业化战略选择[J].天然气工业,2007(3):1-5+145.

[9] 宋岩,张新民,柳少波,等. 中国煤层气基础研究和勘探开发技术新进展[J].天然气工业,2005(1):1-7+204.

[10] 黄盛初,刘文革,赵国泉. 中国煤层气开发利用现状及发展趋势[J].中国煤炭,2009,35(1):5-10.

[11] 孙万禄. 我国煤层气资源开发前景及对策[J].天然气工业,1999,19(5):1-5.

[12] 廖永远,罗东坤,李婉棣. 中国煤层气开发战略[J].石油学报,2012,33(6):1098-1102.

[13] 穆福元,仲伟志,赵先良,等. 中国煤层气产业发展战略思考[J].天然气工业,2015,35(6):110-116.

[14] 叶建平,陆小霞. 我国煤层气产业发展现状和技术进展[J].煤炭科学技术,2016,44(1):24-28+46.

[15] 刘见中,孙海涛,雷毅,等. 煤矿区煤层气开发利用新技术现状及发展趋势[J].煤炭学报,2020,45(1):258-267.

[16] 刘见中,沈春明,雷毅,等. 煤矿区煤层气与煤炭协调开发模式与评价方法[J].煤炭学报,2017,42(5):1221-1229.

[17] 倪小明,赵政,刘度,等. 柿庄南区块煤层气低产井原因分析及增产技术对策研究[J].

煤炭科学技术,2020,48(2):176-184.

[18] 朱庆忠,鲁秀芹,杨延辉,等. 郑庄区块高阶煤层气低效产能区耦合盘活技术[J]. 煤炭学报,2019,44(8):2547-2555.

[19] 倪小明,王延斌,韩文龙,等. 煤层气开发地质单元划分与应用实践[J]. 煤炭学报,2020,45(7):2562-2574.

[20] 李勇,王延斌,倪小明,等. 煤层气低效井成因判识及治理体系构建研究[J]. 煤炭科学技术,2020,48(2):185-193.

[21] 闫欣璐,唐书恒,张松航,等. 沁水盆地柿庄南区块煤层气低效井二次改造研究[J]. 煤炭科学技术,2018,46(6):119-125.

[22] 李莹,郑瑞,罗凯,等. 筠连地区煤层气低产低效井成因及增产改造措施[J]. 煤田地质与勘探,2020,48(4):146-155.

[23] 李鑫,肖翠,陈贞龙,等. 延川南煤层气田低效井原因分析与措施优选[J]. 油气藏评价与开发,2020,10(4):32-38.

[24] 张迁,王凯峰,周淑林,等. 沁水盆地柿庄南区块地质因素对煤层气井压裂效果的影响[J]. 煤炭学报,2020,45(7):2636-2645.

[25] 刘度,王延斌,倪小明,等. 柿庄南区块不同煤体结构水力压裂效果评价[C]//中国煤炭学会煤层气专业委员会. 中国煤层气勘探开发技术与产业化发展战略——2019年煤层气学术研讨会论文集. 北京:地质出版社,2019:33-43.

[26] 宋岩,秦胜飞,赵孟军. 中国煤层气成藏的两大关键地质因素[J]. 天然气地球科学,2007,18(4):545-553.

[27] 余楚新,鲜学福,谭学术. 煤层瓦斯流动理论及渗流控制方程的研究[J]. 重庆大学学报(自然科学版),1989,12(5):1-10.

[28] 赵阳升,胡耀青,段康廉. 煤岩层水渗流的固结数学模型及数值解法[C]//中国岩石力学与工程学会数值计算与模型试验专业委员会. 岩土力学数值方法的工程应用——第二届全国岩石力学数值计算与模型实验学术研讨会论文集. 上海:同济大学出版社,1990:908-914.

[29] 刘建军,刘先贵. 煤储层流固耦合渗流的数学模型[J]. 焦作工学院学报,1999,18(6):3-5.

[30] 杨起. 中国煤的叠加变质作用[J]. 地学前缘,1999,6(S1):1-8.

[31] 叶建平,岳巍,秦勇,等. 中国煤层气聚集区带划分[J]. 天然气工业,1999,19(5):3-5.

[32] 傅雪海,秦勇,李贵中. 现代构造应力场中煤储层孔裂隙应力分析与渗透率研究[J]. 地球学报,1999,20(增刊):623-627.

[33] 赵庆波. 煤层气地质选区评价理论与勘探技术[M]. 北京:石油工业出版社,2009.

[34] 霍丽娜,徐礼贵,邵林海,等. 煤层气"甜点区"地震预测技术及其应用[J]. 天然气工业,2014,34(8):46-52.

[35] 张群. 煤层气储层数值模拟模型及应用的研究[D]. 北京:煤炭科学研究总院,2002.

[36] 乔磊,申瑞臣,黄洪春,等. 沁水盆地南部低成本煤层气钻井完井技术[J]. 石油勘探与开发,2008,35(4):482-486.

[37] 黄洪春,卢明,申瑞臣.煤层气定向羽状水平井钻井技术研究[J].天然气工业,2004,24(5):76-78+152.

[38] 李军.煤层气井产出剖面测试技术实验研究[J].石油仪器,2012,26(1):55-57+99-100.

[39] 潘和平.煤层气储层测井评价[J].天然气工业,2005,25(3):48-51+196-197.

[40] 陈志胜,廉有轩.煤层气井注入/压降试井测试中有关技术问题探讨[J].煤田地质与勘探,2003,31(4):23-26.

[41] 蔡峰,刘泽功.深部低透气性煤层上向穿层水力压裂强化增透技术[J].煤炭学报,2016,41(1):113-119.

[42] 饶孟余,江舒华.煤层气井排采技术分析[J].中国煤层气,2010,7(1):22-25.

[43] 唐书恒,史保生,岳巍,等.中国煤层气资源分布概况[J].天然气工业,1999,19(5):6-8.

[44] 王文斌,马海忠,魏周胜,等.长庆苏里格气田欠平衡及小井眼固井技术[J].钻井液与完井液,2006,23(5):64-66+89.

[45] 姜瑞忠,蒋廷学,汪永利.水力压裂技术的近期发展及展望[J].石油钻采工艺,2004,26(4):52-57+84.

[46] 刘长延.煤层气井 N_2 泡沫压裂技术探讨[J].特种油气藏,2011,18(5):114-116+141-142.

[47] 赵华.交联水酸性清洁压裂液压裂技术研究与应用[D].西安:西安石油大学,2011.

[48] 张春杰,申建,秦勇,等.注 CO_2 提高煤层气采收率及 CO_2 封存技术[J].煤炭科学技术,2016,44(6):205-210.

[49] 刘东,辛新平,马耕.定向多分支长钻孔治理瓦斯技术体系研究及应用[J].矿业安全与环保,2021,48(5):108-112.

[50] 吴建光,孙茂远,冯三利,等.国家级煤层气示范工程建设的启示——沁水盆地南部煤层气开发利用高技术产业化示范工程综述[J].天然气工业,2011,31(5):7.

[51] 冯三利,叶建平.中国煤层气勘探开发技术研究进展[J].中国煤田地质,2003,15(6):24-28+34.

[52] 宋岩.中国煤层气勘探开发地质研究与技术进展——近年来我国已形成沁水盆地南部和鄂尔多斯盆地东缘两大煤层气工业开发区[J].世界石油工业,2016,23(5):5.

[53] 汤达祯,杨曙光,唐淑玲,等.准噶尔盆地煤层气勘探开发与地质研究进展[J].煤炭学报,2021,46(8):2412-2425.

[54] 李明,姜波,刘杰刚,等.黔西土城向斜构造煤发育模式及构造控制[J].煤炭学报,2018,43(6):1565-1571.

[55] 秦勇,申建,沈玉林.叠置含气系统共采兼容性——煤系"三气"及深部煤层气开采中的共性地质问题[J].煤炭学报,2016,41(1):14-23.

[56] 姚艳斌,刘大锰,蔡益栋,等.基于NMR和X-CT的煤的孔裂隙精细定量表征[J].中国科学:地球科学,2010,40(11):1598-1607.

[57] 倪小明,朱明阳,苏现波,等.煤层气垂直井重复水力压裂综合评价方法研究[J].河南

理工大学学报(自然科学版),2012,31(1):39-43.

[58] 薛海飞,朱光辉,张健,等. 深部煤层气水力波及压裂工艺研究及应用[J]. 煤炭技术, 2019,38(5):81-84.

[59] 孟尚志,侯冰,张健,等. 煤系"三气"共采产层组压裂裂缝扩展物模试验研究[J]. 煤炭学报,2016,41(1):221-227.

[60] 胡海洋. 不同储层类型煤层气直井排采控制研究[D]. 焦作:河南理工大学,2015.

[61] 徐凤银,肖芝华,陈东,等. 我国煤层气开发技术现状与发展方向[J]. 煤炭科学技术, 2019,47(10):205-215.

[62] 秦勇,吴建光,李国璋,等. 煤系气开采模式探索及先导工程示范[J]. 煤炭学报,2020, 45(7):2513-2522.

[63] 王延斌,陶传奇,倪小明,等. 基于吸附势理论的深部煤储层吸附气量研究[J]. 煤炭学报,2018,43(6):1547-1552.

[64] 孙四清,张群,郑凯歌,等. 地面井煤层气含量精准测试密闭取心技术及设备[J]. 煤炭学报,2020,45(7):2523-2530.

[65] 傅雪海,秦勇,韦重韬. 煤层气地质学[M]. 徐州:中国矿业大学出版社,2007: 203-213.

[66] 孟召平,郭彦省,张纪星. 基于测井参数的煤层含气量预测模型与应用[J]. 煤炭科学技术,2014,42(6):25-30.

[67] 朱庆忠,孟召平,黄平,等. 沁南-夏店区块煤储层等温吸附特征及含气量预测[J]. 煤田地质与勘探,2016,44(4):69-72.

[68] GAN H, NANDI S P, WALKER P L. Porosities of coals[J]. Fuel, 1972, 51(3): 72-285.

[69] 郝琦. 煤的显微孔隙形态特征及其成因探讨[J]. 煤炭学报,1987(4):51-54.

[70] NI XIAOMING, TAN XUEBIN, YANG SEN, et al. Evaluation of coal reservoir coalbed methane production potential in considering different coal structures in a coal seam section: a case study of the Shizhuang North Block in the Qinshui Basin[J]. Environmental Earth Sciences, 2021.

[71] 张慧. 煤孔隙的成因类型及其研究[J]. 煤炭学报,2001,26(1):40-44.

[72] 苏现波. 煤层气储集层的孔隙特征[J]. 焦作工学院学报,1998,17(1):6-11.

[73] 霍多特 B B. 煤与瓦斯突出[M]. 宋士钊,王佑安,译. 北京:中国工业出版社,1966.

[74] ELLIOT M A. 煤利用化学[M]. 徐晓,昊奇虎,鲍汉深,等译. 北京:化学工业出版社, 1991:142-152.

[75] MAHAJAN O P. Coal porosity[M]//MEYERS R A. Coal structure. New York: Academic Press, 1982:51-52.

[76] 苏现波,陈江峰,孙俊民,等. 煤层气地质学与勘探开发[M]. 北京:科学出版社,2001: 17-22.

[77] 抚顺煤炭科学研究所. 煤层烃类气体组分与煤岩煤化关系的研究[R]. 抚顺煤炭科学研究所,1985.

[78] 杨思敬,杨福蓉,高照祥. 煤的孔隙系统和突出煤的孔隙特征[C]//第二届国际采矿科学技术讨论会论文集. 徐州:中国矿业大学出版社,1991:770-777.

[79] 刘常洪. 煤孔结构特征的试验研究[J]. 煤矿安全,1993(8):1-5.

[80] 肖宝清. 煤的孔隙特性与煤浆流变性关系的研究[J]. 世界煤炭技术,1994(2):37-40.

[81] 秦勇,徐志伟,张井. 高煤级煤孔径结构的自然分类及其应用[J]. 煤炭学报,1995,20(3):266-271.

[82] 刘焕杰,秦勇,桑树勋. 山西南部煤层气地质[M]. 徐州:中国矿业大学出版社,1998:77-86.

[83] ZHAO ZHENG, NI XIAOMING, CAO YUNXING, et al. Application of fractal theory to predict the coal permeability of multi-scale pores and fractures[J]. Energy Reports, 2021, 7:10-18.

[84] 许浩,张尚虎,冷雪,等. 沁水盆地煤储层孔隙系统模型与物性分析[J]. 科学通报,2005,50(S1):45-50.

[85] 姚艳斌,刘大锰. 煤储层孔隙系统发育特征与煤层气可采性研究[J]. 煤炭科学技术,2006,34(3):64-68.

[86] 薛光武,刘鸿福,要惠芳,等. 韩城地区构造煤类型与孔隙特征[J]. 煤炭学报,2011,36(11):1845-1851.

[87] NI XIAOMING, YANG CIXIANG, WANG YANBIN, et al. Prediction of spatial distribution of coal seam permeability based on key interpolation points: a case study from the Southern Shizhuang Area of the Qinshui Basin[J]. Natural Resources Research, 2021:1-13.

[88] 常会珍,秦勇,王飞. 贵州珠藏向斜煤样孔隙结构的差异性及其对渗流能力的影响[J]. 高校地质学报,2012,18(3):544-548.

[89] 杨其銮,王佑安. 煤层瓦斯扩散理论及其应用[J]. 煤炭学报,1986,11(3):87-93.

[90] 杨其銮. 关于煤屑瓦斯扩散规律的试验研究[J]. 煤矿安全,1987(2):9-16.

[91] 聂百胜,何学秋,王恩元. 瓦斯气体在煤层中的扩散机理及模式[J]. 中国安全科学学报,2000,10(6):24-28.

[92] 傅雪海,秦勇,张万红,等. 基于煤层气运移的煤孔隙分形分类及自然分类研究[J]. 科学通报,2005(S1):51-55.

[93] 闫宝珍,王延斌,倪小明. 地层条件下基于纳米级孔隙的煤层气扩散特征[J]. 煤炭学报,2008,33(6):657-660.

[94] 张小东,刘炎昊,桑树勋,等. 高煤级煤储层条件下的气体扩散机制[J]. 中国矿业大学学报,2011,40(1):43-48.

[95] 范俊佳,琚宜文,侯泉林,等. 不同变质变形煤储层孔隙特征与煤层气可采性[J]. 地学前缘,2010,17(5):325-335.

[96] 刘爱华,傅雪海,梁文庆,等. 不同煤阶煤孔隙分布特征及其对煤层气开发的影响[J]. 煤炭科学技术,2013,41(4):104-108.

[97] FRIESEN W I, MIKULE R J. Fractal dimensions of coal particles[J]. Journal of

Colloid and Interface Science, 1987, 20(1): 263-271.

[98] 赵爱红,廖毅,唐修义. 煤的孔隙结构分形定量研究[J]. 煤炭学报,1998,23(4): 439-442.

[99] 霍永忠,张爱云. 煤层气储层的显微孔裂隙成因分类及其应用[J]. 煤田地质与勘探, 1998,26(6):28-32.

[100] 傅雪海,秦勇,薛秀谦. 分形理论在煤储层物性研究中的应用[J]. 煤,2000,9(4): 1-3.

[101] 傅雪海,秦勇,薛秀谦,等. 煤储层孔、裂隙系统分形研究[J]. 中国矿业大学学报(自然科学版),2001,30(3):225-227.

[102] 张玉涛,王德明,仲晓星. 煤孔隙分形特征及其随温度的变化规律[J]. 煤炭科学技术,2007,35(11):73-76.

[103] 赵阳升,冯增朝,文再明. 煤体瓦斯愈渗机理与研究方法[J]. 煤炭学报,2004,29(3): 293-297.

[104] 于艳梅,胡耀青,梁卫国,等. 应用CT技术研究瘦煤在不同温度下孔隙变化特征[J]. 地球物理学报,2012,55(2):637-644.

[105] 宋晓夏,唐跃刚,李伟,等. 基于显微CT的构造煤渗流孔精细表征[J]. 煤炭学报, 2013,38(3):435-440.

[106] AMMOSOV I, EREMIN I V. Fracturing in coal[M]. Washington DC: IZDAT Publishers, Office Technical Services, 1963:109.

[107] CLOSE J C. Natural fractures in coal[J]. AAPG Studies in Geology, 1993(38): 119-132.

[108] 李小彦. 煤储层裂隙研究方法辨析[J]. 中国煤田地质,1998,10(1):30-36.

[109] 苏现波,冯艳丽,陈江锋. 煤中裂隙的分类[J]. 煤田地质与勘探,2002,30(4):21-24.

[110] 张慧,王晓刚,员争荣,等. 煤中显微裂隙的成因类型及其研究意义[J]. 岩石矿物学杂志,2002,21(3):278-284.

[111] 傅雪海,秦勇. 多相介质煤层气储层渗透率预测理论与方法[M]. 徐州:中国矿业大学出版社,2003:19-25.

[112] 刘洪林,王红岩,张建博. 煤储层割理评价方法[J]. 天然气工业,2000,20(4):27-29.

[113] 张红日,王传云. 突出煤的微观特征[J]. 煤田地质与勘探,2000,28(4):31-33.

[114] 唐巨鹏,潘一山. 核磁共振成像技术在煤层气领域应用研究[J]. 煤矿开采,2003,8(2):1-6.

[115] 刘江峰,倪宏阳,浦海,等. 多孔介质气体渗透率测试理论、方法、装置及应用[J]. 岩石力学与工程学报,2021,40(1):137-146.

[116] 张奉东. 煤层气井裸眼与套管注入/压降测试渗透率对比分析[J]. 煤田地质与勘探, 2010,38(3):20-23.

[117] 黄波,郑启明,秦勇,等. 基于底板构造曲率的煤层高渗区预测[J]. 河南理工大学学报(自然科学版),2020,39(6):43-50.

[118] 王猛,刘志杰,杨玉卿,等. 基于区域测井大数据和实验资料的储层流动单元渗透率

建模方法[J]. 地球物理学进展,2021,36(1):274-280.

[119] 郭红玉,拜阳,蔺海晓,等. 煤体结构全程演变过程中渗透特性试验研究及意义[J]. 煤炭学报,2014,39(11):2263-2268.

[120] 苏现波,张丽萍. 煤层气储层压力预测方法[J]. 天然气工业,2004(5):88-90+153-154.

[121] 赵俊龙,汤达祯,高丽军,等. 煤层气排采过程中煤储层孔隙度模型及变化规律[J]. 煤炭科学技术,2016,44(7):180-185.

[122] 徐国盛,刘中平. 川西地区上三叠统地层古压力形成与演化的数值模拟[J]. 石油实验地质,1996(1):117-126.

[123] 陈跃,汤达祯,许浩,等. 基于测井信息的韩城地区煤体结构的分布规律[J]. 煤炭学报,2013,38(08):1435-1442.

[124] 陈世达,汤达祯,陶树,等. 煤层气储层地应力场宏观分布规律统计分析[J]. 煤炭科学技术,2018,46(6):57-63.

[125] 康帅,季灵运,焦其松,等. 基于地基 LiDAR 点云数据插值方法的对比研究[J]. 大地测量与地球动力学,2020,40(4):400-404.

[126] SCOTT ANDREW R. Hydrogeologic factors affecting gas content distribution in coal beds[J]. International Journal of Coal Geology, 2002, 50(1): 363-387.

[127] CHALMERS G, BUSTIN R M. On the effects of petrographic composition on coalbed methane sorption [J]. International Journal of Coal Geology, 2007, 69 (4): 288-304.

[128] 万玉金,曹雯. 煤层气单井产量影响因素分析[J]. 天然气工业,2005,25(1):124-126+219.

[129] 马飞英. JL 煤田煤层气井产能主控因素研究[D]. 成都:西南石油大学,2014.

[130] 王向浩,王延斌,高莎莎,等. 构造煤与原生结构煤的孔隙结构及吸附性差异[J]. 高校地质学报,2012,18(3):528-532.

[131] 邢力仁,柳迎红,王存武,等. 柿庄南区块断层发育特征及对煤层气井产能的影响[J]. 煤炭科学技术,2017,45(9):25-31.

[132] 张国辉. 煤层应力状态及煤与瓦斯突出防治研究[D]. 阜新:辽宁工程技术大学,2005.

[133] 叶建平,武强,王子,等. 水文地质条件对煤层气赋存的控制作用[J]. 煤炭学报,2001,26(5):459-462.

[134] 刘大猛,罗小鹏,陈玉忠,等. 超临界 W 火焰锅炉炉水循环泵运行特性研究[J]. 电站系统工程,2014,30(2):34-36.

[135] 杨秀春,李明宅. 煤层气排采动态参数及其相互关系[J]. 煤田地质与勘探,2008,36,(2):19-23+27.

[136] 陈江,吕建伟,郭东鑫,等. 煤层气产能影响因素及开发技术研究[J]. 资源与产业,2011,13(1):108-113.

[137] 梁冰,孙雅楠,秦冰,等. 裂缝参数对煤层气水平井产气流速的影响[J]. 辽宁工程技

术大学学报(自然科学版),2016,35(12):1377-1383.

[138] 吕玉民,汤达祯,许浩,等. 沁南盆地樊庄煤层气田早期生产特征及主控因素[J]. 煤炭学报,2012,37(S2):401-406.

[139] 计勇,郭大立,赵金洲,等. 影响煤层气井压后产量的因素分析——以韩城区块为例[J]. 煤田地质与勘探,2012,40(1):10-13.

[140] 孟庆春,左银卿,魏强,等. 沁水煤层气田樊庄区块产能影响因素分析[J]. 中国煤层气,2010,7(6):10-14+23.

[141] 李金海. 沁水盆地东南部 3 号煤层气藏富集高渗控制因素分析[D]. 焦作:河南理工大学,2009.

[142] 邵先杰,王彩凤,汤达祯,等. 煤层气井产能模式及控制因素——以韩城地区为例[J]. 煤炭学报,2013,38(2):271-276.

[143] 冯青. 煤层气井低产伤害诊断方法及应用[J]. 煤田地质与勘探,2019,47(1):86-91.

[144] 张亚飞,李忠城,李千山. 沁南某区煤层气低效井增产技术研究[J]. 中国煤层气,2019,16(2):20-23.

[145] 李瑞,李俊阳,王生维,等. 西山地区煤层气井流体产出特征及低产因素分析[J]. 煤炭科学技术,2018,46(6):126-131.

[146] 柳迎红,房茂军,廖夏. 煤层气排采阶段划分及排采制度制定[J]. 洁净煤技术,2015,21(3):121-124+128.

[147] 张登峰,崔永君,李松庚,等. 甲烷及二氧化碳在不同煤阶煤内部的吸附扩散行为[J]. 煤炭学报,2011,36(10):1693-1698.

[148] 文玉莲. 裂缝性油藏注气开发分子扩散行为研究及数值模拟[D]. 成都:西南石油学院,2005.

[149] 张薄,辜敏,鲜学福,等. CH_4,N_2,CO_2 在椰壳活性炭内的吸附平衡及扩散[J]. 煤炭学报,2010,35(8):1341-1346.

[150] 陈跃,汤达祯,田霖,等. 三交区块水文地质条件对煤层气富集高产控制作用[J]. 煤炭科学技术,2017,45(2):162-167.

[151] 张亚飞,张翔,王小东,等. 柿庄南区块煤层气井产能影响因素分析[J]. 中国煤层气,2016,13(4):22-25.

[152] NI XIAOMING, TAN XUEBIN, WANG BAOYU, et al. An evaluation method for types of low-production coalbed methane reservoirs and its application[J]. Energy Reports, 2021,7:5305-5315.

[153] 孙浩. 低效井经济界限研究及应用效果分析[C]//大庆油田有限责任公司采油工程研究院. 采油工程文集(2017 年第 2 辑).北京:石油工业出版社,2017:22-25+86.

[154] 常会珍,郝春生,张蒙,等. 寺河井田煤层气产能分布特征及影响因素分析[J]. 煤炭科学技术,2019,47(6):171-177.

[155] 吴静. 焦坪矿区低阶煤储层因素对煤层气井产能的影响及敏感性分析[J]. 煤田地质与勘探,2015,43(5):44-48.

[156] 张作清. 和顺地区煤层气工业组分与含气量计算研究[J]. 测井技术,2013,37(1):

99-102.

[157] 高绪晨. 密度和中子测井对煤层甲烷含气量的响应及解释[J]. 煤田地质与勘探, 1999,27(3):26-30.

[158] 孟召平,郭彦省,张纪星. 基于测井参数的煤层含气量预测模型与应用[J]. 煤炭科学技术,2014,42(6):25-30.

[159] 彭苏萍,高云峰,杨瑞召,等. AVO探测煤层瓦斯富集的理论探讨和初步实践——以淮南煤田为例[J]. 地球物理学报,2005,48(6):262-273.

[160] 朱正平,雷克辉,潘仁芳. 沁水盆地和顺区块基于地震多属性分析的煤层含气量预测[J]. 石油物探,2015,54(2):226-233.

[161] 田敏,赵永军,颛孙鹏程. 灰色系统理论在煤层气含量预测中的应用[J]. 煤田地质与勘探,2008,36(2):24-27.

[162] 杜志强,杨志远,吴艳,等. 煤层含气量评价中灰色关联分析与相关分析法对比[J]. 煤田地质与勘探,2012,40(1):20-23+28.

[163] 姜伟,武杰,任鸽. 基于主成分分析和支持向量机的深部煤层含气量预测[J]. 西部探矿工程,2015,27(10):59-61+66.

[164] SIBBIT A M, FAIVRE O. The dual laterolog response in fractured rocks[C]. SPWLA 26th Annual Logging Symposium, Dallas,1985.

[165] 黄烈林,高纯福,布志虹,等. 双侧向测井确定裂缝等效宽度——兼论Sibbit公式中的一个错误[J]. 江汉石油学院学报,2002,24(4):42-44.

[166] 张建博,秦勇,王红岩,等. 高渗透性煤储层分布的构造预测[J]. 高校地质学报,2003,9(3):359-364.

[167] 杜栩,郑洪印,焦秀琼. 异常压力与油气分布[J]. 地学前缘,1995,2(4):137-148.

[168] 苏现波,林晓英. 煤层气地质学[M]. 北京:煤炭工业出版社,2009.

[169] 吴永平,李仲东,王允诚. 煤层气储层异常压力的成因机理及受控因素[J]. 煤炭学报,2006,31(4):475-479.

[170] 苏现波,张丽萍. 煤层气储层异常高压的形成机制[J]. 天然气工业,2002,22(4):15-18.

[171] EATON B A. The equation for geopressure prediction from well logs[C]. Fall Meetings of the Society of Petroleum Engineers of Aime, Dallas TX, 1975.

[172] FILLIPPONE W R. Estimation of formation parameters and the prediction of overpressures from seismic data[J]. Seg Technical Program Expanded Abstracts, 1982, 1(1):482-483.

[173] 刘震,张万选,张厚福,等. 辽西凹陷北洼下第三系异常地层压力分析[J]. 石油学报,1993,14(1):14-24.

[174] 云美厚. 地震地层压力预测[J]. 石油地球物理勘探,1996,31(4):575-586+604.

[175] 张蓉,徐群洲,帕尔哈提,等. 对提高地层压力预测精度的探讨——声波测井层速度与地震层速度的关系[J]. 石油天然气学报,2010,32(2):274-276.

[176] LIU DU, WANG YANBIN, NI XIAOMING, et al. Classification of coal structure

combinations and their influence on hydraulic fracturing：a case study from the Qinshui Basin,China[J]. Energies, 2020,13:45-59.

[177] 周世宁,林柏泉. 煤矿瓦斯动力灾害防治理论及控制技术[M]. 北京:科学出版社,2007.

[178] 中国矿业学院瓦斯组. 煤和瓦斯突出的防治[M]. 北京:煤炭工业出版社,1979.

[179] 焦作矿业学院瓦斯地质研究室. 瓦斯地质概论[M]. 北京:煤炭工业出版社,1990.

[180] 张玉贵,樊孝敏,王世国. 测井曲线在研究构造煤中的应用[J]. 焦作矿业学院学报, 1995,14(1):76-78.

[181] 傅雪海,陆国桢,秦杰,等. 用测井响应值进行煤层气含量拟合和煤体结构划分[J]. 测井技术,1999,23(2):32-35.

[182] HOEK E, BROWN E T. Empirical strength criterion for rock mass[J]. Journal of Geotechnical Engineering Division, American Society of Civil Engineers, 1980, 106(9): 1013-1035.

[183] HOEK E. Strength of rock and rock masses[J]. International Society for Rock Mechanics New Journal, 1994, 2(2): 4-16.

[184] 李留仁,赵艳艳,李忠兴,等. 多孔介质微观孔隙结构分形特征及分形系数的意义[J]. 石油大学学报(自然科学版),2004,28(3):105-107+114.

[185] 马立民,林承焰,范梦玮. 基于微观孔隙结构分形特征的定量储层分类与评价[J]. 石油天然气学报,2012,34(5):15-19.

[186] 许江,袁梅,李波波,等. 煤的变质程度、孔隙特征与渗透率关系的试验研究[J]. 岩石力学与工程学报,2012,31(4):681-687.

[187] 周龙刚. 煤层气井水力压裂对煤炭生产的影响[D]. 徐州:中国矿业大学,2014.

[188] 周健,陈勉,金衍,等. 裂缝性储层水力裂缝扩展机理试验研究[J]. 石油学报,2007, 28(5):109-113.

[189] 杨焦生,王一兵,李安启,等. 煤岩水力裂缝扩展规律试验研究[J]. 煤炭学报,2012, 37(1):73-77.

[190] 贾奇锋,倪小明,赵永超,等. 不同煤体结构煤的水力压裂裂缝延伸规律[J]. 煤田地质与勘探,2019,47(2):51-57.

[191] 赵永超. 不同煤储层类型水平井分段水力压裂参数优化[D]. 焦作:河南理工大学,2018.

[192] 张晓娜,康永尚,姜杉钰,等. 沁水盆地柿庄区块 3 号煤层压裂曲线类型及其成因机制[J]. 煤炭学报,2017,42(S2):441-451.

[193] 倪小明,李哲远,王延斌. 煤储层水力压裂后渗透率预测模型建立及应用[J]. 煤炭科学技术,2014,42(6):92-95+139.

[194] 韩文龙,王延斌,刘度,等. 煤层气直井产气曲线特征及其与储层条件匹配性[J]. 煤田地质与勘探,2019,47(3):97-104.

[195] 魏迎春,张傲翔,李超,等. 临汾区块煤层气排采中煤粉产出的影响因素及其关系[J]. 煤矿安全,2017,48(4):191-194.

[196] 胡素明,李相方. 考虑煤自调节效应的煤层气藏物质平衡方程[J]. 天然气勘探与开发,2010,33(1):38-41.

[197] 伊永祥,唐书恒,张松航,等. 沁水盆地柿庄南区块煤层气井储层压降类型及排采控制分析[J]. 煤田地质与勘探,2019,47(5):118-126.

[198] 胡海洋,金军,赵凌云,等. 不同形态压降漏斗模型对煤层气井产能的影响[J]. 煤田地质与勘探,2019,47(3):109-116.

[199] 赵欣. 煤层气产能主控因素及开发动态特征研究[D]. 徐州:中国矿业大学,2017.

[200] 李瑞. 煤层气排采中储层压降传递特征及其对煤层气产出的影响:以沁水盆地为例[D]. 武汉:中国地质大学(武汉),2017.

[201] 许立超,顾健,张红星. 沁水区块老井低产原因分析及对策研究[J]. 中国煤层气,2018,15(6):11-13.

[202] 冯其红,舒成龙,张先敏,等. 煤层气井两相流阶段排采制度实时优化[J]. 煤炭学报,2015,40(1):144.148.

[203] 张克琼,安崇清,严冬. 煤层气钻井过程中的储层伤害及保护技术[J]. 辽宁化工,2013,42(11):1371-1373.

[204] 杨恒林,汪伟英,田中兰. 煤层气储层损害机理及应对措施[J]. 煤炭学报. 2014,39(S1):158-163.

[205] McDNIEL B W. Hydraulic fracturing techniques used for stimulation of coalbed methane[C]. SPE Eastern Regional Meeting, Columbus, Ohio, 1990.

[206] 张高群,肖兵,胡娅娅,等. 新型活性水压裂液在煤层气井的应用[J]. 钻井液与完井液,2013,30(2):66-68+95.

[207] SARKIS KAKADJIAN, JOSE GARZA, FRANK ZAMORA. Enhancing gas production in coal bed methane formations with Zeta potential altering system[C]. SPE Asia Pacific Oil and Gas Conference and Exhibition, Brisbane, Queensland, Australia, 2010.

[208] 李曙光,李晓明,孙晗森,等. 新型煤层气藏压裂液研究[C]//中国煤炭学会煤层气专业委员会. 2008年煤层气学术研讨会论文集. 北京:地质出版社,2008:329-346.

[209] 王国强,冯三利,崔会杰. 清洁压裂液在煤层气井压裂中的应用[J]. 天然气工业,2006,26(11):104-106+181-182.

[210] TRENT JACOBS. Energized Fractures:Shale Revolution Revisits the Energized Fracture[J]. Journal of Petroleum Technology, 2014, 66(6):48-56.

[211] SNYDER S G, JOCKEL D W, LOPEZ A W. Improved fracturing technology for coalbed methane gas wells in western Pennsylvania increases gas production over offset and historic wells in Mount Pleasant CBM field[C]. Eastern Regional Meeting, Lexington, Kentucky, USA, 2007.

[212] 郭红光,王飞,李治刚. 微生物增产煤层气技术研究进展[J]. 微生物学通报,2015,42(3):584-590.

[213] 任付平,韩长胜,王玲欣,等. 微生物提高煤层气井单井产量技术研究与实践[J]. 石

油钻采工艺,2016,38(3):395-399.

[214] 阳兴洋. 声震法促进煤层气解吸扩散流动的机理研究[D]. 重庆:重庆大学,2011.

[215] 赵丽娟,秦勇. 超声波作用对改善煤储层渗透性的实验分析[J]. 天然气地球科学,2014,25(5):747-752.

[216] 赵丽娟. 超声波作用下的煤层气吸附-解吸规律实验[J]. 天然气工业,2016,36(2):21-25.

[217] 冯立杰,江涛,岳俊举,等. 煤层气开采钻井工程关键影响因素识别研究[J]. 煤矿安全,2018,49(12):177-180.

[218] 张波,倪元勇,张丹琪,等. 煤层气水平井造穴及解堵造缝技术探索与实践[J]. 煤炭技术,2018,37(9):188-190.

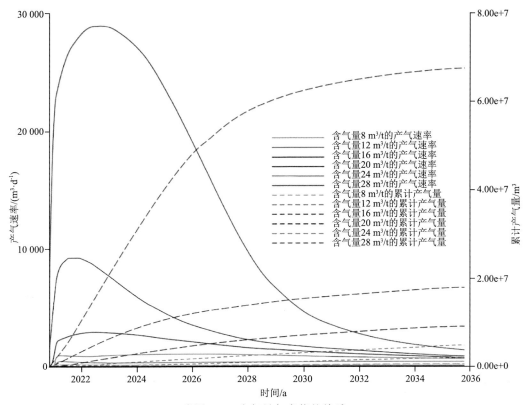

彩图 3.1 含气量与产能的关系

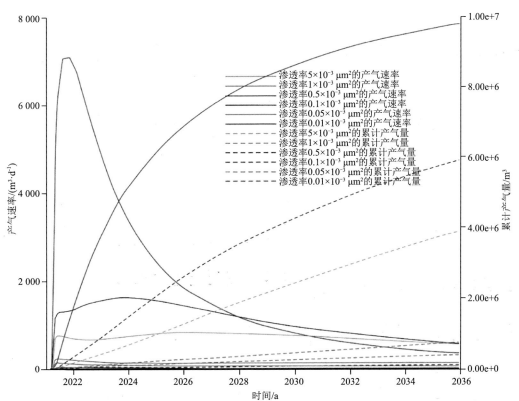

彩图 3.2 渗透率与产能的关系

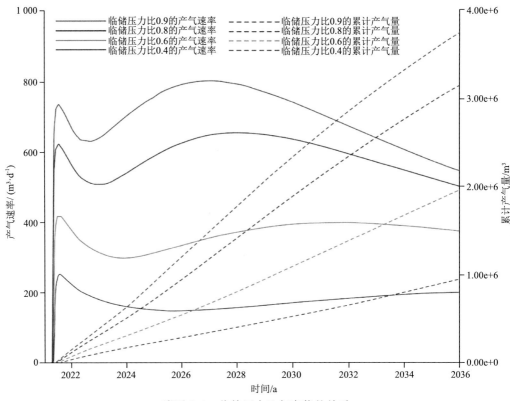

彩图 3.3　临储压力比与产能的关系

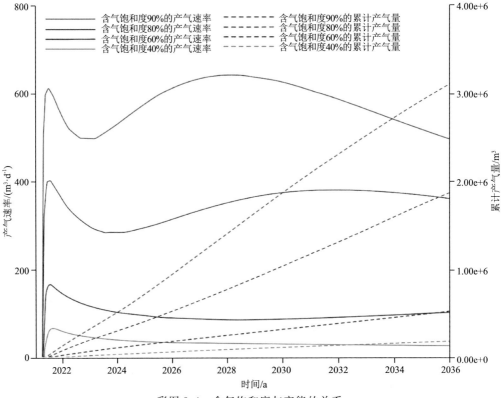

彩图 3.4　含气饱和度与产能的关系

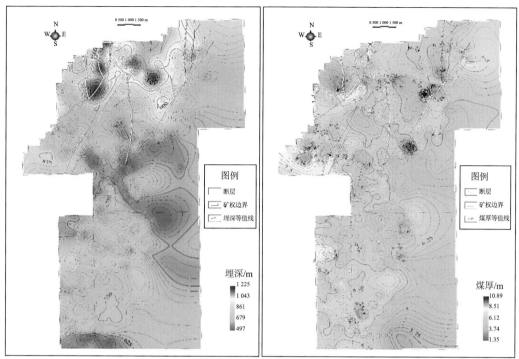

（a）3#煤储层埋深等值线图　　　　　（b）3#煤储层煤厚等值线图

彩图 3.16　煤储层埋深及煤厚分布

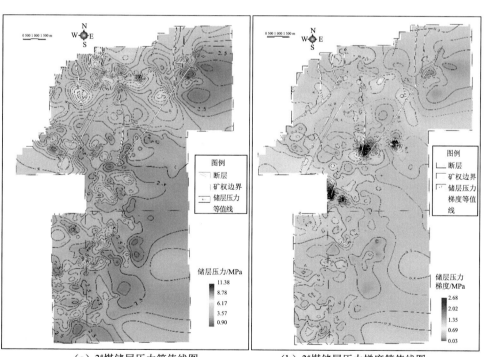

（a）3#煤储层压力等值线图　　　　　（b）3#煤储层压力梯度等值线图

彩图 3.17　煤储层压力及压力梯度分布

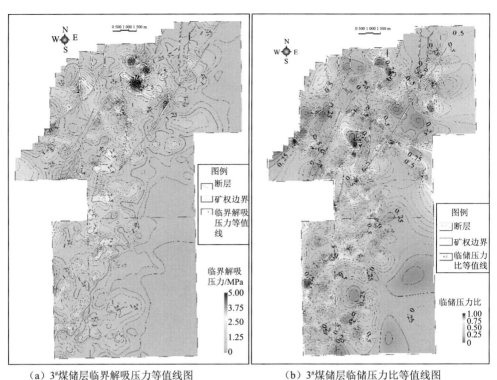

（a）3#煤储层临界解吸压力等值线图　　　　（b）3#煤储层临储压力比等值线图

彩图 3.18　煤储层临界解吸压力及临储压力比分布

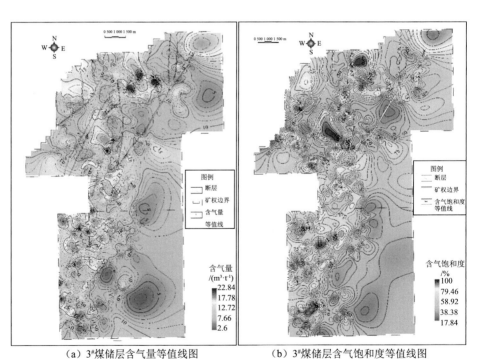

（a）3#煤储层含气量等值线图　　　　（b）3#煤储层含气饱和度等值线图

彩图 3.20　煤储层含气量和含气饱和度分布

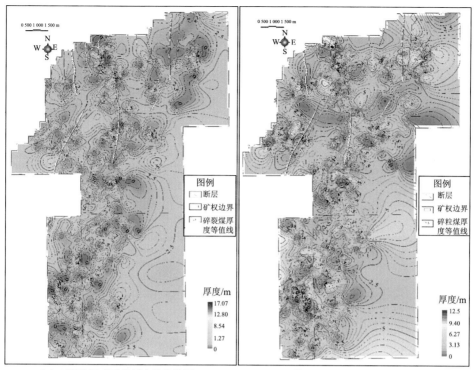

（a）3#煤储层碎裂煤厚度等值线图　　　　（b）3#煤储层碎粒煤厚度等值线图

彩图 3.28　煤储层碎裂煤及碎粒煤分布

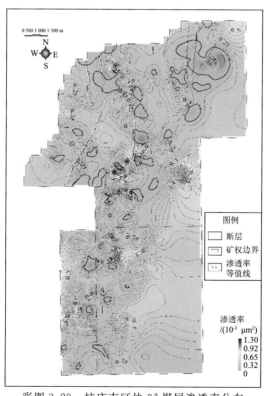

彩图 3.29　柿庄南区块 3# 煤层渗透率分布

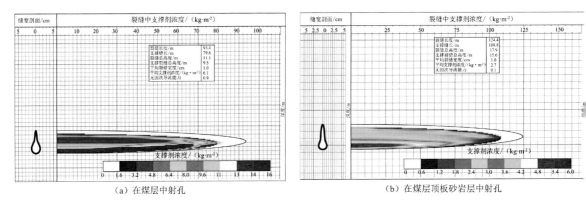

（a）在煤层中射孔   （b）在煤层顶板砂岩层中射孔

彩图 5.17　不同射孔位置水力裂缝形态模拟结果

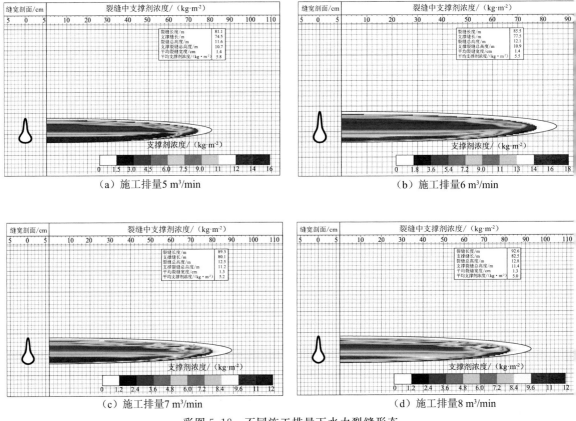

（a）施工排量5 m³/min　　　　　　（b）施工排量6 m³/min

（c）施工排量7 m³/min　　　　　　（d）施工排量8 m³/min

彩图 5.18　不同施工排量下水力裂缝形态

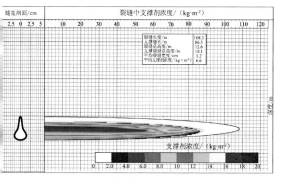

（a）前置液中不加砂

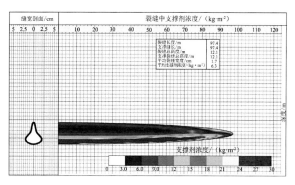

（b）前置液中加2%细砂

彩图 5.20　前置液加砂和不加砂条件下水力裂缝的形态特征

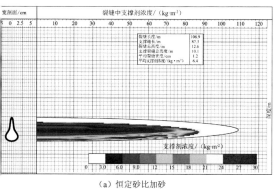

（a）恒定砂比加砂

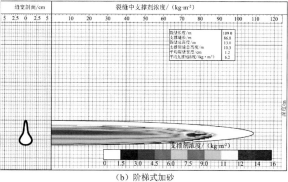

（b）阶梯式加砂

彩图 5.21　恒定加砂和阶梯加砂条件下水力裂缝的形态特征

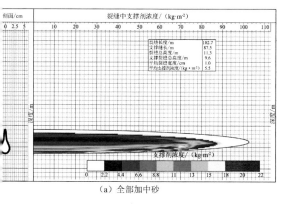

（a）全部加中砂

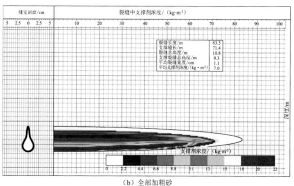

（b）全部加粗砂

彩图 5.22　不同砂粒径对水力裂缝形态及支撑剂分布的影响

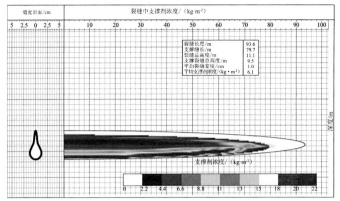

（c）粗砂与中砂比为2:1

彩图 5.22（续） 不同砂粒径对水力裂缝形态及支撑剂分布的影响

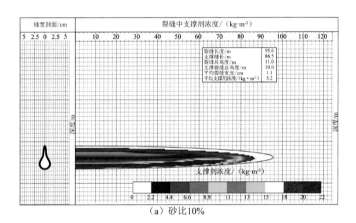

（a）砂比10%

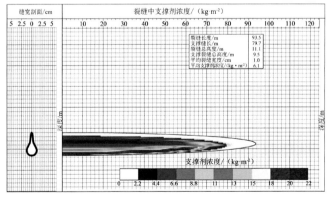

（b）砂比12%

彩图 5.23 不同砂比对水力裂缝形态及支撑剂分布的影响